西江黄金水道建设
对沿江防洪工程影响与应对策略研究

易灵 侯贵兵 卢治文 等 编著

·北京·

内 容 提 要

本书依托西江黄金水道航道工程和沿江防洪工程建设相关研究，以保障西江黄金水道防洪安全为目标，系统研究了变化条件下西江干流水沙特性变化规律和干流河段演变规律，采用原型观测、数值模拟、物理模型和理论分析相结合的技术手段，建立了一维和二维水流泥沙数学模型、三维波浪数学模型、流固耦合数学模型及局部物理模型，揭示了清水下泄、航道整治、船行波等综合作用对河势稳定、沿江防洪工程的影响，并提出了相应的应对策略。

本书可供水利、交通等领域的广大科技工作者、工程技术人员参考使用。

图书在版编目（CIP）数据

西江黄金水道建设对沿江防洪工程影响与应对策略研究 / 易灵等编著. -- 北京 : 中国水利水电出版社, 2019.12
ISBN 978-7-5170-8344-3

Ⅰ. ①西… Ⅱ. ①易… Ⅲ. ①西江—航道整治—影响—防洪工程—研究 Ⅳ. ①TV87

中国版本图书馆CIP数据核字(2019)第297729号

书 名	西江黄金水道建设对沿江防洪工程影响与应对策略研究 XI JIANG HUANGJIN SHUIDAO JIANSHE DUI YANJIANG FANGHONG GONGCHENG YINGXIANG YU YINGDUI CELÜE YANJIU
作 者	易灵 侯贵兵 卢治文 等 编著
出版发行	中国水利水电出版社 （北京市海淀区玉渊潭南路1号D座 100038） 网址：www.waterpub.com.cn E-mail：sales@waterpub.com.cn 电话：(010) 68367658（营销中心）
经 售	北京科水图书销售中心（零售） 电话：(010) 88383994、63202643、68545874 全国各地新华书店和相关出版物销售网点
排 版	中国水利水电出版社微机排版中心
印 刷	天津嘉恒印务有限公司
规 格	170mm×240mm 16开本 12.75印张 250千字
版 次	2019年12月第1版 2019年12月第1次印刷
定 价	**72.00**元

前言

西江航运干线由郁江、浔江、西江、珠江组成，西起南宁、东至广州，全长854km，作为我国水运主通道的“一横”，与长江航运干线并列为我国高等级航道体系的“两横”，素有“黄金水道”之称，是我国现代综合交通运输体系的重要组成部分。西江航运干线作为珠江水系的主通道，其货运量约占珠江干线运输量的70%，货运量达1.4亿t，仅次于长江水系，占全国内河航运总量的20%。国务院于2007年5月批准国家发展和改革委员会和交通部联合编制的《全国内河航道与港口布局规划》，规划明确珠江水系将建设包括西江航运干线在内的国家高等级航道网。广西壮族自治区人民政府2010年3月批准《广西西江黄金水道建设规划》，提出通过实施“五大工程”（枢纽及船闸工程、航道工程、港口和物流工程、运力优化工程、支持保障系统工程）的建设，全面提升广西西江黄金水道水运能力和水平。国务院2014年7月批复的《珠江-西江经济带发展规划》要求努力把珠江-西江经济带打造成为中国西南、中南地区开放发展新的增长极，规划2020年前连接南宁、贵港、梧州、肇庆、佛山、广州（西江航运干线按Ⅰ级航道实施）的内河水运主通道，年货运通过量1亿t以上。

为改善西江黄金水道的航运条件，规划通过河道疏浚、丁坝、顺坝等一系列航道整治工程对西江航运干线进行扩能改造，但由于建设后大吨位船只航行造成的船行波和上游水库工程建设引起的清水下泄，会对西江河势稳定及沿江防洪工程安全等产生影响，因此研究清水下泄、航道整治对西江黄金水道沿岸防洪工程的影响规律，提出黄金水道防洪工程保护应对策略，解决西江黄金水道航道整治技术难题，对保障西江两岸防洪安全、航运安全具有重要的意义。

中水珠江规划勘测设计有限公司在流域综合规划、防洪规划、河道治理等方面做了大量的基础工作，并牵头编制了《珠江流域综合规划（2012—2030年）》《珠江流域防洪规划》等，为珠江流域治理、开发与保护发挥了重要的作用。“西江黄金水道建设对防洪工程影响及应对策略研究”项目组历经近三年的时间，采用查勘调研、原型观测、数值模拟、物理模型和理论分析相结合的技术手段，梳理了西江黄金水道沿江航道工程、防洪工程建设及规划情况；分析了变化条件下的西江干流水沙特性变化特性和干流河床演变特性；识别了黄金水道建设对沿岸防洪工程影响风险源；揭示了清水下泄条件下不同河段不同河道形态泥沙输移规律和河势变化规律；在此基础上，叠加了分析航道整治对工程防洪、泥沙启动规律与输移、河床演变与岸坡稳定的影响。针对航道扩能改造后大吨位、高航速船只航行影响，采用原型观测、三维水力学模型、流固耦合数值仿真模型等方法，研究了船行波作用下堤岸附近水动力学特性分布规律、带丁坝河段船行波运动特性分布规律、典型河段船行波导致的河床变形及局部泥沙冲淤特征，以及船行波对不同土质岸坡稳定的影响。针对清水下泄、航道整治及船行波带来的影响，提出了典型河段防洪工程加固、整治方案和适应西江特点的船行波消浪防洪措施，并提出了建设管理意见和建议，为西江黄金水道下阶段航道整治工作的实施和防洪工程建设及河道管理提供技术支撑。

本书凝聚了整个项目组的集体智慧，由中水珠江规划勘测设计有限公司、珠江水利委员会珠江水利科学研究院、珠江水利委员会西江局的专家撰写完成，共分为6章，其中第1章由易灵、卢治文编写，第2章由卢治文、刘飞、周复雄编写，第3章由侯贵兵、许景峰、钟逸轩编写，第4章由卢治文、吴亚敏编写，第5章由易灵、钟逸轩、王政平、刘诚编写，第6章由易灵、李晓旭、刘诚编写，全书由易灵、侯贵兵、卢治文统稿。

本书撰写过程中得到了水利部水利水电规划设计总院、水利部珠江水利委员会、广西壮族自治区水利厅、广东省水利厅、交通部珠江航道管理局、广西壮族自治区交通运输厅、广东省交通运输厅以及黄金水道沿线水利、交通部门等单位领导和专家的大力支持与帮助。本书同时得到国家重点研发计划“高度城镇化地区防洪排涝实时调度关键技术研究与示范”（2018YFC1508200）、水利部前期项目“西江黄金水道建设对沿江防洪工程影响应对方案制定”等的资助，在此一并致谢。

限于作者水平且撰写时间仓促，书中难免存在疏漏和欠妥之处，敬请各位读者予以批评指正。

作者

2019年10月

目录

第1章

绪　论

1.1　研究背景

西江是珠江的主干流，发源于云南省曲靖市沾益县乌蒙山余脉的马雄山东麓，自西向东流经云南、贵州、广西和广东4省（自治区），至广东省佛山市三水区的思贤滘与北江汇合后流入珠江三角洲网河区，全长2075km，流域面积35.31万km^2，占珠江流域面积的77.8%。广西象州县石龙三江口以上为上游，石龙三江口至梧州为中游，梧州至广东三水思贤滘西滘口为下游。西江桂平以上河道主要为山区河流，沿岸社会经济发展相对落后，而桂平以下河道沿岸社会经济发展相对发达，人类活动频繁。西江干流下段为浔江、西江河段，自郁江口至思贤滘的西滘口，两岸城镇密集，防洪压力较大。

西江西接云贵，贯穿广西，东连粤港澳，是我国重要的通航河流，是国家内河水运规划“两横一纵两网”主骨架中的一横。素有“黄金水道”之称的西江航运干线，是指南宁至广州航道，与长江干线并列为我国高等级航道体系的“两横”。它是我国西南水运出海大通道重要组成部分，货运量1.4亿t，占全国内河航运的20%，仅次于长江。为充分发挥内河水运优势，全面提升西江黄金水道通航能力，逐步形成西江经济带，促进区域经济协调发展，进一步推进泛珠三角和泛北部湾经济区合作，深入落实国家西部大开发战略，中央部委、广西壮族自治区、广东省先后出台一系列涉及航运的规划，指导西江航运干线的建设，西江黄金水道迎来新一轮发展高峰。

随着大藤峡水利枢纽工程的开工建设，西江“黄金水道”贯通指日可待，西江将由目前Ⅲ级航道提升为Ⅰ级航道。为改善航运条件，西江航运干线扩能改造，相应实施一系列航道整治工程，如河道疏浚、丁坝、顺坝等工程，同时，大吨位船只航行造成的船行波，再叠加上游水库工程建设，使得清水下泄，西江黄金水道建设后，有可能会对西江河势稳定及沿江防洪工程安全等产生不利影响。因此，开展西江黄金水道建设对沿江防洪工程影响应对方案制定研究工作，对于保护流域防洪安全、保障西江黄金水道顺利建设、统筹西江河道综合治理具有重要的意义。

1.1.1 确保流域防洪安全、保障沿岸地区社会经济可持续发展

西江是珠江的主干流，流经滇、黔、桂、粤四省（自治区）及越南北部，流域面积 35.31 万 km^2，占珠江流域面积的 77.8%，是流域洪水的主要来源。西江干流作为珠江流域的重要河道，历次珠江流域综合利用规划均列入重点治理河道，国家历来对西江的防洪建设也十分重视。但是西江中下游地处丘陵地带，流域洪水无天然湖泊或低洼湿地调节，又没有修建调蓄水库的条件，流域防洪、抗洪的手段十分有限，靠河道集中下泄是西江洪水的唯一出路。20 世纪 90 年代以来，西江流域发生了“94.6”“94.7”“97.7”“98.6”“05.6”“08.6”等 6 次接近或超过 20 年一遇标准的洪水，其中“98.6”和“05.6”洪水由于洪水归槽，洪峰流量超 100 年一遇设计成果，洪水损失风险极大，流域防洪形势依然严峻。

根据国务院批复的《珠江流域防洪规划》和《珠江流域综合规划（2012—2030 年）》，流域防洪体系中西江沿岸分布有郁江中下游防洪保护区、浔江防洪保护区、西江防洪保护区以及下游的三角洲等重点防洪保护区。重点防洪工程有南宁市的江北堤（东堤、西堤、中堤）和江南堤，贵港市的城区左堤和城区江南大堤，梧州市的河西堤，肇庆市的景丰联围和联安围，佛山市的樵桑联围，江门市的江新联围，中山市的中顺大围，以及珠海市的中珠联围。目前，郁江中下游防洪保护区保护人口 181 万人、耕地 57 万亩、地区生产总值 427 亿元（2008 年数据）；浔江防洪保护区保护人口 238 万人、耕地 103 万亩、地区生产总值 199 亿元；西江防洪保护区保护人口 58 万人、耕地 21 万亩、地区生产总值 129 亿元；珠江下游三角洲防洪保护区保护人口 2533 万人、耕地 656 万亩、地区生产总值 26319 亿元。现状保护区内防洪工程主要为堤防工程，堤防工程沿河岸建设，多为土质岸坡与土堤，防洪能力多为 10 年一遇～20 年一遇，仅部分城市地段可防御约 50 年一遇的洪水。可见，西江黄金水道沿江堤防工程肩负着重大防洪任务，其安全是郁江中下游、浔江、西江及珠江下游三角洲防洪保护区经济社会可持续发展的保障，一旦发生险情，将给沿江地区的经济社会造成巨大损失。

另外，随着上游水库工程的相继建成及投入使用，水库蓄水拦沙的作用改变了河流天然的水沙过程，使得河道内输沙量显著减少，对沿江防洪工程及河

势稳定将产生不利影响。泥沙减少导致在相当长的时期内坝下游河床发生长时间、长距离的冲刷，引起西江中下游河势发生新的变化，中下游防洪将面临更为严峻的新形势、新问题。因此，制定西江黄金水道建设对沿江防洪工程影响应对方案是确保流域防洪安全的需要。

1.1.2 贯彻建设西江黄金水道、打造珠江-西江经济带国家战略

《广西西江经济带发展总体规划（2010—2030年）》要求努力把西江经济带建设成贯穿我国发达地区和欠发达地区一条重要的国土空间开发轴带；《珠江-西江经济带发展规划》将珠江-西江经济带战略定位为西南中南开放发展战略支撑带、东西部合作发展示范区、流域生态文明建设实验区和海上丝绸之路桥头堡。西江经济带覆盖欠发达的粤西、湘南地区，下连经济发达的珠三角和港澳地区，上游通达能源、有色金属资源富集的云南、贵州和桂西地区，经济互动性强，辐射面广，发展潜力十分巨大，打造西江经济带是促进东中西区域协调发展的重大战略。当前和今后一段时期，是珠江-西江经济带深入贯彻实施西部大开发战略，完善区域经济布局，促进区域协调发展和开放合作的重要时期，是珠江三角洲地区加快转变经济发展方式，全面建设小康社会和率先基本实现现代化的关键时期。

珠江-西江经济带横贯广东、广西，上联云南、贵州，下通香港、澳门，在全国区域协调发展和面向东盟开放合作中具有重要战略地位。随着区域发展规划的逐步实施，西江经济带经济社会将快速发展，战略地位将日益凸显，这势必对西江黄金水道沿江防洪工程的防洪保安提出了更高要求，而西江黄金水道不仅是沟通和促进珠江-西江经济带区域发展的主要运输通道之一，而且是西江流域洪水的宣泄通道，两岸防洪工程的安全是国家战略得以顺利开展的坚实保障。西江黄金水道按I级航道建设后，未来运输船舶将向着大型化和深水化的方向发展，随着航行于西江黄金水道航道中的单个船舶或船队的航速提高、船型或船队的规模变大，装载吨位也增大，船只航行所产生的水体运动及其水力特征值也相应增大，其中船行波的变化最为明显，它也给沿江的堤岸带来极大的危害。另外，运输船舶向着大型化和深水化的方向发展，势必对现有航道进行改线、拓宽、挖深。这些措施将直接改变工程区水流的流速和流态，容易导致工程出现管涌、滑坡、崩岸和漫溢等险情，给两岸人民的生命财产安全带来严重的损失。

1.1.3 协调河道开发与治理需求、促进航运发展

珠江属少沙河流，西江沿江堤防工程多为土质岸坡与土堤，隐患多，随着西江主航道的扩能改造，航运等级将由1000t级提升至3000t级，未来运输船舶将向着大型化和深水化的方向发展，保护郁江中下游、浔江、西江中下游及珠

江三角洲防洪安全的两侧堤岸等水利工程将受到以下两个不利影响：一是航道扩能改造进行的整治疏浚及控导工程挑流会引起河势变化、急流迫岸等，直接影响堤岸稳定；二是航行于西江黄金水道航道中的单个船舶或船队的航速提高、船型或船队的规模变大，装载吨位也增大，船只航行所产生的水体运动及其水力特征值也相应增大，其中船行波的变化最为明显，它也给沿江的堤岸带来极大的危害。船行波主要有船舶与岸坡间的水体以高速向后流动对岸坡造成冲刷，船舶与岸坡间的水位陡然下降影响岸坡稳定，以及船行波对岸坡的正面冲击等三方面的影响。20世纪80年代以来，西江珠江航道上引进了快速双体客船。高速船的出现，既带来了航运事业的兴旺，也带来了对两岸堤围的冲击，常见的有滩地及岸坡崩塌，形成陡坎，并向内侵蚀，其速度每年达0.3m以上，高水位时容易导致堤身崩塌、滑坡。据肇庆市1990年7月对西江两岸进行的调查结果，浪损堤围、切割岸滩总长42km，堤脚掏空11.6km，堤身崩塌3.4km，损坏水闸17座。受水文情势变化及河道采砂影响，近年西江中下游沿江防洪工程出现险情，如2001年1月30日，景丰联围赤顶发生严重滑坡，总长100m滑坡面呈抛物线形滑入西江；2008年6月24日，佛山市南海区九江镇沙口街约210m的西江护岸工程突然发生坍塌。

随着将来西江黄金水道航道整治工程的实施，势必侵占部分河道行洪面积，改变河道水流和河床冲淤演变特性，进而对防洪、河势等带来一定的影响。随着工业化、信息化、城镇化、农业现代化的同步深入发展以及全球气候变化的影响日益加大，增强防灾减灾能力要求越来越迫切。协调好西江干流黄金水道开发与治理的关系，是保障西江沿岸地区经济社会可持续发展的迫切需要，也是加快西江黄金水道建设、促进航运发展的需要。

1.1.4 加强河道防洪与航道综合管理

西江是珠江水系的重要组成部分，西接云贵，贯穿广西，东连粤港澳，不仅是珠江流域主要的泄洪通道之一，而且是我国重要的通航河流，其航道建设与管理主要涉及水利和航道两个部门。水行政主管部门和航道行政主管部门，同时承担着依法对河道（航道）进行建设、管理和保护的任务。根据《中华人民共和国防洪法》第二十二条，“在船舶航行可能危及堤岸安全的河段，应当限定航速。限定航速的标志，由交通主管部门与水行政主管部门商定后设置”。根据《中华人民共和国河道管理条例》和《中华人民共和国航道管理条例》的相关规定，交通部门进行河道内航道整治，首先应当符合河道防洪安全要求，并事先征求河道主管机关对有关设计和计划的意见；为保证堤岸安全需要限制航速的河段，河道主管机关应当会同交通部门设立限制航速的标志，通航的船舶不得超速行驶；在汛期，船舶的行驶和停靠必须遵守防汛指挥部的规定；建设航道及设施，不得危及水利水电工程、跨河建筑物和其他设施的安全；在行洪河道上建设航道，必须符合行洪安全的要求。

河道管理是以保障防洪安全和河道多目标利用为宗旨的综合性管理，航道管理是以保障并服务于航运为宗旨的行业管理，二者虽属于不同的管理层次，但《中华人民共和国水法》、《中华人民共和国河道管理条例》和《中华人民共和国航道管理条例》均明确提出航道建设首先要保证河道防洪安全。西江黄金水道的建设涉及对河道内现有航道拓宽和浚深及修建丁坝、顺坝等工程，有可能会对西江河势稳定及沿江防洪工程安全等产生不利影响。

因此，开展西江黄金水道建设对沿江防洪工程影响应对策略的研究工作的基础工作，不仅有利于协调防洪安全和河道综合开发利用的关系，平衡水利和航道两个部门对西江黄金水道的建设需求，而且有利于加强河道与航道综合管理。

1.2 研究内容和技术路线

1.2.1 研究内容

本书研究的西江黄金水道范围从郁江南宁至西江干流出海口磨刀门灯笼山河段，总长约905km，涉及地级以上行政区9个，分别是南宁、贵港、梧州、云浮、肇庆、佛山、江门、中山、珠海，涉及防洪保护区有郁江中下游、浔江、西江、珠江下游三角洲等防洪保护区。研究涉及的河段中，广西南宁—桂平—西滘口河段属西江的中下游河段，西滘口—灯笼山出海口门为珠江三角洲西江干流。其中，南宁—桂平—西滘口河段总长度为775km，河道宽度为333～2105m，平均河宽为1163m，其最窄河宽位于广西梧州长洲坝坝址上游12km的梧州市苍梧县西河口。该河段经过广西的南宁市、贵港市和梧州市，广东的云浮市、肇庆市和佛山市，沿岸有郁江中下游防洪保护区、浔江防洪保护区和西江防洪保护区，其中浔江防洪保护区面积1068km^2，区内人口238万人，耕地103万亩，地区生产总值199亿元；西江防洪保护区面积155km^2，区内人口58万人，耕地21万亩，地区生产总值129亿元。目前沿岸一般防洪保护对象的防洪能力仅达到10年一遇～20年一遇，部分城市堤段可防御约50年一遇的洪水，现有堤防总长485km。西滘口—磨刀门灯笼山出海口河段均位于广东省境内，是西北江三角洲重要的泄洪通道（西北江三角洲受洪水威胁的人口2533万人、耕地656万亩、地区生产总值26319亿元）和出海航道，流经肇庆市、佛山市、江门市、中山市和珠海市，由磨刀门横琴汇入南海；河段总长度为130km，河道宽度为596～3893m，平均河宽为1325m，其中最窄河宽位于马口水文站上游1km处。

本书重点关注西江黄金水道的各项建设工作对沿江防洪工程的影响，具体研究清水下泄对河段水沙条件及河势稳定的影响，叠加分析航道整治对防洪工程、泥沙起动规律与输移、河床演变与岸坡稳定的影响，船行波对沿江防洪工程的影响，以及航道整治与防洪工程安全之间关系的协调思路，并结合通航约束条件分析提出西江黄金水道建设对沿江防洪工程的影响应对方案和西江黄金水道建设管理的意见与建议，主要从以下七个方面开展：

（1）现场查勘与测验。主要包括沿江防洪工程情况、航道情况等基础情况调查，航道整治、现状防洪工程、地形、水文资料等资料收集，以及水文测验、船行波原型观测等工作。

（2）航道整治方案、现状与规划情况。主要包括已有航道整治方案分析与评价，现状航道通航情况调查分析与评价。

（3）西江干流河道冲淤特性变化规律。主要研究水文情势分析、不同河段泥沙颗粒级配分析、不同河段泥沙启动流速分析、不同河段水流挟沙力等西江干流水沙特性变化和西江黄金水道沿线河床演变规律等。

（4）水库群建设后清水下泄对河段水沙变化及河势稳定的影响分析。主要包括河势演变、清水下泄对泥沙输移与河床演变规律的影响、清水下泄对河势稳定影响等分析内容。

（5）航道整治对沿江防洪工程的影响分析。主要包括航道整治对工程防洪的影响、航道整治对泥沙输移与河床演变规律的影响及航道整治对岸坡稳定的影响等内容。

（6）船行波对沿江防洪工程的影响分析。主要包括船行波波浪要素统计分析、现状条件各种主力船型的船行波特征波要素演进特性及能量谱分布以及类比分析 3000t 级航道建设后典型河段的船行波防护对策。

（7）应对策略研究。根据清水下泄、航道整治对沿岸防洪工程影响以及船行波对沿岸防洪工程影响研究成果，协调航道整治与防洪工程安全关系，结合航道整治与通航约束条件分析，提出西江黄金水道建设对沿江防洪工程影响的应对策略。

1.2.2 技术路线

在珠江-西江经济带国家战略实施及西江黄金水道建设发展等新形势的大背景下，本书基于清水下泄对河段水沙变化及河势稳定影响的数值模拟结果，叠加分析西江黄金水道航道整治及船行波等对沿江防洪工程影响，统筹协调西江黄金水道建设与防洪工程安全关系，分析航道整治与通航约束条件，研究保障沿岸防洪工程安全的工程措施与非工程措施，制定西江黄金水道建设对沿江防洪工程影响的应对方案，提出加强西江黄金水道建设管理和运行管理的意见和建议，以防洪保安支撑、促进珠江-西江经济带经济社会的可持续发展，为下阶段航道整治、河道治理工程实施以及河道管理提供技术支撑。

本书在收集西江黄金水道航道整治、沿江防洪工程设计、历史地形、水文泥沙等基础资料的基础上，结合实地调研查勘，开展水文测验及泥沙分析、船行波监测等原型观测。具体技术路线为：根据已收集的资料及观测数据，进行水流泥沙基本特性分析，并建立研究范围内一维和二维水沙数学模型、船行波数学模型等模型，计算分析航道现状与规划情况，计算分析清水下泄前后流态和泥沙起动的变化，分析清水下泄对河段水沙条件及河势稳定影响，在此基础上，叠加分析航道整治对工程防洪、泥沙起动输移规律、河床演变与岸坡稳定的影响，分析船行波对沿江防洪工程的影响，协调航道整治与防洪工程安全的关系，结合航道整治与通航约束条件分析，制定西江黄金水道建设对沿江防洪工程影响应对方案，提出加强西江黄金水道建设管理意见与建议，为西江黄金水道的建设与沿江防洪工程安全提供技术支撑。本书研究的技术路线图如图 1.1 所示。

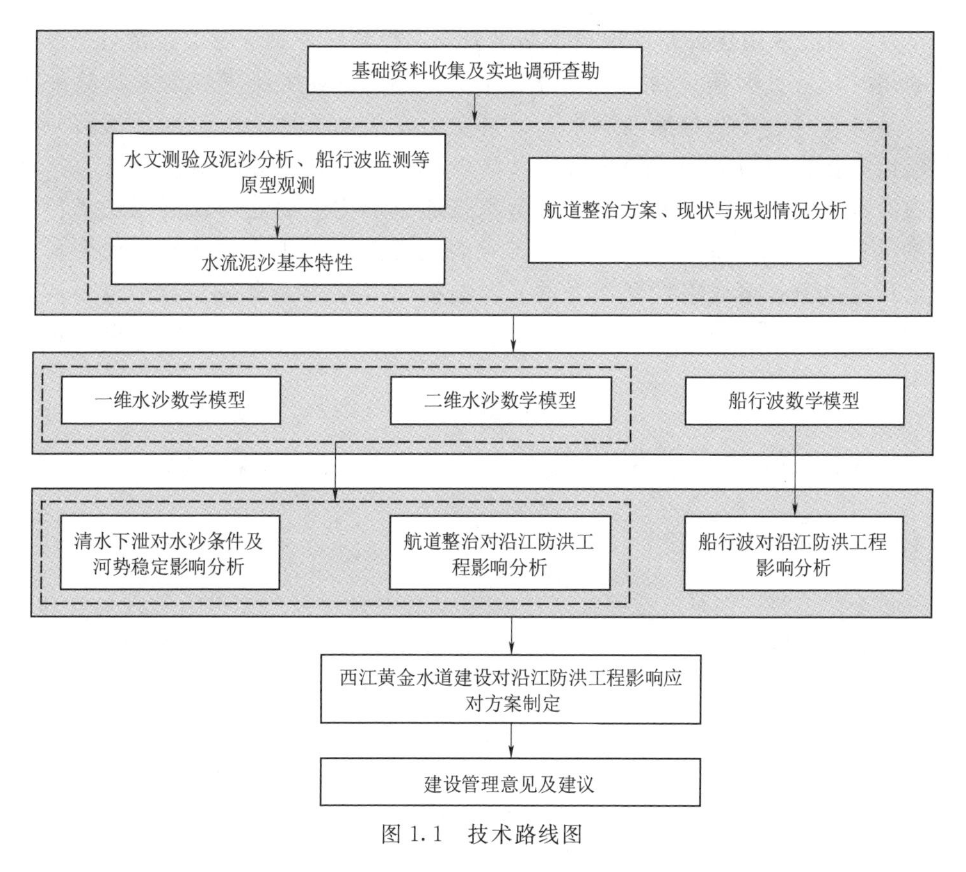

图 1.1 技术路线图

第2章

西江黄金水道航道及防洪工程建设

西江黄金水道建设是确保流域防洪安全、保障沿岸地区社会经济可持续发展的需要，是贯彻建设西江黄金水道、打造珠江-西江经济带国家战略的需要，是协调河道开发与治理需求、促进航运发展的需要，也是加强河道防洪与航道综合管理的需要。加快航道及防洪工程的建设工作，对于充分发挥西江内河水运优势，全面提升西江黄金水道通航能力，促进西江区域经济协调发展至关重要。全面了解掌握西江流域的航道和防洪工程具体情况，是科学制定黄金水道各项战略发展部署的必要前提。本章主要介绍黄金水道不同航段的航道及防洪工程现状，以及航道、防洪工程及控制性水利工程的建设规划。

2.1 西江黄金水道航道建设

2.1.1 航道建设现状

黄金水道跨广西与广东两省（自治区），依行政区及所属航道管理局管理范围，广西境内分为南宁段（南宁—贵港，属广西南宁航道局管辖）和梧州段（贵港—梧州界首，属广西梧州航道局管辖）；广东境内分为西江肇庆段（界首—肇庆）、西江下游段（肇庆—百顷头）、磨刀门水道段（百顷头—灯笼山），其中肇庆—九江沙口属广东西江航道局管辖，九江沙口—百顷头属广东江门航道局管辖，百顷头—灯笼山属广东中山航道局管辖。

西江黄金水道航道建设现状情况详见表2.1。

表 2.1 西江黄金水道航道建设现状情况（2017 年统计资料）

所属管区	航道名称	起点名称	终点名称	维护里程/km	维护尺度			最小航净空尺度										航道维护现状等级	规划
								最小通航净高桥梁的通航净空尺度				最小通航净宽桥梁的通航净空尺度							
												单向			双向				
					水深/m	宽度/m	弯曲半径/m	桥梁名称	通航净高/m	通航净宽/m	通航孔数	桥梁名称	通航净高/m	通航净宽/m	桥梁名称	通航净高/m	通航净宽/m		
广西南宁航道局	郁江	南宁	牛湾	45.7	2.32.6	60	500											Ⅲ级	Ⅰ级
		牛湾	贵港	229.4	3.5	80	550											Ⅱ级	Ⅰ级
广西梧州航道局	郁江-西江	贵港	梧州界首	290.5	3.5	80	550											Ⅱ级	Ⅰ级
广东西江航道局	西江 4	大源冲口	都城	37	3.5	80	550	封开西江大桥	18	105	双孔	封开西江大桥	18	105				Ⅱ级	Ⅰ级
	西江 3	都城	肇庆大桥	134	4	80	550	肇庆西江大桥（铁路、公路桥）	11.5	110	双孔	德庆西江大桥	12.5	110	阅江大桥	18	290	Ⅱ级	Ⅰ级
	西江 2	肇庆大桥	九江沙口	86	6	100	650	肇庆大桥	18	110	双孔	高明大桥	22	90				Ⅰ级	Ⅰ级
	太平沙右槽	太平沙洲头	太平沙洲尾	12	6	100	650											Ⅰ级	Ⅰ级
广东江门航道局	西江 1	九江沙口	百顷头	37	6	100	650	外海大桥	22	90	双孔	外海大桥	22	90	佛江高速公路潮荷大桥	22	280	Ⅰ级	Ⅰ级
广东中山航道局	磨刀门水道	百顷头	灯笼山	44	3.5	60	480	斗门大桥	22	90	双孔	斗门大桥	22	90				Ⅲ级	Ⅰ级

2.1.2 航道整治方案

2.1.2.1 枢纽建设

桂平航运枢纽 3000t 级船闸（2011 年），长洲枢纽三、四线 3000t 级船闸（2015 年）已建成通航。

贵港枢纽二线 3000t 级船闸（2014 年），西津枢纽二线 3000t 级船闸（2016 年）已开工建设。邕宁枢纽已于 2013 年年底开工建设，配有 2000t 级Ⅱ级船闸，并预留二线船闸位置。

2.1.2.2 航道整治

在借鉴西江历次航道整治工作经验的基础上，根据河流特性、浅滩成因，分河段确定各航道段整治原则，确定主要航道整治目标为：清除碍航礁石，改善水流条件，形成有利于冲深航槽的水流；采用疏浚与筑坝相结合的措施，集中枯水水流，冲刷航槽，维持航道水深；考虑上游枢纽调峰调度及采砂等人类活动对整治河段水位及河床的长期影响。具体可通过整治工程、清礁工程、护岸工程等手段来实现。

1. 广西郁江南宁—贵港段

（1）已建成航道工程整治方案。西江航运干线南宁至贵港Ⅱ级航道工程 2011 年开工建设，2013 年完成Ⅱ级航道整治，航线主要控制断面最低通航水位见表 2.2。

表 2.2 西江航线南宁—贵港段主要控制断面最低通航水位

（1985 国家高程基准，下同）

序号	断面名称	设计最低通航水位/m	序号	断面名称	设计最低通航水位/m
1	南宁（三）站	61.195	7	鸡儿滩	42.743
2	豹子头至柳沙娘浅滩	60.753	8	地伏滩	42.743
3	良庆至三升米洲浅滩	58.812	9	嗡崂滩	42.743
4	湴滩	58.763	10	伏波大滩	42.743
5	西津坝上	58.763	11	贵港坝上	41.243
6	西津坝下	42.743			

根据《西江航运干线南宁至贵港Ⅱ级航道工程施工图设计报告》，航道整治工程郁江南宁民生码头—南宁港中心港区—贵港枢纽全长 273km。南宁—贵港段：南宁（民生码头）至南宁港中心港区段约 45km，按内河Ⅲ级航道标准建设，航道主要尺度为 2.6m×60m×500m（水深×航道宽度×弯曲半径，下同）；南宁港中心港区以下至贵港枢纽段约 228km，按内河Ⅱ级航道标准建设，满足通航 2000t 级内河船舶以及 1000t 级港澳线船舶，航道主要尺度为 3.5m×80m

×550m，设计保证率为98%。

根据施工图设计，南宁（民生码头）—牛湾作业区Ⅲ级航道设计水深为2.6m，航道维护富裕水深为0.3m，炸礁航槽设计水深为2.9m；航道设计宽度为60m，炸礁航槽设计宽度为80m；炸礁航槽设计边坡坡比取1∶1。牛湾作业区—贵港枢纽Ⅱ级航道清礁工程断面航道设计水深为3.5m，航道维护富裕水深为0.6m，炸礁航槽设计水深为4.1m；航道设计宽度为80m，炸礁航槽设计宽度为100m；炸礁航槽设计边坡坡比取1∶1，清理覆盖层设计边坡坡比取1∶3。同时，为确保全程河段航行安全，自南宁五合大桥下游250m处至贵港枢纽河段工程区域范围内，未达到4.1m水深的碍航区域要求进行清除处理。

清礁工程主要包括清除豹子头至柳沙娘浅滩、良庆至三升米洲浅滩、溢滩浅滩、鸡儿滩、地伏滩、嗡崂滩、伏波大滩河段的碍航礁石，南宁—西津枢纽河段22处零星碍航礁石，以及西津枢纽—贵港枢纽11处零星碍航礁石。清礁工程量合计1555693m³，清覆盖层工程量合计340803m³。

（2）规划航道工程整治方案。根据《全国内河航道与港口布局规划》《珠江流域综合规划（2012—2030年）》《广西西江黄金水道建设规划》等规划，规划2020年西江航运干线南宁至贵港273km为Ⅰ级航道通航3000t级船舶。由于目前该段尚未开展Ⅰ级航道扩容升级工程项目前期论证，无相关成果。本书根据《内河通航标准》（GB 50139—2014）的规定选取航道尺寸进行计算和分析。按照《内河通航标准》（GB 50139—2014）Ⅰ级航道设计通航水深3.5～4.0m，单线航道的宽度不得小于70m，双线航道宽度不得小于135m，南宁—贵港段整治航道尺寸参考贵港到梧州段Ⅰ级航道尺寸，选为4.1m×90m×670m。

主要整治工程包括清除豹子头至柳沙娘浅滩、良庆至三升米洲浅滩、溢滩浅滩、鸡儿滩、地伏滩、嗡崂滩、伏波大滩河段以及沙姜石、纸厂石、蒲庙等河段的碍航礁石，总清理长度17.15km，清理深度0.5～3.5m，清淤量约为187万m³。

2. 广西郁江贵港—西江梧州（界首）段

（1）已建成航道工程整治方案。梧州（界首）段Ⅱ级航道工程2006年开工建设，2009年已竣工通航。西江航运干线贵港—梧州（界首）航道整治工程项目范围为：贵港—桂平航段109.5km，桂平—长洲航段158km，长洲—界首23km；航线主要控制断面最低通航水位见表2.3。贵港至梧州段航道按内河Ⅱ级双线航道标准建设，通航2000t级内河船舶，并满足通航1000t级港澳线船舶。通航保证率为98%，设计航道尺度3.5m×80m×550m，其中贵港—桂平段设计船型为2排1列式2000t级驳船队和2000t级单货船；桂平—梧州段设计船型为2排1列式2000t级顶推船队和2000t级单货船。

表2.3 西江航线贵港—梧州（界首）段主要控制断面最低通航水位

序号	断面名称	设计最低通航水位/m	序号	断面名称	设计最低通航水位/m
1	贵港坝下	28.743	6	长洲坝上	18.743
2	桂平坝上	28.743	7	长洲坝下	4.727
3	桂平坝下	20.263	8	梧州站	3.193
4	江口水文站	19.79	9	大元冲口	2.924
5	藤县站	18.75			

该段均为库区航道，主要整治措施包括：贵港—桂平段主要采取疏浚、炸礁整治措施，使航道尺度满足设计要求，同时对崩岸采取防护措施；桂平—长洲段库尾鲫鱼滩以上30km航段最低通航水位水深较浅，采用导治与疏浚相结合，调整枯水主流流向，保持航道设计尺度；鲫鱼滩—长洲段采用清除两岸碍航突咀及碍航礁石，平顺河床；长洲—界首段为坝下近坝区河段，需顺应河势，使下引航道与天然河流航道平顺连接，通过疏浚、炸礁与筑坝等工程措施进行枯水航道整治。

(2) 规划航道工程整治方案。根据《全国内河航道与港口布局规划》《珠江流域综合规划（2012—2030年）》《广西西江黄金水道建设规划》等规划，规划2020年西江航运干线贵港—梧州（界首）段为Ⅰ级航道通航3000t级船舶。

广西壮族自治区已启动西江航运干线贵港至界首段3000t级航道整治工程的前期工作。按照《西江航运干线贵港至梧州3000t级航道工程可行性研究报告》成果，贵港至梧州（界首）段全长290.5km。拟建工程按照Ⅰ级航道标准对现有航道进行整治，航道尺度为4.1m×90m×670m，通航3000t级船舶。整治方案为在现有Ⅱ级航道航线的基础上拓宽、浚深、局部进行调顺和加大弯曲半径，航道浅滩清礁工程量见表2.4。

砂卵石河床滩险整治采取疏浚工程措施，石质滩险整治采取爆破挖槽为主的工程措施，包括：①龙口角以上的牛皮滩、白鹤滩、沙岗滩、猫儿山港、白银滩、罂煲窖、七星滩、东津滩、田辽沙、小壬滩、大壬滩、机捆滩、揽滩等13处滩段整治及全程8处局部零星炸礁工程；②长洲坝下包括龙圩水道、洗马滩、鸡笼洲、界首滩等4个滩险的整治。

贵港—梧州（界首）段Ⅰ级航道清礁工程断面航道设计水深为4.1m，航道维护富裕水深为0.6m，炸礁航槽设计水深为4.7m。航道设计宽度为90m，炸礁航槽设计宽度为110m；炸礁航槽设计边坡坡比取1∶1，清理覆盖层设计边坡坡比取1∶3。同时为确保全程河段航行安全，自贵港枢纽至界首河段工程区域范围内，未达到4.7m水深的碍航区域要求进行清除处理。

表 2.4　　贵港—梧州（界首）段Ⅰ级航道浅滩清礁工程量汇总表

序号	河段	礁石名称	炸礁/m^3	清渣/m^3	清覆盖层/m^3
1	贵港—桂平	牛皮滩	5248	5248	562
		白鹤滩	867	867	343
		沙岗滩	348	348	254
		猫儿山港	4856	4856	654
		白银滩	4521	4521	865
		罂煲窖	835	835	654
		七星滩	6955	6955	452
		东津滩	95223	95223	6529
		田辽沙	42852	42852	6232
		小壬滩	6955	6955	3477.5
		大壬滩	8346	8346	4254
		机捆滩	56823	56823	9652
		揽滩	5985	5985	654
		其余 8 处零星炸礁	4293	4293	653
2	桂平—长洲	羊栏滩	89544	89544	7266.6
		蓑衣滩	59343	59343	21668.4
		鲫鱼滩	8644	8644	3914.4
		三沙姑翁滩	96521	96521	38107.2
		江沙滩	4265	4265	3812.4
		将军滩	6531	6531	3372.6
		盐蛇滩	635	635	219
		外鸭洲	4158	4158	753.6
		十二基狗尾划	65844	65844	18926.4
		黄石滩	9661	9661	3916.8
3	长洲—界首	龙圩水道	856	856	653
		洗马滩	6693	6693	4253
		鸡笼洲	524	524	632
		界首滩	652	652	452
4	合计		597978	597978	143182.9

3. 广东西江肇庆（界首—肇庆）段

根据《全国内河航道与港口布局规划》《珠江流域综合规划（2012—2030年）》《广西西江黄金水道建设规划》等规划，规划西江航运干线界首—肇庆段为Ⅰ级航道，通航 3000t 级船舶，航线主要控制断面最低通航水位见表 2.5。

表 2.5　　西江航线界首—肇庆段主要控制断面最低通航水位

序号	断面名称	设计最低通航水位/m	序号	断面名称	设计最低通航水位/m
1	梧州站	1.87	4	S14（德庆站）	0.68
2	S2（界首）	1.69	5	S23（高要站）	0.41
3	江口航道站	1.48			

西江航运干线广东段西江（界首—肇庆）Ⅰ级航道工程已于 2015 年开工建设。根据《西江（界首至肇庆）航道扩能升级工程初步设计报告》成果，西江下游界首—肇庆段全长 171km，其中：界首—封开江口段航道 12km，通航设计尺度为 4.1m×90m×650m；封开江口—肇庆二桥航道 159km，通航设计尺度为 4.5m×135m×670m。

工程按照Ⅰ级航道标准对现有航道进行整治，整治工程设计通航保证率为 98%，设计最低通航水位采用保证率为 98%的潮位；设计最高通航水位采用 20 年一遇洪水标准。

航槽平面布置方案为航道线路从省界上游的左岸企人沙深槽进入，在企人沙和刀廉沙之间通过，沿江中而下，渐渐转向左岸江口镇弯道凹岸深槽，沿河道左岸经过贺江支流出口，航道路线沿左岸出口过了贺江口后逐渐向右岸过渡进入“界首”和“三滩”（蟠龙滩、新滩、都乐滩）之间的优良河段。航道路线在优良河段沿右岸深槽直下，进入“三滩”的谷圩沙洲右槽，经过谷圩沙洲尾，航道线从封开西江大桥主通航孔通过，穿过蟠龙浅滩，过渡到新滩，进入都乐弯道凹岸深槽。航道线沿凹岸深槽逐渐往右岸过渡进入都城城区河段。都城—肇庆段由于水深条件良好，航道线路基本河道深泓线，沿河经过猪仔峡、德庆西江大桥、金鱼沙，由金鱼沙右汊沿河直下经过三榕峡、大鼎峡，进入肇庆西江大桥、阅江大桥和肇庆大桥，与西江下游主航道相衔接。

该段主要整治工程包括：对航槽水深不满足航道设计水深要求的河段进行疏浚，主要为界首盐关河段、江口河段、封开西江大桥河段及长岗河段，疏浚总长度 9.3km，总疏浚量 98.8 万 m^3。其中：封开西江大桥河段需疏浚长度 6.6km，疏浚量 83.3 万 m^3；长岗河段需疏浚长度 2.7km，疏浚量 15.5 万 m^3。清礁工程包括：清除界首滩段、三滩段和都城至肇庆河段的碍航礁石，清礁区航槽设计宽度按不小于 175m 控制；界首—江口段清礁区航槽设计水深为 5.6m，江口—肇庆段为 6.0m。对工程段已发现的 43 处碍航礁石进行清除，其中界首滩段 14 处，三滩段 15 处、都城—肇庆段零星礁石 14 处，共清除礁石覆盖层共

39.7 万 m^3，清除礁石共 222.1 万 m^3，礁石区硬式扫床共 171.2 万㎡。清礁河段礁石航槽边坡坡比为 1∶0.75，覆盖层边坡坡比 1∶3，预留富裕水深 1.5m，超宽 1m。

4. 广东西江下游（肇庆—百顷头）段

根据《全国内河航道与港口布局规划》《珠江流域综合规划（2012—2030年）》《广西西江黄金水道建设规划》等规划，西江航运干线肇庆—百顷头段为Ⅰ级航道，通航 3000t 级船舶，航线主要控制断面最低通航水位见表 2.6。

表 2.6　西江航线肇庆—百顷头段主要控制断面最低通航水位

序号	断面名称	设计最低通航水位/m	序号	断面名称	设计最低通航水位/m
1	高要	0.664	5	北街	0.244
2	马口	0.554	6	横山	－0.246
3	甘竹	0.354	7	西炮台	－0.576
4	天河	0.314			

西江下游（二期工程）肇庆—虎跳门航道整治工程（Ⅰ级航道），1999 年开工建设，2009 年通过了竣工验收。根据《西江下游（二期工程）肇庆—虎跳门航道整治工程可行性研究报告》，包括肇庆—百顷头段，航道全长 123km，虎跳门水道自百顷头至崖门出海航道全长 45km，合计航道全长 168km。通航设计尺度为 6.0m×100m×650m，开挖边坡坡比 1∶4，计算平均超深值 0.4m，超宽值 3m，通航 3000t 级海轮及江海轮船舶。工程按照Ⅰ级航道标准进行整治，整治工程设计通航保证率为 98%，设计最低通航水位采用保证率为 98%的潮位；设计最高通航水位采用 20 年一遇洪水标准。

整治工程基本沿原有航道线路，从肇庆二桥起，沿深槽经肇庆峡后，经墨砚洲左汊、琴沙右汊、太平沙左汊、海寿沙左汊、潮莲洲左汊。航道整治工程主要包括：对航槽水深不满足航道设计水深要求的河段进行疏浚，疏浚总长度约 21.1km，总疏浚量约 282.65 万 m^3（表 2.7）；清除 4 处礁石，共清除礁石共 13.31 万 m^3。清礁河段航槽开挖边坡坡比 1∶1，预留富裕水深 0.5m，超宽 0.5m。

表 2.7　西江下游肇庆—百顷头段疏浚工程

序号	工程地段	挖槽长/m	工程量/万 m^3
1	墨砚洲	1635	32.25
2	典水沙	1300	8.1
3	琴沙（头）	300	1.24

续表

序号	工程地段	挖槽长/m	工程量/万 m^3
4	西滘口	1590	13.29
5	富湾	600	2.61
6	太平沙左汊	2210	65.08
7	海寿沙左汊	4770	66.48
8	甘竹滩	980	3.86
9	天河	675	2.41
10	潮莲洲	4820	72.84
11	百顷头	2250	14.48
合计		21130	282.65

5. 广东西江磨刀门（百顷头—灯笼山）段

（1）已建成航道工程整治方案。航道工程于 2015 年开工，已基本建成，航线主要控制断面最低通航水位见表 2.8。按照《磨刀门水道及出海航道整治工程项目可行性研究报告》（2011 年）成果，本书涉及的范围为磨刀门段百顷头—灯笼山段，航段长度 44km，推荐方案近期按Ⅲ级航道通行海轮标准整治，航道尺寸为 4.0m×80m×500m，边坡坡比 1∶4，计算平均超深值 0.4m，超宽值 3m，可通行 1000t 港澳船，通航保证率为 98%。水道及出海航道整治工程近期按照Ⅲ级航道标准整治，通航 1000t 级港澳船，推荐船型为 1000t 级多用途集装箱船（总长×型宽×设计吃水深：49.9m×12.8m×3.2m）。整治工程设计通航保证率为 98%，设计最低通航水位采用广东省航道局 2001 年颁布的航道维护设计水位与低潮累积频率 98%潮位组合；设计最高通航水位采用 20 年一遇洪水标准。本航段能够满足Ⅲ级航道通航要求，航道整治主要为配套工程建设。

表 2.8　西江航线百顷头—灯笼山段主要控制断面最低通航水位

序号	断面名称	设计最低通航水位	序号	断面名称	设计最低通航水位
1	大敖站	0.18	4	大横琴站	−0.54
2	竹银站	0.01	5	马骝洲	−0.66
3	灯笼山站	−0.2	6	三灶站	−0.78

（2）规划航道工程整治方案。根据《全国内河航道与港口布局规划》《珠江流域综合规划（2012—2030 年）》《广西西江黄金水道建设规划》等规划，西江航运干线磨刀门（百顷头—灯笼山）段为Ⅰ级航道，通航 3000t 级船舶，在《磨刀门水道及出海航道整治工程项目可行性研究报告》（2011 年）中作为对比方案进行了分析。

该方案磨刀门—竹洲头段按照Ⅰ级航道建设，通航3000t海轮，航道尺寸为6.4m×100m×650m。航线沿深槽布置，主要整治工程包括疏浚工程和配套工程建设。主要疏浚工程包括百顷头、六全沙、竹排沙、沙仔面等，总疏浚长度2495m。

2.1.3 航道建设规划

2.1.3.1 早期规划及建设情况

早在1978年，广东省与广西壮族自治区计划委员会就联合向国家计委提出关于西江航道建设计划任务书，计划西江从南宁至广州854km建成通航1000t级分节驳组成顶推船队的Ⅲ级航道。1981年6月，经国务院批准分期建设，航道等级为内河Ⅲ级航道。广西段分为两期：一期为桂平—界首段（182km），二期为南宁—桂平段（385km），1986年动工，至2000年完工；其后又实施了西江航运干线扩能工程，2009年贵港—梧州段扩容为Ⅱ级航道，2013年南宁—贵港段也完成扩容。广东段为西江经东平水道—广州段（287km），作为“七五”国家重点建设项目，1985年1月开工建设，1990年12月完工。

1992年2月，广东省计委批复开展西江崖门（虎跳门）出海航道工程可行性研究，批文中提出崖门（虎跳门）出海航道属国家级航道，同意开展崖门出海航道和虎跳门水道航道整治工程（Ⅰ级航道，通行3000t级海轮）可行性研究。

1995年，崖门出海航道整治Ⅰ期工程完工，为尽快实现西江下游从肇庆—南海3000t级海轮直达运输，广东省计委1995年3月批复省交通厅，同意西江下游航道整治工程立项。

西江下游段（肇庆—虎跳门）航道全长168km，1999年开工建设，2009年竣工验收，航道等级为Ⅰ级航道，通行3000t级海轮。

2.1.3.2 近期规划情况

随着经济全球化和区域经济一体化向纵深发展、国家西部大开发战略的深入实施、中国-东盟自由贸易区的建成运营、泛珠三角和泛北部湾经济区合作的进一步推进，以及中央出台一系列扩内需、保增长的政策措施，西江航运迎来新一轮发展高峰，相关部委、广西壮族自治区、广东省出台一系列涉及航运的规划，指导航运发展建设。

1. 全国内河航道与港口布局规划

国务院2007年5月批准了国家发展改革委和交通部联合编制的《全国内河航道与港口布局规划》，规划明确提出珠江水系将建设包括西江航运干线、珠江三角洲高等级航道网在内的“一横一网三线”国家高等级航道网，重点建设南宁、贵港、梧州、肇庆、佛山5个重点内河港口。

2. 珠江流域综合规划

国务院 2013 年批准的《珠江流域综合规划（2012—2030 年）》提出，珠江水系内河航道布局以“一横一网三线”国家高等级航道为核心，以区域重要航道为基础，以一般航道为补充，形成与区域经济社会和综合运输发展相协调、干支相通、通江达海的珠江水系航道路体系。“一横”为西江航运干线（南宁—广州）。规划西江航运干线南宁—贵港段 273km、贵港—思贤滘段 502km 为Ⅰ级航道通航 3000t 级船舶，思贤滘—广州段（东平水道）76km 为Ⅱ级航道通航 2000t 级船舶，并满足 1000t 级集装箱多用途船队的通航要求。规划 2020 年前，结合邕宁梯级的兴建，建设南宁—贵港段 273km、贵港—肇庆段 468km Ⅰ级航道，通航 3000t 级船舶；建设西津、贵港枢纽 3000t 级二线船闸及长洲水利枢纽 3000t 级三、四线船闸；建设思贤滘—广州（东平水道）76km Ⅱ级航道，通航 3000t 级船舶。

“一网”为珠江三角洲高等级航道网。规划以海船进江航道为核心，以Ⅲ级航道为基础，建设包括西江下游出海航道在内的 16 条通航 3000～10000t 级海船和 1000t 内河船舶的航道组成的“三纵三横三线”高等级航道网，其中西江下游出海航道（思贤滘—九澳）通航 3000t 级海轮。

3. 珠江-西江经济带发展规划

根据国务院批复的《珠江-西江经济带发展规划》，加快建设黄金水道，以干线航道为重点，加强干支流航道建设，完善和扩大高等级航道网络，拓展港口规模和功能，提高船舶标准化和现代化水平，提出加大西江干流航道扩能改造，提升西江出海航道通过能力和通达范围，提高航道等级。

4. 珠江水运发展规划纲要

交通运输部于 2017 年 5 月编制完成《珠江水运发展规划纲要》。纲要提出，珠江“作为华南、西南地区重要的水上运输大通道，珠江已经成为我国西南内陆地区与粤港澳地区经济互补、协调发展的重要纽带”。应国家“一带一路”战略愿景，计划“进一步加快珠江水运科学发展，努力打造第二条黄金水道”。通过“以‘一横一网三线’高等级航道为重点，以解决制约珠江水运发展的重要瓶颈为突破口，加快建设干支衔接、区域成网、江海贯通的珠江黄金水道。重点实施碍航闸坝复航工程、西江航运干线扩能工程、珠江三角洲航道网完善工程、西南水运出海通道建设工程、支流航道提升工程，稳步开展沟通长江水系和珠江水系的赣粤运河、湘桂运河等研究工作”，打造珠江黄金水道。

西江航运干线自南宁至广州全长 854km，是沟通广西、云南、贵州与广东、港澳地区的重要经济纽带，现为Ⅱ级航道，规划将南宁—佛山段提高为Ⅰ级航道，相应扩大沿线西津、贵港等枢纽通航能力。至 2025 年实施西江航运干线南宁—贵港、贵港—梧州、梧州—肇庆段Ⅰ级航道建设工程，扩建贵港航运枢纽二线船闸、西津水利枢纽二线船闸。实施磨刀门水道及出海航道Ⅲ级航道建设工程。研究将西伶通道、磨刀门水道等出海航道纳入西江航运干线，与广州、珠海等沿海港口沟通，提升江海联运服务功能，满足沿江地区经济发展对水运的需求，进一步发挥其上通云贵、下接港澳的主轴作用，为承接产业转移和珠江-西江经济带建设提供重要支撑。

5. 广西西江黄金水道建设规划

为充分发挥内河水运优势，全面提升广西西江黄金水道通航能力，广西壮族自治区党委、自治区人民政府作出了“打造西江黄金水道促进区域经济协调发展”的重大战略决策。自治区政府于2010年提出《广西西江黄金水道建设规划》（桂政发〔2010〕12号），主要由连接南宁、贵港、梧州、百色、来宾、柳州、崇左市的1480km内河水运主通道组成；涵盖流经河池、桂林、玉林、贺州的地区性重要航道1621km，其中西江航运干线570km（南宁—广州航段全长854km，其中广西段570km）。根据该规划，2008—2012年实施贵港—梧州Ⅱ级航道工程（Ⅱ级航道整治290.5km，远期预留3000t级）和南宁—贵港Ⅱ级航道工程（Ⅱ级航道整治279km，远期预留3000t级），这两段分别于2009年和2013年建成。

2.2 西江黄金水道沿岸防洪工程建设

2.2.1 沿岸防洪工程建设现状

2.2.1.1 防洪工程

西江黄金水道经过广西的南宁市、贵港市、梧州市和广东的云浮市、肇庆市、佛山市，沿岸有郁江中下游防洪保护区、浔江防洪保护区和西江防洪保护区，其中浔江防洪保护区面积1068km^2，区内受洪水威胁的人口238万人、耕地103万亩、地区生产总值199亿元；西江防洪保护区面积155km^2，区内受洪水威胁的人口58万人、耕地21万亩、地区生产总值129亿元。目前沿岸一般防洪保护对象的防洪能力仅达到10年一遇～20年一遇，部分城市堤防防洪标准达50年一遇，现有堤防总长485km。

西滘口—磨刀门灯笼山出海口河段均位于广东省境内，是西北江三角洲重要的泄洪通道（西北江三角洲受洪水威胁的人口2533万人、耕地656万亩、地区生产总值26319亿元）和出海航道，流经肇庆市、佛山市、江门市、中山市和珠海市，由磨刀门横琴汇入南海；河段总长度为130km，河道宽度为596～3893m，平均河宽为1325m，其中最窄河宽位于马口水文站上游1km处。

2.2.1.2 险工险段

西江黄金水道沿岸大小险段58处，总长度78.1km。其中，南宁—西滘口西江干流河段有险段 33 处，险段长度为 55.7km；西滘口—磨刀门灯笼山出海口河段有险段 25 处，险段长度为 22.4km。

南宁—西滘口西江干流河段险段主要位于江北东堤、江北中堤、江北西堤、白沙堤、江南东堤、贵港城区江南大堤、郁江西堤、郁浔东堤、思丹堤、长洲堤、河西堤、都城大堤、罗旁围、蓬远围、禄步围、景丰联围、联安围、沙浦围等，主要表现为堤脚冲刷塌陷、堤基渗漏、岸坡滑坡及塌方等。

西滘口—磨刀门灯笼山出海口河段险段主要位于金安围、中顺大围、樵桑联围，主要表现为深槽迫岸、堤脚冲刷及地基渗漏等。其中：金安围横基脚段，中顺大围西江段存在外村、土地涌、铁塔脚、细沙、新围等 16 处险工险段，险段长度 15.2km；樵桑联围西江段存在江根、河洲岗、大路淀等 8 处险工险段，险段长度为 20.0km；险工险段主要表现为深槽迫岸、堤脚冲刷及地基渗漏等。

2.2.2　防洪工程建设规划

《珠江流域综合规划（2012—2030 年）》对西江流域的总体布局进行了规划，在防洪减灾方面，珠江流域洪水灾害范围广、灾害损失严重，对经济社会可持续发展的危害极大，防洪减灾依然是流域治理的首要任务。受洪水危害最严重的是经济发达的下游及珠江三角洲地区，其洪水灾害的近 80%由西江洪水造成。按照“堤库结合，以泄为主，泄蓄兼施”的防洪方针，在完成堤防建设同时，规划建设大藤峡水利枢纽，与已建龙滩、飞来峡等工程联合运用，构成西、北江中下游堤库结合的防洪工程体系；建设郁江老口、柳江洋溪与落久、桂江斧子口与川江、小溶江、黄塘等防洪水库，完善郁江中下游、柳江中下游和桂江中上游防洪工程体系。

《珠江流域防洪规划》提出了西江中下游堤库结合的防洪工程体系，由龙滩水电站和大藤峡水利枢纽以及西江中下游和三角洲的堤防工程组成，规划浔江、西江沿岸一般堤防标准 10 年一遇、县级城市堤防标准 20 年一遇、地级城市堤防标准 50 年一遇，西北江三角洲一般堤防标准 20 年一遇～30 年一遇、重点堤防标准 50 年一遇，加高达标加固建设景丰联围、樵桑联围、江新联围、中顺大围等 4 处，扩建梧州市河西堤。

2.3　西江中上游水库群建设

2.3.1　已建水电站、水库工程

西江流域已建水电站、水库工程众多，建设时间多集中于 20 世纪 90 年代至 21 世纪前十年。目前，西江干流已建成天生桥一级、天生桥二级、平班、龙滩

（一期）、岩滩、大化、乐滩、桥巩、长洲等大型水电站；支流北盘江已建成光照、马马崖一级、董箐等大型水电站，郁江已建成百色水电站（大型）以及西津、贵港等水电站（中型），柳江已建成麻石、浮石、红花等水电站（中型），桂江已建成巴江口、昭平、京南等水电站（中型），贺江已建成龟石、合面狮等水电站（中型）。虽然水库工程众多，但对流域水资源调度作用较大的水库数量却相对有限。

（1）天生桥一级水电站。位于广西隆林县与贵州安龙县交界的南盘江干流上，系南盘江干流梯级开发中的第15级，坝址控制流域面积5.014万km^2，多年平均流量612m^3/s，平均年径流量193亿m^3。电站以发电为主，兼顾航运和水资源配置。水库正常蓄水位780m，死水位731m，总库容102.57亿m^3，调节库容57.96亿m^3，具有多年调节能力，电站装机容量为1200MW，多年平均发电量51.46亿kW·h。

（2）龙滩水电站。位于红水河上游河段峡谷区，坝址控制流域面积9.85万km^2，多年平均流量1640m^3/s，多年平均径流量517亿m^3。水库近期正常蓄水位375m，死水位330m，总库容162.1亿m^3，调节库容111.5亿m^3，具有年调节能力，电站装机容量为4900MW，多年平均发电量156.70亿kW·h。水库远期正常蓄水位400m，死水位340m，总库容272.7亿m^3，调节库容205.3亿m^3，具有多年调节能力，电站装机容量为6300MW，多年平均发电量187.10亿kW·h。龙滩水电站是红水河的“龙头”水库电站，开发任务以发电为主，兼有防洪、改善航运、水资源配置等综合效益。

（3）百色水利枢纽。位于郁江上游右江河段上，坝址在百色市上游22km，坝址以上控制流域面积1.96万km^2，多年平均流量263m^3/s，多年平均年径流量83亿m^3。工程开发以防洪为主，兼有发电、灌溉、航运、供水等综合效益。水库正常蓄水位228m，死水位203m，总库容56.6亿m^3，调节库容26.2亿m^3，具有不完全多年调节能力，电站装机容量为540MW，多年平均发电量17.01亿kW·h。

（4）西津水库。位于广西横县县城以西5km的郁江中游，坝址以上控制流域面积80901km^2，多年平均入库流量1410m^3/s，水库总库容30亿m^3，兴利库容19.5亿m^3，水库设计为季调节。西津水库是一座以发电为主，结合航运、灌溉等综合利用工程。电站装机4台，总装机容量234.4MW，设计年发电量10.87亿kW·h。

（5）光照水电站。位于贵州省关岭县和晴隆县交界的北盘江中游，地处六盘水工业区腹地，又与安顺工业区负荷中心毗邻，距省会贵阳162km，距安顺市75km，距晴隆县14km。水库坝址以上控制流域面积为13548km^2，正常高水位745.00m，相应库容31.35亿m^3，总库容32.45亿m^3，调节库容20.37亿

m^3，具有不完全多年调节能力。电站装机容量 1040MW，保证出力 180.2MW，多年平均发电量 27.54 亿 kW·h，年平均利用小时数为 2648h。工程开发任务为发电、航运、水资源配置。

（6）龟石水库。大坝坐落于广西钟山县钟山镇龟石村与富川县柳家镇的交界处，距钟山县城 15km，是贺江上游的一座大（2）型水库，坝址以上控制流域面积 1254km^2。龟石水库大坝于 1958 年 10 月兴建，1966 年 3 月建成，水库以灌溉为主，结合防洪、发电、供水等综合利用。水库正常蓄水位 182.6m，死水位 171m，总库容 5.95 亿 m^3，兴利库容 3.48 亿 m^3，防洪库容 1.55 亿 m^3，死库容 0.92 亿 m^3，属多年调节水库。电站总装机容量 16MW。

（7）合面狮水库。位于珠江流域西江支流贺江中游的广西贺州市信都镇境内，距贺州市区 70km，坝址以上控制流域面积 6260km^2。合面狮水库是一座以发电为主，结合防洪、灌溉、航运综合利用的大（2）型水利水电枢纽工程。正常蓄水位 88.00m，总库容 2.96 亿 m^3，调节库容 1.12 亿 m^3，防洪库容 0.61 亿 m^3，属于季调节水库。水电站原设计装机容量 68MW，1996 年完成机组增容改造后，装机容量 80MW。

2.3.2 在建及规划水库工程

目前，西江流域在建及规划中的主要水利工程主要有大藤峡、老口、邕宁共 3 座水利枢纽工程。

（1）大藤峡水利枢纽。坝址位于广西桂平市黔江彩虹桥上游 6.6km 的峡谷出口处，坝址处控制流域面积 198612km^2，多年平均径流量 1340 亿 m^3，工程具有防洪、发电、水资源配置、航运、灌溉等综合效益，在流域防洪、提高西江航运等级、保障澳门及珠江三角洲供水安全、水生态治理等方面具有不可替代的作用。工程于 2014 年 11 月动工，建成后水库正常蓄水位 61.0m，汛限水位 47.6m，水库总库容 34.79 亿 m^3，其中防洪库容 15 亿 m^3。电站装机容量 1600MW，多年平均发电量 61.3 亿 kW·h。

（2）老口水利枢纽。工程始建于 2010 年 9 月，坝址位于左、右江汇合口下游 4.7km 处的邕江上游段，控制流域面积 72368km^2，水库总库容 28.8 亿 m^3，设置防洪库容 3.6 亿 m^3，兴利库容 0.4 亿 m^3，正常蓄水位 76m，电站装机容量 180MW，为航运、防洪、发电、改善水环境的综合利用枢纽。

（3）邕宁水利枢纽。始建于 2013 年 12 月，位于西江支流郁江的下游，坝址上距老口梯级 74km，下距西津电站 124km，坝址以上控制流域面积 75801km^2，多年平均径流量 406 亿 m^3，总库容达 7.1 亿 m^3，正常蓄水位 67m，相应库容 3.05 亿 m^3，总装机容量为 57.6MW，平均年发电量可达 2.27 亿 kW·h，为水景观、航运、发电的综合利用枢纽。

第3章

西江干流河道冲淤特性研究

西江是珠江的主干流，流经云南、贵州、广西、广东四个省（自治区），集水面积宽广。尽管西江水流含沙量不高，但年径流量较大，因此珠江输沙量主要来自西江。西江控制站高要的输沙量占整个珠江的82.8%，西江干流河道冲淤特性以及水沙关系也历来受到广泛关注。本章内容基于已有数据资料，并结合现场水文测验资料，开展西江黄金水道典型河段泥沙颗粒级配、泥沙启动流速、水流挟沙能力和河道泥沙输移特性等研究，定量分析西江干流水流泥沙特性变化情况，对河道冲淤特性进行评价，并结合主要河段的河道岸线变化情况以及河床冲淤演变态势，深入探究水沙问题对于西江干支流水文情势的影响规律，为后续相关章节提供理论与数据支撑。

3.1 西江干流水流泥沙变化特性

根据水文测验资料及历史实测资料情况与实际情况综合研判。水文站分布情况为红水河1个（迁江站），黔江1个（武宣站），浔江1个（大湟江口站），西江2个（梧州站、高要站），柳江2个（对亭站、柳州站），郁江2个（南宁站、贵港站），北流江1个（金鸡站），桂江1个（京南站），贺江1个（古榄站），三角洲2个（三水站、马口站）进行水流泥沙变化特性分析。

3.1.1 径流特性变化

径流特性分析采用实测及还原系列进行，先统计各站径流多年平均基本特征参数，进行沿程变化分析；考虑流域控制性水库建设对径流的影响，再分大型水库建设前（1990 年前，余同）、大型水库建设期（1991—2005 年，余同）和大型水库建设后（2006—2015 年，余同）三个时段进行年际和年内变化分析；最后通过计算干支流代表站点的径流组成和相关性来分析西江干支流关系。

3.1.1.1 径流沿程变化分析

径流沿程变化分析分西江干流和黄金水道两种情况进行分析。采用的水文站资料系列除马口、三水站仅采用实测系列进行分析外，其余站点均采用实测与还原系列进行对比分析。对各站径流资料，先计算各站每年径流量，再统计出多年平均均值和结合流域面积进行径流深及径流模数计算，同时计算出各站年径流参数 C_v 值（径流年内分配不均匀系数），最后进行径流沿程分析。

各站点还原系列多年平均径流量均比实测系列的略大，且两系列的径流量、径流深、径流模数、C_v（计算值）等沿程变化规律基本一致。

西江干流自上而下的迁江、武宣、大湟江口、梧州、高要、马口水文站年径流均值从上而下随集水面积的增大而增大，年径流参数 C_v 值基本随集水面积的增加而减小，径流模数基本随集水面积的增加而增大。武宣站径流深和径流模数均较大，主要是由于该站上游支流柳江属西江流域降雨高值区，降雨量大，导致径流模数偏大。另外，各水文站年径流均值从上而下随里程增加而增大，且增速变缓（图 3.1）。

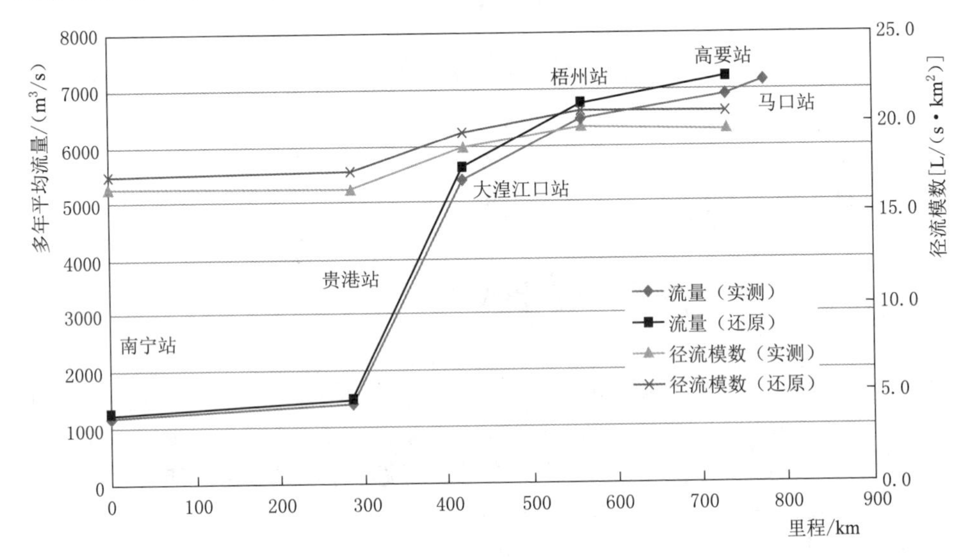

图 3.1 西江黄金水道年径流均值及径流模数沿程变化

西江黄金水道自上而下的南宁、贵港、大湟江口、梧州、高要、马口水文站年径流均值从上而下随集水面积的增大而增大，年径流参数 C_v 值随集水面积的增加而减小，径流模数基本随集水面积的增加而增大。各水文站年径流均值从上而下随里程增加而增大，贵港站到大湟江口站年径流增长迅速，说明了浔江（大湟江口站）大部分径流来自干流黔江（图 3.2）。

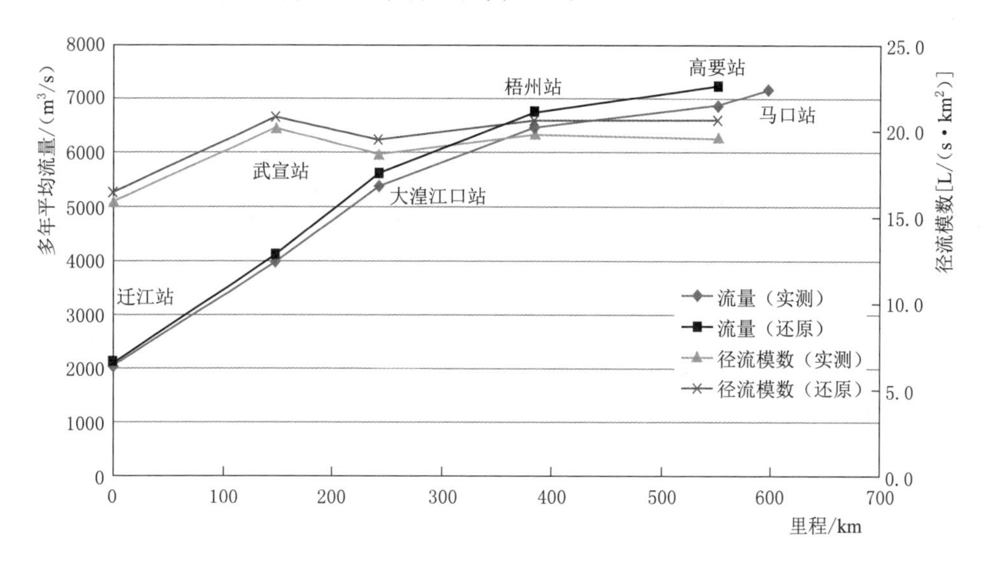

图 3.2　西江黄金水道主要水文站年径流沿程变化

3.1.1.2　径流年际变化分析

本书分别对西江干支流各水文站径流还原系列和实测系列进行径流年际变化分析。考虑到西江流域已建大中型水库建设时间多集中于 20 世纪 90 年代至 21 世纪前十年，且已建水库工程中对流域水资源调度作用较大的主要有天生桥一级、龙滩和百色。因此，本书分别对径流实测系列分大型水库建设前、大型水库建设期和大型水库建设后三个时段进行年际变化分析。

（1）西江干支流各站年径流量年代间的总体变化形态较为一致，基本呈“枯—丰—枯—丰—枯”形式。20 世纪 60 年代中后期以前，径流量低于多年平均径流量，来水略枯；60 年代中后期至 80 年代前期，径流量高于多年平均径流量，来水较丰，径流量波动较平稳；80 年代中后期至 90 年代前期，流量显著低于多年平均径流量，来水较枯，期间呈现快速下降后快速升高的变化特点；90 年代前期至 2000 年，流量高于多年平均径流量，来水略丰，径流量呈增长趋势；进入 2000 年后，径流量低于多年平均径流量，来水略枯。

（2）西江干支流主要水文站的年径流波动较为明显，变化幅度亦较大。径流实测资料和还原资料系列各站年径流量的 C_v 值（计算值）分别为 0.19～0.33、0.18～0.30，其中支流北流江的金鸡站 C_v 值最大，支流郁江的南宁、贵港站和支流贺江的古榄站次之，干流的大湟江口、梧州站最小，C_v 值在空间分布上均基本呈现“支流大于干流，上游大于下游”的规律。各站年径流量的最大值与最小值相差较大，实测系列和还原系列极值比分别为2.79～4.67、2.77～4.14，其中支流北流江金鸡站极值比最大，干流红水河迁江站极值比最小。

(3) 大型水库建设对西江干支流主要水文站的年径流波动影响相对较小，但对年径流极值比影响明显。以西江干流和支流郁江水文站点为例，大型水库建设前、大型水库建设期、大型水库建库后各站年径流量的 C_v 值范围分别为0.18～0.25、0.17～0.29、0.19～0.24，各时期支流郁江的南宁、贵港站均最大，C_v 值在大型水库建设期略有增大，水库建库后与建库前基本一致；各时期极值比分别为2.78～3.37、1.76～2.40、1.83～2.22，并以支流郁江的南宁、贵港站为最大，极值比呈下降趋势。

综上所述，西江干支流各站年径流量年代间的总体变化形态较为一致，基本呈"枯—丰—枯—丰—枯"形式；实测和还原的年径流年际波动均较为明显，变化幅度亦较大；大型水库建设对西江干支流主要水文站的径流年际波动影响相对较小，但对年径流极值比的影响明显。

3.1.1.3 径流年内变化分析

1. 分析方法

本书采用径流年内分配不均匀系数 C_v 进行径流年内变化分析。径流年内分配不均匀系数 C_v 表示各站径流年内分配的不均匀性，C_v 值越大，表明年内各月径流量相差越悬殊，径流年内分配越不均匀。

年内分配不均匀系数 C_v。计算公式为

$$\left.\begin{aligned} C_v &= \sigma/\overline{R} \\ \sigma &= \sqrt{\frac{1}{12}\sum_{i=1}^{12}(R_i-\overline{R})^2} \\ \overline{R} &= \frac{1}{12}\sum_{i=1}^{12}R_i \end{aligned}\right\} \tag{3.1}$$

式中：R_i 为各月径流量；$\overline{R}$ 为月平均径流量。

2. 分析结果

(1) 径流年内分配不均匀系数 C_v。经计算，还原径流系列年内分配不均匀系数 C_v 值为0.50～0.87，其中干流的为0.67～0.80，支流的为0.50～0.87。实测径流系列的年内分配不均匀系数 C_v 值为0.51～0.87，其中干流（含马口站、不含三水站）的为0.61～0.74，支流的为0.51～0.87。可见，还原径流系列和实测径流系列的年内分配不均匀系数 C_v 均较大且相差不大，两者 C_v 高值均出现在支流，且支流的波动幅度较干流大。干流实测系列的年内分配不均匀系数 C_v 比还原系列的小，主要原因在于控制性水库削峰补枯的影响，实测系列

汛期与非汛期径流的差值比还原系列的差值要小。

对实测径流系列，大型水库建设前、大型水库建设期、大型水库建设后的年内分配不均匀系数 C_v 值分别为 0.51～0.84、0.53～0.96、0.45～0.93，其中干流的（含马口站，不含三水站）为 0.60～0.79、0.69～0.83、0.45～0.61，支流的为0.51～0.84、0.53～0.96、0.48～0.93，不同时期的 C_v 高值均出现在支流，且支流的波动幅度较干流大。西江干流径流在大型水库建设后年内分配不均匀系数比建设前和建设期均要小。

可见，西江干支流各时期径流年内分配十分不均，大型水库建设使得西江干流径流年内分配变得相对较均匀。

（2）年内分配占比。对还原径流系列，西江干支流各水文站多年平均汛期径流占比为 72.5%～83.0%，非汛期为 17.0%～27.5%，连续最大 3 个月和连续最小 3 个月分别为 41.7%～58.7%、6.2%～11.1%，最丰月和最枯月分别为 14.7%～24.1%、1.8%～3.5%。其中，干流（含马口站、不含三水站）汛期径流占比为 78.5%～83.0%，非汛期为 17.0%～21.5%，连续最大 3 个月和连续最小 3 个月分别为 50.0%～56.2%、6.4%～7.8%，最丰月和最枯月分别为 18.0%～21.2%、1.9%～2.3%；支流汛期径流占比为 72.5%～83.0%，非汛期为 17.0%～27.5%，连续最大 3 个月和连续最小 3 个月分别为 41.7%～58.7%、6.2%～11.1%，最丰月和最枯月分别为 14.7%～24.1%、1.8%～3.5%。

对实测径流系列，西江干支流各水文站多年平均汛期径流占比为 72.6%～82.9%，非汛期为 17.1%～27.4%，连续最大 3 个月和连续最小 3 个月分别为 41.8%～58.8%、6.5%～11.0%，最丰月和最枯月分别为 14.8%～24.3%、1.9%～3.6%。其中，干流（含马口站、不含三水站）汛期径流占比为 76.3%～80.6%，非汛期为 19.4%～23.7%，连续最大 3 个月和连续最小 3 个月分别为 47.4%～53.8%、7.5%～8.9%，最丰月和最枯月分别为 16.7%～20.1%、2.2%～2.7%；支流汛期径流占比为 72.6%～82.9%，非汛期为 17.1%～27.4%，连续最大 3 个月和连续最小 3 个月分别为 41.8%～58.8%、6.5%～11.0%，最丰月和最枯月分别为 14.8%～24.3%、1.9%～3.6%。

可见，无论是还原系列还是实测系列，西江干支流各水文站径流年内分配均存在不均匀现象，一年中径流大部分集中于汛期，枯水期径流所占比例很小，连续最丰 3 个月径流量占全年径流的比例达 40%以上，一般为 5—7 月、6—8 月或 7—9 月，连续最枯 3 个月径流仅占全年的 10%左右，多为 12 月至次年 2 月或 1—3 月，且最丰月和最枯月的径流占比极为悬殊，最丰月多发生于 6 月、7 月、8 月，最枯月多发生于 1 月、2 月、12 月。另外，支流各水文站各指标统计值的波动幅度较干流大。

(3) 水利工程建设对径流年内分配的影响。西江干支流各水文站汛期径流占比由大型水库建库前的73.2%～83.5%降为大型水库建库后的68.1%～79.9%，非汛期占比由16.5%～26.8%提高到20.1%～31.9%。其中，干流各水文站（含马口站、不含三水站）汛期径流占比由大型水库建库前的76.6%～83.0%降为大型水库建库后的68.1%～74.4%；非汛期占比由17.0%～23.4%提高到25.6%～31.9%；连续最丰3个月和最丰月占比略为降低，分别由46.1%～54.9%降为42.5%～47.5%和由15.9%～20.1%降至14.9%～20.0%；而连续最枯3个月和最枯月占比则相反，较建库前有所增加，分别由6.2%～8.5%提高到9.3%～13.9%和由1.8%～2.6%提高到2.6%～3.8%。支流各水文站径流占比情况较建库前略有变化，汛期、最枯月占比略有下降，非汛期、连续最丰3个月、连续最枯3个月和最丰月占比均有所增加，但总体变化幅度均较小。

可见，大型水库建设对西江干流径流调节作用明显，对年内径流进行再分配，削峰补枯，使得汛期径流和最丰月占比不太高，非汛期和最枯月占比不太低。

3.1.1.4 干支流关系分析

根据西江干支流水文站还原及实测年径流系列，分别对①红水河、柳江和黔江，②黔江、郁江和浔江，③浔江、北流江、桂江和西江，以及④贺江和西江4组干支流进行干支流线性关系分析。以黔江、郁江和浔江干支流关系分析为例，分别做出黔江（代表站为武宣站）、浔江（代表站为大湟江口站）和郁江（代表站为贵港站）、浔江（代表站为大湟江口站）年径流散布图，统计出武宣站、贵港站径流分别占大湟江口站径流的百分比及相关系数，以此分析黔江、郁江和浔江的径流组成情况和相关性。

经分析，黔江径流以红水河为主，其次为柳江，红水河和柳江径流占比分别为51.6%和31.4%；洛清江占比最低，仅为6.1%。浔江73.6%的径流来自黔江，26.2%的来自郁江。西江干流径流（梧州站）主要以浔江为主，浔江占比为83.3%，支流北流江和桂江合计占比仅为11.8%。

径流相关性方面，黔江与红水河、柳江径流相关系数分别为0.90和0.89，径流相关性较好，与洛清江相关性相对较差，相关系数为0.80。浔江与黔江径流相关性最好，相关系数达0.95，与郁江径流相关性相对较差，相关系数为0.81。西江与浔江相关性最好，相关系数达0.96，与支流北流江、桂江相关性较差，相关系数仅为0.57和0.77。支流贺江与西江干流两者相关性亦较差，仅为0.44。

可见，西江径流主要以干流为主，支流占比较低，且干支流径流系列相关性较差。

3.1.1.5 小结

本章研究过程中采用实测及还原系列，分沿程、年际、年内和干支流关系进行了径流分析，主要得到以下结论：

(1) 西江干流、西江黄金水道自上而下各水文站年径流均值从上而下随集水面积的增大而增大，年径流参数 C_v 值基本随集水面积的增加而减小，径流模数基本随集水面积的增加而增大。干支流各站年径流年代间的总体变化形态较为一致，基本呈“枯—丰—枯—丰—枯”形式，年际波动均较为明显，变化幅度亦较大；径流年内分配十分不均匀，一年中径流大部分集中于汛期，枯水期径流所占比例很小。西江径流主要以干流为主，支流占比较低，且干支流径流系列相关性较差。

(2) 大型水库建设对西江干支流主要水文站的径流年际波动影响相对较小，但径流调节作用明显，使得年径流极值比变小，极值比由大型水库建设前的2.78～3.37降低为1.83～2.22，对年内径流进行再分配，削峰补枯，使得汛期径流和最丰月占比不太高，非汛期和最枯月占比不太低，汛期占比由大型水库建设前的73.2%～83.5%降低为68.1%～79.9%。

3.1.2 泥沙特性变化

泥沙特性分析采用实测系列，首先，统计各站泥沙多年平均基本特征参数，进行沿程变化分析；其次，考虑流域控制性水库建设对泥沙的影响，分大型水库建设前、大型水库建设期和大型水库建设后三个时段进行年际和年内变化分析；最后，通过计算干支流代表站点的泥沙组成和相关性来分析泥沙的干支流关系。

3.1.2.1 泥沙沿程变化分析

西江干流自上而下的迁江、武宣、大湟江口、梧州、高要、马口水文站多年平均输沙率和输沙量从上而下基本随集水面积的增大而增大，多年平均含沙量和年输沙量参数 C_v 值（泥沙年内分配不均匀系数）基本随集水面积的增加而减小，侵蚀模数基本随集水面积的增加而减小。另外，各水文站多年平均输沙量从上而下随里程增加而增大，且增速逐渐变缓（图3.3）。

西江黄金水道自上而下的南宁、贵港、大湟江口、梧州、高要、马口水文站多年平均输沙率和输沙量从上而下基本随集水面积的增大而增大，年输沙量参数 C_v 值基本随集水面积的增加而减小，上游（支流）南宁、贵港站多年平均含沙量和侵蚀模数比干流各站均要小。各水文站多年平均输沙量从上而下基本随里程增加而增大，贵港站到大湟江口站年输沙量增长迅速，原因在于浔江（大湟江口站）大部分泥沙来自干流黔江（图3.4）。

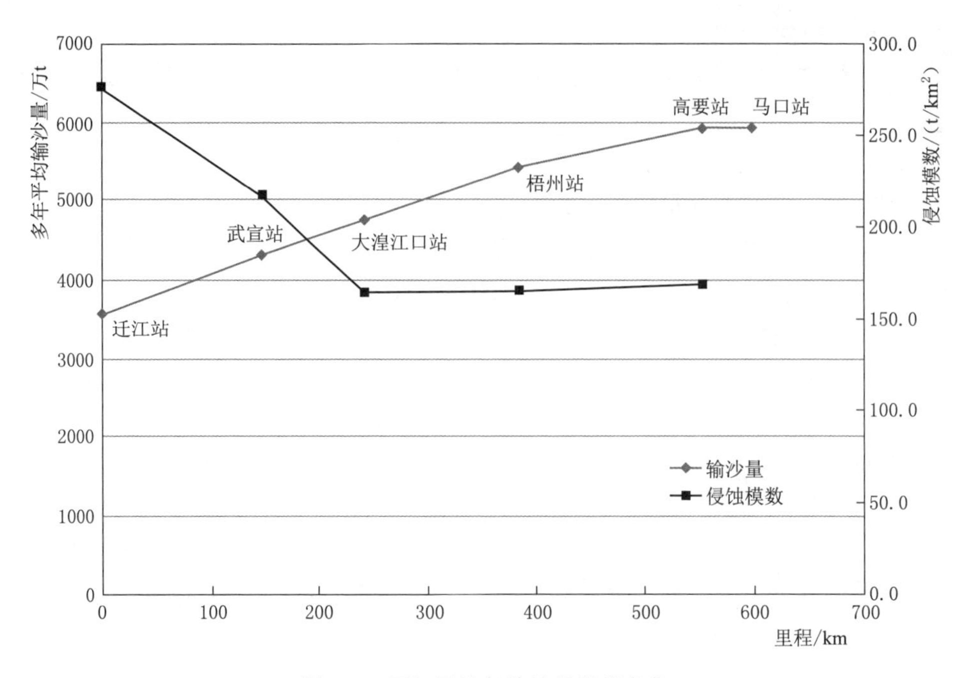

图 3.3 西江干流年输沙量沿程变化

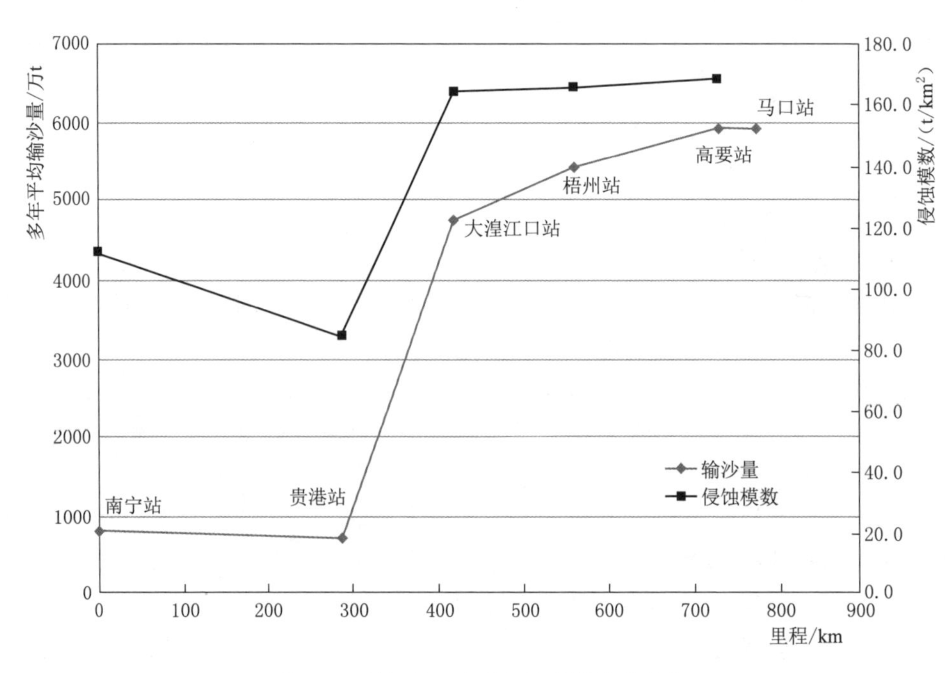

图 3.4 西江黄金水道年输沙量沿程变化

3.1.2.2 泥沙年际变化分析

泥沙系列年际变化分析的时段划分与径流系列的一致，分为大型水库建库前、大型水库建设期和大型水库建设后三个时段。

（1）西江干流各水文站年输沙量年代间的总体变化形态较为一致，基本呈“低—高—低—高—低”的波动形式，支流各水文站波动不一。20 世纪 60 年代中期以前，该阶段输沙量低于多年平均输沙量，来沙偏少；60 年代中期至 70 年代前期，输沙量高于多年平均输沙量，来沙较多；70 年代中期，输沙量显著低于多年平均输沙量，来沙较少，期间呈现快速下降后快速升高的变化特点；70 年代中期至 90 年代中前期，输沙量高于多年平均输沙量，来沙略多，输沙量呈增长趋势，且来沙波动较为剧烈；90 年代中前期至 2015 年，输沙量低于多年平均输沙量，来沙较少，输沙量呈快速下降趋势。

（2）西江年输沙量整体呈下降趋势，除支流柳江外，其余干支流均呈下降趋势，且干流下降趋势程度大于支流。经分析，西江干流各水文站年输沙量整体呈下降趋势，其中梧州、马口、迁江站下降趋势最大，武宣、高要站次之，大湟江口站最小；支流柳江年输沙量整体呈上升趋势；支流郁江、北流江、贺江年输沙量整体呈下降趋势，其中郁江下降趋势最大，贺江次之，北流江最小；桂江无明显变化趋势。

（3）西江干支流主要水文站的年输沙波动较为剧烈，变化幅度亦较大。各站年输沙量的 C_v 值为 0.51～0.83，其中干流红水河的迁江站和支流郁江的贵港站 C_v 最大，支流贺江的古榄站和柳江的柳州、对亭站次之，干流西江的高要站和支流桂江的京南站最小，C_v 值在空间分布上基本呈现“支流大于干流，上游大于下游”的规律。各站年输沙量的最大值与最小值相差极为悬殊，极值比为 13.38～589.55，其中干流红水河迁江站极值比最大，支流贺江古榄站极值比最小。

（4）大型水库建设对西江干支流主要水文站的年输沙波动影响较大，且拦截泥沙作用明显，干支流极值均呈下降趋势。以西江干流和支流郁江水文站点为研究对象，大型水库建设前、大型水库建设期、大型水库建设后各站年输沙量的 C_v 值为 0.32～0.69、0.46～0.94、0.39～0.93，C_v 值在大型水库建设期和建库后均比建库前要大。各时期输沙量最大值为 2029 万～14037 万 t、2048 万～11714 万 t、372 万～3066 万 t，最小值为 78 万～1691 万 t、76 万～1557 万 t、19 万～781 万 t，最大值和最小值均呈下降趋势。

综上所述，西江干流各水文站年输沙量年代间的总体变化形态较为一致，基本呈“低—高—低—高—低”的波动变化形式，支流各水文站波动不一；年输沙量整体呈下降趋势，除支流柳江、桂江外，其余干支流基本呈下降趋势，且干流下降程度大于支流；年输沙量波动较为剧烈，变化幅度亦较大；大型水库建设对西江干支流主要水文站的年输沙量波动影响较大，且拦截泥沙作用明显，干支流极值均呈下降趋势。

3.1.2.3 泥沙年内变化分析

本书采用泥沙年内分配不均匀系数 C_v 进行泥沙年内变化分析。相关计算方法与径流年内变化分析一致。

1. 泥沙年内分配不均匀系数 C_v

经分析，泥沙实测系列、大型水库建设前、大型水库建设期、大型水库建设后的年内分配不均匀系数 C_v 值分别为 0.88～1.53、0.90～1.40、0.87～1.80、1.10～1.81，其中干流（含马口站、不含三水站）为 1.17～1.36、1.13～1.31、1.33～1.70、1.10～1.79，支流为 0.88～1.53、0.90～1.40、0.87～1.80、1.14～1.81，不同时期的 C_v 值高值均出现在支流，且支流的波动幅度较干流大。西江红水河、黔江泥沙年内分配不均匀系数 C_v 值在大型水库建设后增幅较大，浔江、西江干流略有增减，但变幅不大；支流郁江则比建设前减小但减幅较小。可见，西江干支流各时期泥沙年内分配均十分不均匀；大型水库建设使得红水河、黔江泥沙年内分配变得更加不均匀，原因在于迁江站、武宣站泥沙主要来源于上游干流，且受龙滩水电站建设影响最大，龙滩水电站建成后，两站年输沙量减少幅度最大，连续最大三个月输沙占比变大了；大型水库建设使得郁江、浔江、西江泥沙年内分配较建库前相对均匀，原因在于大型水库建成后，径流年内分配较均匀且清水下泄，使得区间河段产生补沙效果。

2. 年内分配占比

(1) 多年平均汛期泥沙占比。西江干支流各水文站多年平均汛期泥沙占比为 88.3%～98.4%，非汛期为 1.6%～11.7%，连续最大 3 个月和连续最小 3 个月分别为 50.7%～84.7%、0.2%～2.4%，最丰月和最枯月分别为 21.1%～40.8%、0～0.6%。其中，干流（含马口站、不含三水站）汛期泥沙占比为 95.3%～98.4%，非汛期为 1.6%～5.7%，连续最大 3 个月和连续最小 3 个月分别为 71.2%～79.8%、0.2%～0.8%，最丰月和最枯月分别为 28.9%～33.4%、0～0.2%；支流汛期泥沙占比为 88.3%～97.9%，非汛期为 2.1%～11.7%，连续最大 3 个月和连续最小 3 个月分别为 50.7%～84.7%、0.3%～2.4%，最丰月和最枯月分别为 21.1%～40.8%、0.1%～0.6%。

可见，西江干支流各水文站泥沙年内分配极为不均匀，一年中输沙量大部分集中于汛期，枯水期输沙量所占比例很小，连续最丰 3 个月输沙量占全年输沙量的比例达 50%以上，一般为 5—7 月、6—8 月或 7—9 月，连续最枯 3 个月仅占全年的 3%不到，多为 12 月至次年 2 月或 1—3 月，且最丰月和最枯月的输沙量占比相差极其悬殊，最丰月多发生于 6 月、7 月、8 月，最枯月多发生于 1 月、2 月、12 月。另外，支流各水文站各指标统计值的波动幅度较干流大。

(2) 水利工程建设对泥沙年内分配的影响。西江干支流各水文站汛期泥沙占比由大型水库建设前的90.1%～98.2%降为大型水库建设后的80.3%～95.5%，非汛期占比由1.8%～9.9%提高到4.5%～19.7%。其中，干流（含马口站、不含三水站）各水文站汛期泥沙占比由大型水库建库前的94.5%～98.2%降为大型水库建库后的88.5%～94.1%；非汛期占比由1.8%～5.5%提高到5.9%～11.5%；连续最丰3个月和最丰月占比较建库前有所增加，分别由69.4%～77.4%增至67.0%～83.1%和由27.9%～31.1%增至29.4%～55.4%；而连续最枯3个月和最枯月占比较建库前变化不大。支流各水文站泥沙占比情况较建库前亦有所变化，汛期占比略有下降，非汛期、连续最丰3个月和最丰月占比均有所增加且增幅较大，连续最枯3个月和最枯月占比较建库前变化不大。

可见，西江干支流泥沙年内分配极其不均匀，汛期输沙量基本占全年输沙量的90%以上；大型水库建设对西江干流泥沙年内分配不均匀性有一定程度的影响，红水河、黔江泥沙年内分配较建库前更不均匀，浔江、西江则变得较均匀；另外，大型水库建设使得西江干流泥沙汛期占比减低，非汛期占比增加。

3.1.2.4 干支流关系分析

根据西江干支流水文站年输沙量系列，分别对①红水河、柳江和黔江，②黔江、郁江和浔江，③浔江、北流江、桂江和西江，以及④贺江和西江4组干支流进行干支流线性关系分析。分析方法与径流干支流关系分析基本一致。

经分析，黔江泥沙以红水河为主，红水河输沙占比为83.0%，柳江和洛清江输沙占比仅为11.1%和2.7%；浔江90.4%的泥沙来自黔江，郁江输沙仅占浔江的15.4%；西江干流泥沙（梧州站）主要以浔江为主，浔江占比为87.6%，支流北流江和桂江合计占比仅为9.8%，支流贺江泥沙仅占西江干流（高要站）的2.1%。

泥沙相关性方面，黔江与红水河泥沙相关系数为0.97，相关性最好，与柳江和洛清江相关性较差，相关系数分别为0.20和−0.01。浔江与黔江输沙相关性最好（相关系数达0.96），与郁江输沙相关性相对较差（相关系数为0.54）。西江干流泥沙（梧州站）与浔江输沙相关性最好（相关系数达0.96），与支流北流江、桂江相关性较差（相关系数仅为0.42和0.21）；支流贺江与西江干流两者相关性亦较差（相关系数仅为−0.12）。

由上述结果可见，西江输沙量主要以干流为主，支流占比较低，且干支流泥沙系列的相关性较差。

3.1.2.5 悬移质泥沙颗粒级配分析

根据本研究水文测验成果及历史资料分析各断面泥沙颗粒级配，其中现状大湟江口、梧州断面泥沙颗粒级配资料分别采用水文测验桂平三江口断面、长洲断面测验成果。经对各站悬移质中数粒径、平均粒径进行统计分析，各站由于洪水期河段流速大，故基本呈现出汛期悬移质中数粒径、平均粒径比非汛期大的情况，尤其是大湟江口站和梧州站，该两站汛期悬移质中数粒径、平均粒径为非汛期的2倍以上。另外，汛期各站悬移质中数粒径、平均粒径均以大湟江口站最大，梧州站次之。

南宁站悬移质泥沙粒径逐渐变细，但仍以粉砂（0.004～0.062mm）为主；贵港站悬移质泥沙粒径逐渐变大，20世纪90年代以黏粒（＜0.004mm）、粉砂（0.004～0.062mm）为主，现状以粉砂（0.004～0.062mm）为主；大湟江口站悬移质泥沙粒径趋于集中，仍以粉砂（0.004～0.062mm）为主；梧州站悬移质泥沙粒径趋于集中，且黏粒（＜0.004mm）减少，仍基本以粉砂（0.004～0.062mm）为主；高要站现状汛期和非汛期均以粉砂（0.004～0.062mm）为主。

3.1.2.6　泥沙起动流速分析

泥沙起动流速可采用泥沙起动流速水槽试验及经验公式等方法分析计算，本书采用经验公式进行计算。泥沙起动流速分河床、岸坡两种情况进行计算分析。现状各站断面底质泥沙和水深等测验数据按就近原则选用本书的水文测验成果。

河床泥沙起动流速计算采用张瑞瑾公式，岸坡泥沙起动流速计算采用培什金公式，具体计算公式如下。

（1）河床泥沙起动流速的张瑞瑾公式：

$$U_e = \left(\frac{h}{d}\right)^{0.14}\left[17.6\,\frac{\rho_s - \rho}{\rho}d + 6.05\times10^{-7}\,\frac{10+h}{d^{0.72}}\right]^{1/2} \tag{3.2}$$

式中：U_e 为河床泥沙起动流速，m/s；h 为断面水深，m；d 为泥沙粒径，mm；ρ 为水的容重，kg/m^3；ρ_s 为泥沙容重，kg/m^3。

（2）岸坡泥沙起动流速的培什金公式：

$$U_c = KU_e \tag{3.3}$$

$$K = \sqrt{-\frac{m_0\sin\theta}{\sqrt{1+m^2}}} + \sqrt{\frac{m^2 + m_0^2\cos^2\theta}{1+m^2}} \tag{3.4}$$

$$m_0 = \frac{1}{\tan\varphi} \tag{3.5}$$

$$m = \cot\alpha \tag{3.6}$$

以上式中：U_c 为岸坡泥沙起动流速，m/s；$\tan\varphi$ 为摩擦系数；m_0 为自然斜坡系数；φ 为泥沙水下休止角，对天然沙可取 $\varphi=35.3d^{0.04}$，d 为泥沙粒径；α 为河床表面与水平面的交角，(°)；θ 为水流流向与沙粒所在斜坡水平线的交角，(°)。

各断面水深与河床泥沙起动流速变化基本相应，水深越大，河床泥沙起动流速越大，最大为大湟江口站（0.705m/s），最小为南宁站（0.393m/s）。各断面水流流向与岸坡水平线夹角与泥沙起动流速相关，以左岸为例，当水流流向与岸坡水平线夹角小于180°时，岸坡泥沙起动流速小于河床泥沙起动流速；当水流流向与岸坡水平线夹角大于180°时，岸坡泥沙起动流速大于河床泥沙起动流速；当水流流向与岸坡水平线夹角较小（接近0°）时，岸坡泥沙起动流速与河床泥沙起动流速相当。

3.1.2.7 水流挟沙力分析

水流挟沙力可采用水流挟沙力水槽试验和经验公式等方法进行分析计算，本书采用经验公式计算。根据收集到的悬移质泥沙资料，水流挟沙力按汛期、非汛期不同水情，分大型水库建库前和建库后，采用张瑞瑾公式进行计算。

水流挟沙力的张瑞瑾公式为

$$S_* = k\left(\frac{U^3}{gRw}\right)^m \tag{3.7}$$

式中：k、m 分别为挟沙力系数和指数；U 为断面平均流速；w 为泥沙沉速；R 为水力半径。

2016年11月水情下，建库前南宁站水流挟沙力为0.174kg/m^3，梧州站为0.101kg/m^3；建库后水流挟沙力最大为贵港站（0.130kg/m^3），其次为梧州站（0.067kg/m^3），最小为大湟江口站（0.033kg/m^3）。

2017年6月水情下，建库前南宁站水流挟沙力为0.278kg/m^3，贵港站为0.027kg/m^3；建库后贵港站水流挟沙力最大（0.144kg/m^3），梧州站紧跟其后（0.090kg/m^3），高要站最小（0.036kg/m^3）。各断面汛期水流挟沙力基本比非汛期的要大。

3.1.2.8 河道泥沙输移特性分析

本书的河道泥沙输移特性分析基于各水文站点实测输沙量，分大型水库建设前、大型水库建设期和大型水库建设后三个时段对西江黄金水道泥沙输移进行分析。八尺江、武思江、白沙河、蒙江和罗定江等河流的输沙采用侵蚀模数进行计算。

南宁—贵港河段在大型水库建设期及以前均呈淤积状态，但淤积强度逐渐减弱，大型水库建设后，河段处于冲刷状态。武宣—贵港—大湟江口河段整体呈淤积状态，但淤积强度逐渐减弱，尤其是大型水库建成后，年淤积量仅为15万t，冲淤基本平衡。大湟江口—梧州河段1990年以前呈冲刷状态，冲刷量为511万t，1991年以后呈淤积状态，大型水库建设期、大型水库建设后泥沙淤积分别为 628 万 t/a 和 481 万 t/a。梧州—高要河段在大型水库建设前略为淤积，年淤积量 291 万 t；大型水库建设期河段冲刷较为严重，年冲刷量 1195 万 t；大型水库建成后，河段略为淤积，淤积量为 81 万 t/a。

3.1.2.9　小结

本章采用实测系列，分沿程、年际、年内和干支流关系进行泥沙特性分析，并结合本书水文测验和历史资料，进行悬移质泥沙颗粒级配、起动流速、水流挟沙力和河道泥沙输移特性等分析。

（1）西江干流、西江黄金水道自上而下各水文站多年平均输沙率和输沙量从上而下随集水面积的增大而增大，多年平均含沙量和年输沙量参数 C_v 值基本随集水面积的增加而减小。西江干流各水文站年输沙量年代间的总体变化形态较为一致，基本呈“低—高—低—高—低”的波动形式，支流各水文站波动不一；年输沙量整体呈下降趋势，除支流柳江外，其余干支流均呈下降趋势，且干流下降趋势程度大于支流；年输沙波动较为剧烈，变化幅度亦较大，年输沙量 C_v 值为 0.51～0.83，极值比为 13.38～589.55；西江干支流泥沙年内分配极其不均匀，汛期输沙量基本占全年输沙量的 90%以上；西江输沙量均主要以干流为主，占比在 80%以上，支流占比较低，且干支流泥沙系列相关性较差。西江干支流及三角洲含沙量普遍较低，各站汛期含沙量比全年和非汛期的均要大。

（2）大型水库建设对西江干支流主要水文站的年输沙量波动影响较大，且拦截泥沙作用明显，干支流极值均呈下降趋势，梧州站年输沙量的 C_v 值由大型水库建设前的 0.60 变为大型水库建设后的 0.48，年最大输沙量由大型水库建设前的 14037 万 t 减少到大型水库建设后的 2847 万 t。大型水库建设对西江干流泥沙年内分配的不均匀性有一定程度的影响，红水河泥沙年内分配较建库前更不均匀，浔江、西江则变得较均匀；另外，大型水库建设使得对西江干流泥沙汛期占比降低，非汛期占比增加，各水文站汛期泥沙占比由大型水库建设前的 94.5%～98.2%降为大型水库建设后的 88.5%～94.1%。受大型水库建设拦沙影响，流域各站含沙量大幅减小，减小幅度最大的为干流各站（全年减幅 75.8%～97.2%），其次为三角洲马口、三水站（全年减幅 55.8%～72.5%），最小为支流各水文站（全年减幅 1.0%～55.8%）。

（3）西江黄金水道各水文站悬移质泥沙粒径汛期基本上都比非汛期偏大；南宁站悬移质泥沙粒径逐渐变细，但仍以粉砂为主；贵港站悬移质泥沙粒径逐渐变粗，20 世纪 90 年代以黏粒、粉砂为主，现状以粉砂为主；大湟江口站悬移质泥沙粒径趋于集中，仍以粉砂为主；梧州站悬移质泥沙粒径趋于集中，仍基本以粉砂为主，且黏粒减少；高要站现状汛期和非汛期均以粉砂为主。

（4）西江黄金水道各水文站水深与河床泥沙起动流速变化基本相应，水深越大，河床泥沙起动流速越大，最大为大湟江口站（0.705m/s），最小为南宁站

(0.393m/s)。

(5) 各断面汛期水流挟沙力基本比非汛期要大。建库后汛期贵港站水流挟沙力最大 (0.144kg/m³),梧州站次之 (0.090kg/m³),高要站最小 (0.036kg/m³);非汛期水流挟沙力最大为贵港站 (0.130kg/m³),其次为梧州站 (0.067kg/m³),最小为大湟江口站 (0.033kg/m³)。

(6) 南宁—贵港河段在大型水库建设期及以前均呈淤积状态,但淤积强度逐渐减弱,大型水库建设后,河段处于冲刷状态。武宣—贵港—大湟江口河段整体呈淤积状态,但淤积强度逐渐减弱,尤其是大型水库建成后,冲淤基本平衡。大湟江口—梧州河段1990年以前呈冲刷状态,1991年以后呈淤积状态。梧州—高要河段在大型水库建设期略为淤积,大型水库建设期河段冲刷较为严重,大型水库建成后,河段略为淤积。

3.2 西江黄金水道河床演变

3.2.1 河道岸线变化

3.2.1.1 浔江段(桂平—梧州)

河段所在的浔江,属于长洲水利枢纽回水淹没区,2007年长洲水利枢纽工程建成以前,河段岸线除平南、藤县县城区建有部分堤防工程外,其余岸线基本为天然河岸,岸线较为稳定,在平面上无明显的岸线变化,河道处于比较稳定的状态。长洲水利枢纽工程建成后,河道内边滩被淹没,江心洲面积缩小。2014年岸线比2003—2005年的岸线有所后退,藤县—长洲坝址段后退100~240m。该河段由河道变为水库,水位上升,致使过流断面增大,河段水面宽度增加,陆域与水域交线外移。

3.2.1.2 西江段(梧州—西滘口)

(1) 梧州—郁南县城段。梧州城区左岸防洪堤建成后,岸线已经稳定,右岸防洪堤也正在建设当中,梧州水文站以下左右岸河岸抗冲能力较强,长期以来岸线基本无变化。封开县城河段,西江在此拐弯,受河道水流顶冲影响,左岸岸线在20世纪六七十年代有所后退,随着封开县城区防洪堤建成后,岸线也基本稳定;右岸处于河道凸岸,水流在此形成横比降,且河段内丁坝众多,淤积严重,岸线有侵占河道的趋势。郁南县城河段西江左岸为山体自然岸坡,右岸为已建防洪堤工程,岸线相对稳定。

(2) 郁南—肇庆河段。郁南—肇庆(三榕峡)河段,除德庆、云安县城区建有堤防外,其他河道两岸均为自然岸坡,沿河岸线岩石裸露,抗冲性较好。河段岸线开发利用率较浔江河段要高,两岸建设大小码头不计其数,且多为违法建设，部分码头伸出岸线较多。德庆和云安两个县城临水而建，重点分析德庆、云安城区河段的岸线变化情况。根据不同年份的岸线资料对比分析可知，德庆、云安城区河段岸线50年来变化基本不大，横向摆动在13～24m范围内，堤防工程达标加固以后，岸线基本稳定。

（3）肇庆—思贤滘河段。将该河段分为三榕峡—羚羊峡和羚羊峡—思贤滘西滘口两个河段，前一河段主要为肇庆和高要城区西江堤防（景丰联围、大湾围、南岸围和联安围），后一河段主要为鼎湖区堤防（西江左岸为景丰联围、右岸为沙浦围）。两个河段除三榕峡和羚羊峡为高山峡谷外，其余河段均已建有堤防工程。

三榕峡和羚羊峡峡谷河段沿河岸线岩石裸露，抗冲性较好，长期以来岸线不变，肇庆、高要西江河段岸线50年来变化基本不大，1998年开始进行达标加固，堤线基本沿原堤线进行，河道略有缩窄，岸线横向摆动在22～36m范围内。堤防工程达标加固以后岸线变化不大，岸线平面较为稳定。

3.2.1.3 西北江三角洲西江主干段（西滘口—灯笼山）

（1）西滘口—南华河段。西滘口—南华段河道为三角洲西江干流水道，该段河道两岸均建有堤防，左岸为樵桑联围，右岸为金安围和沙坪大堤，该河段岸线基本稳定。岸线近期变化较大的主要有以下几处：西滘口至马口峡段，两岸边滩发育明显，左岸长2.3km，前推约30m，右岸长1.6km，最大前推约180m；金本镇以南，左岸沙洲仅剩尾端；富湾镇、仓江水闸和沙坪水闸附近新建了部分码头；太平附近平沙洲头部及西部退蚀，东侧有淤积。海心沙，海寿沙两侧均有退蚀，甘竹附近，左岸边滩退蚀，右岸略前推。

（2）南华—百顷头河段。南华—百顷头段河道为西海水道，该段河道两岸均建有堤防，左岸为中顺大围、潮莲围和荷塘围，右岸为江新联围，由于建有堤防，河道两岸岸线基本稳定。岸线近期变化较大的主要有以下两处：南华附近，迎流滩头退蚀约150m，长约2km，左岸岸线前推约100m，长约2km；海洲水道上段，右岸子围退还，长约1.7km，最大距离170m。

（3）百顷头—灯笼山河段。百顷头—灯笼山段河道为磨刀门水道，该段河道两岸均建有堤防，左岸为中顺大围和中珠联围，右岸为大鳌围、白蕉联围和鹤洲北围。由于河道堤防的建设，河道两岸岸线基本稳定，变化不大，近期岸线变化主要为江心洲。其中，百顷头有长约1km的岸线发生了退蚀，退蚀距离约为100m；六全沙和海心沙的岸线后退，面积缩小；竹排沙洲头发生退蚀，洲尾淤涨。

3.2.2 河床冲淤演变

3.2.2.1 深泓变化

本书研究的深泓变化分析从深泓平面变化和纵向变化两个方面进行。考虑到实际资料情况，本书的深泓平面变化分析范围为西江段及西北江三角洲西江主干段河道，深泓纵向变化分析范围为浔江段、西江段及西北江三角洲西江主干段河道。

1. 深泓平面变化分析

（1）西江段（梧州—西滘口）。

a. 梧州—郁南县城段。1999—2008年，梧州—郁南段河道深泓平面变化不大，深泓平面位置基本无变化。2008年—2012年，梧州水文站下游5km处（西194）和长岗圩附近（西180）深泓位置变化较为明显，西194断面处深泓由靠近左岸移至河道中心位置，深泓横向摆动约300m，西180断面处深泓由靠近河道中心的位置向右岸移动420m，横向位移占河宽的1/3，其余河段深泓平面位置基本稳定。局部河道深泓线的大幅摆动，可能是大规模采砂引起的。

b. 郁南—肇庆河段。1999—2008年，郁南—肇庆河段河道深泓平面变化大的位置为德庆南江口（西164）处，深泓右移50m，云安（西151）处深泓向凹岸移动，位移120m，深泓迫近右岸，由于沿岸堤防防渗不达标，深泓的摆动威胁堤防安全。2008—2012年，河道深泓平面变化较1999—2008年明显，回龙圩（西170）处深泓由靠近凹岸的位置左移290m至凸岸附近，横向位移占河宽的1/2，德庆下迭渡口（西166）和大华码头（西160）处深泓向河道中心移动，西166位移165m、西160位移200m至近河道中心处，河段其余位置深泓平面变化不明显。

c. 肇庆—思贤滘河段。1999—2008年，肇庆—思贤滘段河道深泓线总体保持相对稳定状态，局部位置深泓线左右摆动范围较大，砚洲岛附近深泓向右岸最大摆动1200m，砚洲岛上游的深泓线大幅摆动，可能是由于航道整治引起深泓线移位。2008—2012年，河道采砂量较小，河道深泓线平面摆幅很小，河势稳定。

（2）西北江三角洲西江主干段。西滘口—南华段（西101—西71）河道深泓平面变化总体上更趋近于河道中线。马口以上（西101—西99），1999年以前深泓位置在左岸附近，1999年以后更接近河道中线，深泓平面摆动超过400m。马口以下（西96—西90），1999年以前深泓位置依河势在右岸（凹岸）一侧，1999前以后也更接近河道中线，平面摆幅也超过400m。高明以下（西82—12），平面摆动幅度变小，但总体也是趋向河道中线，深槽迫岸的情况有所减轻。此种情况主要是航道整治的结果。

南华—百顷头段（西71—西41）河道深泓平面变化较小，平面变化较大的有三处，分别是南华附近（西70—西68），深泓左移，摆幅超过200m；潮莲（西59），深泓由原偏右岸移至左岸，摆幅超过500m；百顷头（西41），深泓向右移，摆幅达363m。

百顷头—灯笼山段（西41—西1）河道深泓平面变化最小，最大摆幅在西31断面附近，由原来的贴近左岸向河道中线移动，摆幅超过400m。

2. 深泓纵向变化分析

(1) 浔江段（桂平—梧州）。浔江段河道深泓沿程变化如图3.5所示。由图可知，1987—2012年间，桂平—平南段河道河床深槽高程呈现淤积状态，其中大湟江口附近浔81断面处深泓升高10.51m，河段平均深泓高程升高1.47m；平南—藤县段河道河床深槽高程呈现下切状态，该段河道深泓高程平均下切0.59m，其中黄驼洲（浔55）处河道深泓下切达17.3m，武林村附近浔61断面处深泓升高18.62m，除该两处河道深泓的大幅度变化外，其余位置河道深泓变化约在4m以下；藤县—长洲水利枢纽段段河道平均深泓高程下降2.49m，其中浔39和长洲水利枢纽上游浔25处断面深泓下切约12m以上；长洲水利枢纽下游—梧州段河道河床也呈现出下切的状态，深泓高程降低1.32～6.52m。

总体上，1987年浔江段（桂平—梧州）平均深泓高程为－3.41m，2012年平均深泓高程为－4.99m，1987—2012年间深泓平均下切1.58m（表3.1）。

表3.1　浔江段（桂平—梧州）河道深泓变化情况

河段	平均深泓高程/m		最大下切（1987—2012年）/m	最大淤高（1987—2012年）/m	最低深泓高程/m	最高深泓高程/m
	1987年	2012年				
桂平—平南	－0.30	1.17	2.66	10.51	－10.74	12.96
			（浔90）	（浔81）	（浔76）	（浔93）
平南—藤县	－5.68	－6.27	－17.30	18.62	－25.84	5.56
			（浔55）	（浔61）	（浔25）	（浔53）
藤县—长洲坝址	－5.27	－10.72	－13.52	—	－42.44	－0.24
			（浔25）	—	（浔28）	（浔43）
长洲坝址—梧州	－0.83	－3.32	6.52	—	－7.84	－1.74
			（浔5-1）	—	（浔5-1）	（浔7）
全河段	－3.41	－4.99	－13.52	10.51	－42.44	12.96
			（浔25）	（浔81）	（浔28）	（浔93）

(2) 西江段（梧州—西滘口）。西江段（梧州—西滘口）河道深泓沿程变化如图3.6所示，图中西江段（梧州—西滘口）河道多年来深泓高程不断降低，河槽不断下切。

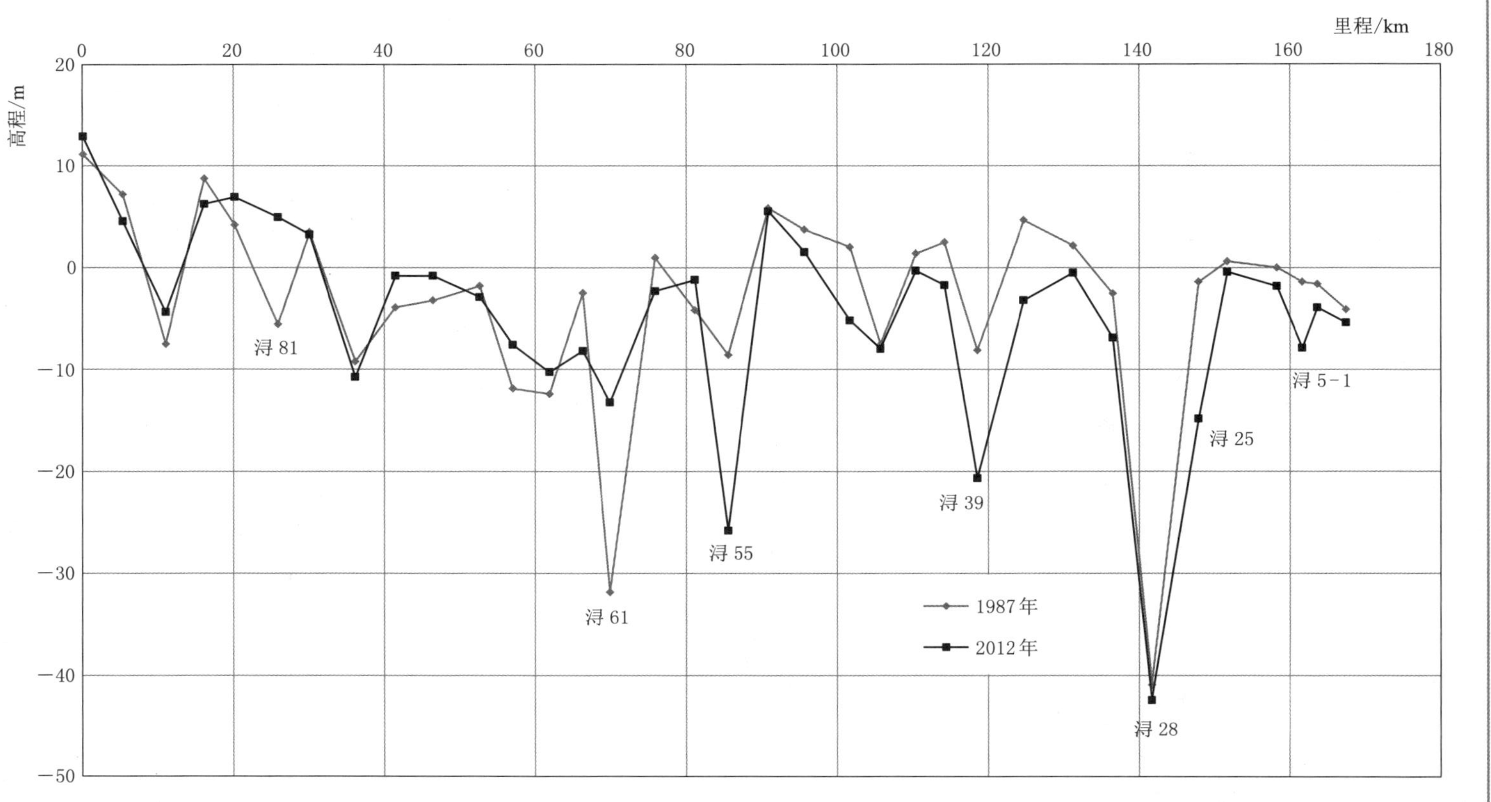

图 3.5 浔江段（桂平—梧州）河道深泓沿程变化

1999—2008年间，深泓高程变化河段主要位于砚洲岛与羚羊峡之间的河段，该处河段在此期间，深泓高程不断降低，河床不断下切，深槽不断增深，最大增深13.7m，在羚羊峡出口西120-1断面处；出现此种情况，分析认为可能是为航道整治引起深槽不断浚深，而在未整治的区域如砚洲岛左岸，西114断面处，河床深槽高程呈现淤积状态，年均淤积厚度为0.42m/a；其余河段深泓高程降低现象尚不明显。

2008—2012年间，河槽大幅度下切，其中又以西160断面处最大，达18.6m，其次是西170断面附近，深泓下切深度达11m。深泓线高程的大幅度下降以及河床的不断下切，引起河床横断面上坡度过陡，容易导致堤岸的坍塌。

1999—2012年间，总体上深泓下切最大的断面在西160断面（20.60m），目前深泓最深点在西168断面（−79.13m）。

总体上，1999年西江段（梧州—西滘口）河道平均深泓高程为−18.61m，2008年平均深泓高程为−19.74m，2012年平均深泓高程为−20.49m。1999—2008年间深泓平均下切1.13m，2008—2012年间深泓平均下切0.75m（表3.2）。

表3.2　西江段（梧州—西滘口）河道深泓变化情况

河段	平均深泓高程/m			最大下切（1999—2012年）/m	最大淤高（1999—2012年）/m	最低深泓高程/m	最高深泓高程/m
	1999年	2008年	2012年				
梧州—郁南	−7.20	−7.65	−8.62	−8.90	4.73	−14.13	−5.53
				（西192）	（西178）	（西178）	（西185）
郁南—云安	−20.74	−20.63	−24.54	20.60	4.70	−79.13	−8.73
				（西160）	（西168）	（西168）	（西174）
云安—孔湾	−23.40	−24.70	−24.05	−3.50	4.50	−41.73	−13.33
				（西151）	（西153）	（西149）	（西138）
孔湾—桃溪	−24.03	−26.61	−26.35	−13.50	4.90	−47.53	−12.73
				（西120-1）	（西134）	（西123）	（西127）
桃溪—西滘口	−16.51	−18.40	−16.92	−3.43	2.60	−20.93	−10.73
				（西107）	（西114）	（西117）	（西114）
全河段	−18.61	−19.74	−20.49	20.60	4.90	−47.53	−5.53
				（西160）	（西134）	（西123）	（西185）

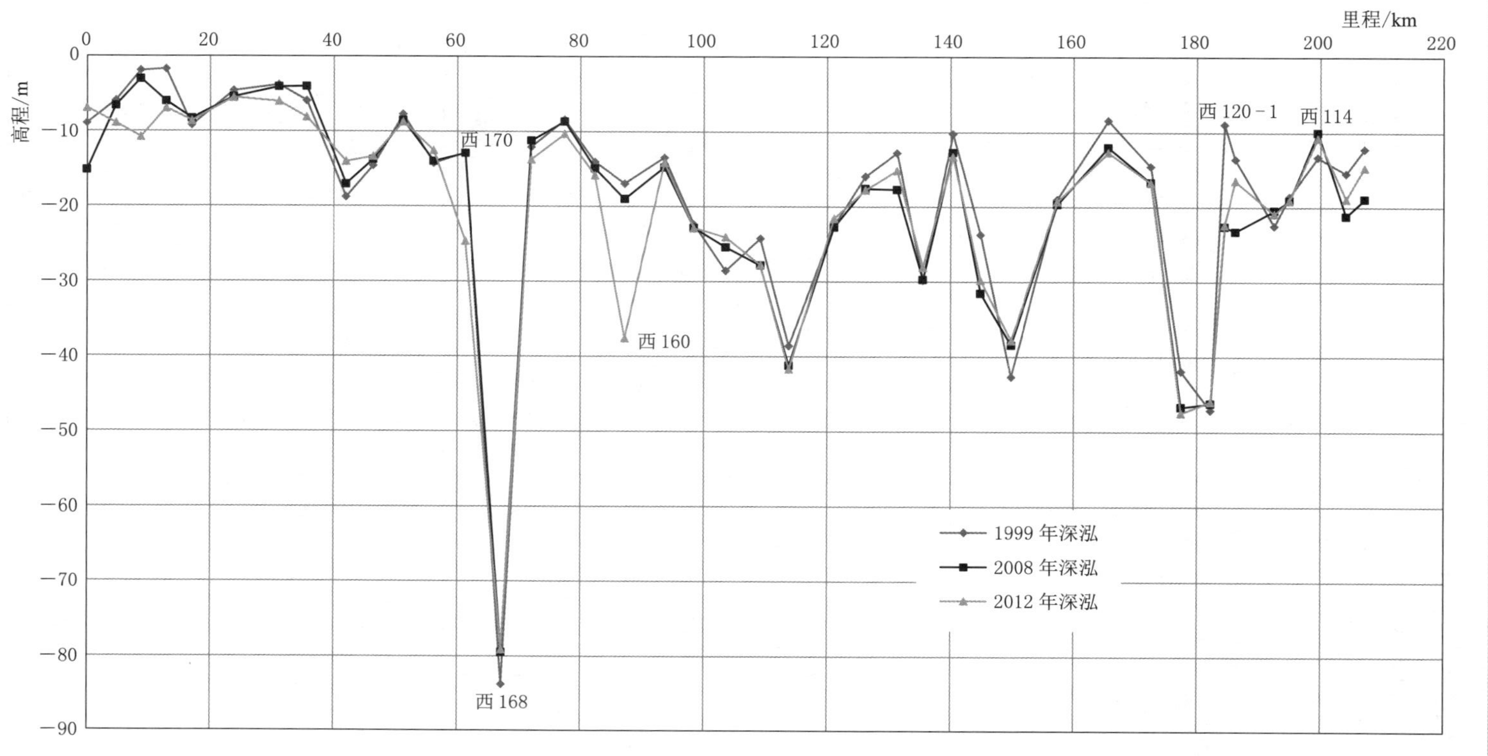

图 3.6　西江段（梧州—西滘口）河道深泓沿程变化

(3) 西北江三角洲西江主干段（西滘口—灯笼山）。西北江三角洲西江主干段（西滘口—灯笼山）河道深泓沿程变化见图3.7，图中西北江三角洲西江主干段（西滘口—灯笼山）河道1978年至2008年深泓高程不断降低，河槽不断下降；2008年以后，深泓下切的情况有所缓解，甚至出现回淤情况。

西滘口—南华段，1978年、1999年、2008年、2014年河道深泓平均高程分别为－18.45m、－21.07m、－26.03m、－24.88m，其中西滘口—南华段河道在1999—2008年期间深泓下切最为剧烈，深泓平均下切深度达4.96m。1999—2014年，深泓下切最大处在西98断面（马口峡，－10.47m），目前最深点在西74断面（甘竹，－48.99m）。

南华—百顷头段，1978年、1999年、2008年、2014年河道深泓平均高程分别为－11.07m、－13.31m、－17.44m、－17.33m。南华—百顷头段河道深泓基本变化趋势与西滘口—南华段接近，但深泓高程较高，平均变化较小。1999—2014年，深泓下切最大处在西70断面（－10.34m），目前深泓最深点在西61断面（－28.86m）。

百顷头—灯笼山段，1978年、1999年、2008年、2014年河道深泓平均高程分别为－10.78m、－11.83m、－14.20m、－14.08m。河道深泓基本变化趋势与西滘口—百顷头段接近，但变幅较上游段减小。1999—2014年，深泓下切最大处在西11断面（－8.85m），目前深泓最深点在西11断面（－22.81m）。

总体上，全河段1978年、1999年、2008年、2012年平均深泓高程分别为－14.71m、－16.78m、－20.80m和－20.18m，1987—2014年间深泓平均下切5.47m（表3.3）。

由深泓高程看，西北江三角洲西江主干段（西滘口—灯笼山）河道的深泓高程，呈现上游深、下游浅的倒比降格局。

表3.3 西北江三角洲西江主干段（西滘口—灯笼山）河道深泓变化情况

河段	平均深泓高程/m				最大下切（1999—2014年）/m	最大淤高（1999—2014年）/m	最低深泓高程/m	最高深泓高程/m
	1978年	1999年	2008年	2014年				
西滘口—南华	－18.45	－21.07	－26.03	－24.88	－10.47	0.82	－48.99	－12.93
					（西98）	（西90）	（西74）	（西082-19）
南华—百顷头	－11.07	－13.31	－17.44	－17.33	－10.34	－0.71	－28.86	－6.35
					（西70）	（西49）	（西61）	（西53）
百顷头—灯笼山	－10.78	－11.83	－14.20	－14.08	－8.85	0.82	－22.81	－10.09
					（西11）	（西09）	（西11）	（西40）
全河段	－14.71	－16.78	－20.80	－20.18	－10.47	0.82	－48.99	－6.35
					（西98）	（西90）	（西74）	（西53）

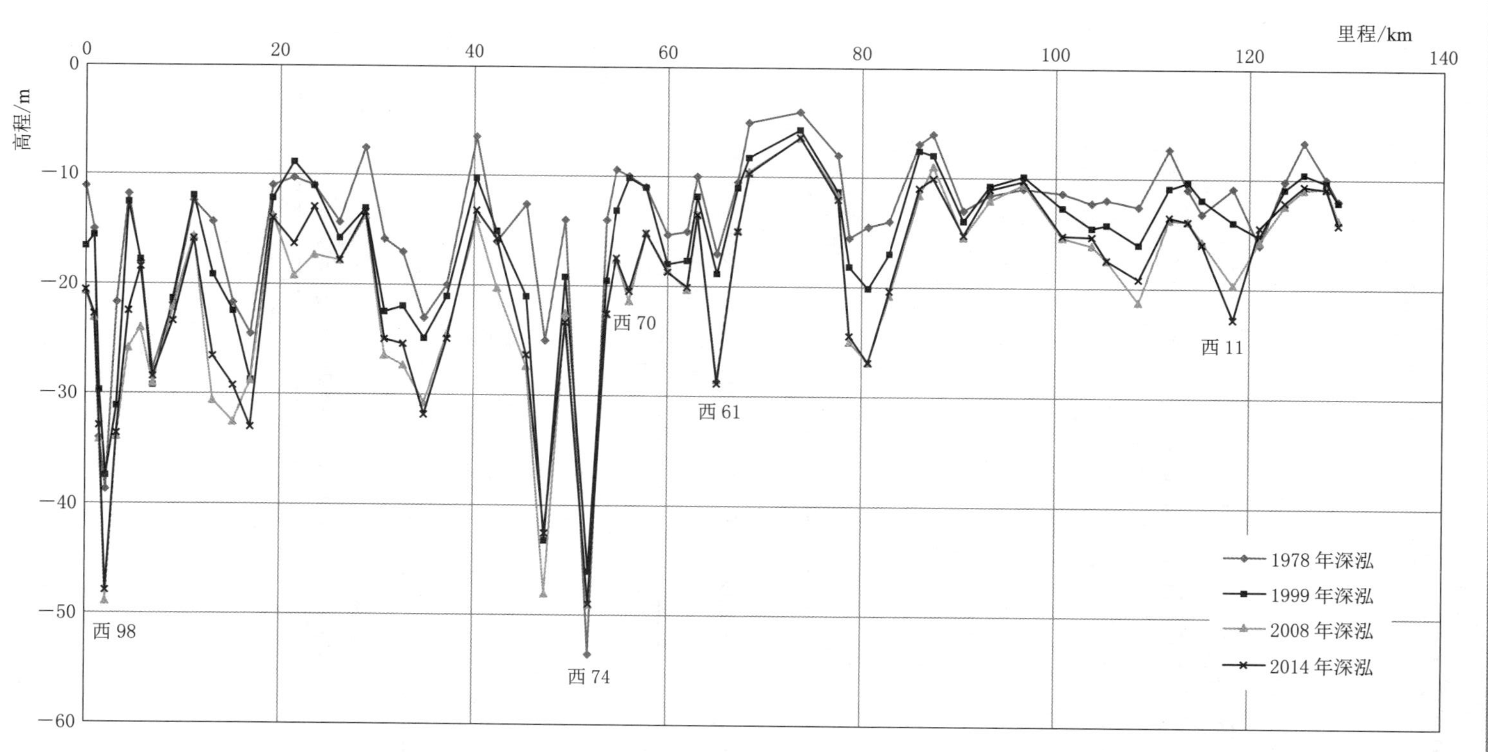

图 3.7 西北江三角洲西江主干段（西滘口—灯笼山）河道深泓沿程变化

3.2.2.2 冲淤特性

由于资料情况，本书冲淤特性分析的范围为浔江段、西江段及西北江三角洲西江主干段河道。

1. 浔江段（桂平—梧州）

结合河段河势特点和资料情况，桂平—梧州段布置断面 35 个（浔 93—西 197），计算河长 167.4km，各年份河道冲淤特性变化情况见表 3.4～表 3.6。

表 3.4 浔江段（桂平—梧州）河道冲淤特性变化情况一（水面宽、过水面积）

河段	计算河长/km	水面宽度/m		水面宽变化率/%	过水面积/m^2		过水面积变化率/%
		1987 年	2012 年	1987—2012 年	1987 年	2012 年	1987—2012 年
桂平—平南	52.6	970	828	−17.15	17461	17486	0.14
平南—藤县	49.0	1149	1082	−6.19	20948	21376	2.0
藤县—梧州	65.8	1461	1208	−20.94	24411	24576	0.67
全河段	167.4	1216	1051	−15.70	21213	21765	2.53

注："−" 表示减小，"+" 表示增加。

表 3.5 浔江段（桂平—梧州）河道冲淤特性变化情况二（平均水深、宽深比）

河段	计算河长/km	平均水深/m		平均水深变化/m	宽深比		宽深比变化
		1987 年	2012 年	1987—2012 年	1987 年	2012 年	2012—1987 年
桂平—平南	52.6	17.99	21.12	3.13	1.73	1.36	−0.37
平南—藤县	49.0	18.24	19.76	1.52	1.86	1.66	−0.2
藤县—梧州	65.8	17.24	21.09	3.85	2.29	1.65	−0.64
全河段	167.4	17.77	20.71	2.94	1.99	1.56	−0.43

注："−" 表示减小，"+" 表示增加。

表 3.6 浔江段（桂平—梧州）河道冲淤特性变化情况三（容积、冲淤速率）

河段	计算河长/km	容积/万 m^3		河道容积变化率/%	冲淤速率/(m/a)
		1987 年	2012 年	1987—2012 年	1987—2012 年
桂平—平南	52.6	91876	92008	0.14	−0.001
平南—藤县	49.0	102672	104773	2.01	−0.015
藤县—梧州	65.8	160636	167654	4.19	−0.92
全河段	167.4	355184	364435	2.54	−0.018

注："−" 表示冲刷，"+" 表示淤积。

计算水位下，2012年与1987年相比，水面宽度减小了15.7%，过水面积增加了2.53%，平均水深增加2.94m，宽深比减小了0.43，宽深比小于2.0，河道基本稳定。

河道容积变化方面，1987年、2012年河道容积分别为355184万m^3、364435万m^3。1987—2012年，西江干流段（桂平—梧州）河道容积增加9251万m^3，增幅占1987年的2.60%。

该段河道于1986—2000年进行了Ⅲ级航道建设，其后至2009年又实施了西江航运干线扩能工程升级为Ⅱ级航道，航道整治疏浚工程会导致河道容积增大。同时，通过深泓对比可知黄驼洲（浔55）、藤县浔江北流河汇入口上游（浔39）、长洲水利枢纽上游（浔25）位置处深泓大幅下降，出现深坑，这可能是采砂导致的，但同时也使河道容积增大了。

冲淤速率方面，浔江段（桂平—梧州）河道平均年冲淤速率为－0.018m/a。浔江段（桂平—梧州）河道总体呈现出冲刷的趋势。

2. 西江段（梧州—西滘口）

梧州—西滘口段，布置断面42个（西196—西103），计算河长207.1km，各年份河道冲淤特性变化情况见表3.7～表3.9。

表3.7 西江段（梧州—思贤滘）河道冲淤特性变化情况一（水面宽、过水面积）

河段	计算河长/km	水面宽度/m			水面宽变化率/%		过水面积/m^2			过水面积变化率/%	
		1999年	2008年	2012年	1999—2008年	2008—2012年	1999年	2008年	2012年	1999—2008年	2008—2012年
梧州—郁南	46.4	1143	1146	1147	0.25	0.05	25202	25415	25881	0.85	1.83
郁南—云安	47.2	870	871	871	0.04	0.04	21875	22451	24428	2.64	8.80
云安—孔湾	46.8	869	860	859	−1.06	−0.14	20375	22474	22290	10.30	−0.82
孔湾—桃溪	45.8	1013	1021	1021	0.78	0.06	21521	23556	24692	9.46	4.82
桃溪—西滘口	20.9	1545	1557	1557	0.76	0.00	23783	27377	27550	15.11	0.63
全河段	207.1	1031	1032	1033	0.15	0.01	22396	23863	24645	6.55	3.28

表3.8 西江段（梧州—思贤滘）河道冲淤特性变化情况二（平均水深、宽深比）

河段	计算河长/km	平均水深/m			平均水深变化/m		宽深比			宽深比变化	
		1999年	2008年	2012年	1999—2008年	2008—2012年	1999年	2008年	2012年	1999—2008年	2008—2012年
梧州—郁南	46.4	22.42	22.54	22.84	0.12	0.29	1.52	1.52	1.49	−0.01	−0.02

续表

河段	计算河长/km	平均水深/m			平均水深变化/m		宽深比			宽深比变化	
		1999 年	2008 年	2012 年	1999—2008 年	2008—2012 年	1999 年	2008 年	2012 年	1999—2008 年	2008—2012 年
郁南—云安	47.2	28.13	28.79	31.15	0.66	2.37	1.18	1.15	1.06	−0.03	−0.09
云安—孔湾	46.8	25.33	27.33	27.24	2.00	−0.09	1.24	1.10	1.10	−0.15	0.01
孔湾—桃溪	45.8	24.43	26.33	27.35	1.90	1.02	1.51	1.38	1.31	−0.13	−0.07
桃溪—西滘口	20.9	15.83	17.85	17.99	2.02	0.14	2.53	2.22	2.21	−0.31	−0.01
全河段	207.1	24.16	25.41	26.24	1.25	0.83	1.48	1.38	1.34	−0.10	−0.04

表 3.9　西江段（梧州—思贤滘）河道冲淤特性变化情况三（容积、冲淤速率）

河段	计算河长/km	容积/万 m^3			河道容积变化率/%		冲淤速率/(m/a)	
		1999 年	2008 年	2012 年	1999—2008 年	2008—2012 年	1999—2008 年	2008—2012 年
梧州—郁南	46.4	116905	117895	120056	0.85	1.83	−0.02	−0.10
郁南—云安	47.2	103274	105997	115329	2.64	8.80	−0.07	−0.57
云安—孔湾	46.8	95295	105114	104255	10.30	−0.82	−0.27	0.05
孔湾—桃溪	45.8	98527	107843	113041	9.46	4.82	−0.22	−0.28
桃溪—西滘口	20.9	49800	57324	57687	15.11	0.63	−0.26	−0.03
全河段	207.1	463800	494173	510367	6.55	3.28	−0.16	−0.19

计算水位下，河段平均水面宽 1999 年、2008 年和 2012 年相当；平均过水面积变化表现为 2008 年比 1999 年增加 6.55%，2012 年比 2008 年增加 3.28%，过水断面面积呈现增加的态势；河段平均水深表现为 2008 年比 1999 年增加 1.3m，2008 年比 1999 年增加 1.25m，2012 年比 2008 年增加 0.83m，基本呈现出平均水深增加的趋势；河段断面宽深比变化表现为 2008 年比 1999 年减小 0.1m，2012 年与 1999 年相当，总体呈现出减小的趋势。

河道容积变化方面，1999 年、2008 年、2014 年的河道容积分别为 463800 万 m^3、494173 万 m^3、510367 万 m^3。1999—2008 年，西江干流梧州—思贤滘段河道容积增加 30372 万 m^3，2008—2012 年，道容积增加 16195 万 m^3。1999—2012 年，西江干流梧州—思贤滘段河道容积增加 46567 万 m^3，变幅占 1999 年河道容积的 10%。

1999—2008 年，该段河道大量的无序采砂是造成河道容积迅速增大的主要原因。2008—2015 年，该段河道进行了Ⅱ级航道整治工程，同时河道采砂仍显著，航道整治和采砂均使河道容积增大。

从冲淤速率方面来看，1999—2008年，西江梧州—思贤滘段各计算河段均呈现出冲刷的状态，河道平均年冲淤速率为−0.16m/a，2008—2012年，除云安—孔湾段河道呈现出弱淤积外，其余河段均为冲刷状态，河道平均年冲淤速率为−0.19m/a。梧州—西滘口段河道总体呈现出冲刷的趋势。

从西江干流上下游站输沙量平衡分析成果看，考虑支流汇入后，上下游输沙量基本平衡，初步分析该段河道下切及冲刷状态主要由采砂、航道整治等人为因素造成。

3. 西北江三角洲西江主干段（西滘口—灯笼山）

结合河段河势特点和资料情况，在西北江三角洲西江主干段（西滘口—灯笼山）河道上共布置分析断面61个，计算河段总长129.2km，各年份河道冲淤特性变化情况见表3.10～表3.12。

西滘口—南华段，布置断面30个（西101—西71），计算河长54.7km。计算水位下，河段平均过水面积变化表现为1999年比1978年增大14%，2008年比1999年增大39%，2014年则比2008年减小1%，河段过水面积总体呈现增大态势；河段平均水深表现为1999年比1978年增大1.3m，2008年比1999年增大3.48m，2014年与2008年相当，基本呈现出平均水深增加的趋势；河段断面宽深比变化表现为1999年比1978年减小0.67，2008年比1999年减小1.04，2014年与2008年相当，呈现出宽深比减小的趋势。河段断面形态向窄深型发展。

南华—百顷头段，布置断面14个（西71—西41），计算河长31.2km。计算水位下，河段断面平均过水面积变化表现为1999年比1978年增大30%，2008年比1999年增大28%，2014年比2008年减小1%；河段平均水深表现为1999年比1978年增大1.96m，2008年比1999年增大1.87m，2014年与2008年相当，基本呈现出平均水深增加的趋势；河段断面宽深比变化表现为1999年比1978年减小1.46，2008年比1999年减小0.73，2014年与2008年相当，呈现出宽深比减小的趋势。河段断面形态向窄深型发展。

百顷头—灯笼山河段，布置断面17个（西41—西1），计算河长43.3km。计算水位下，河段断面面积变化表现为1999年比1978年增大35%，2008年比1999年增大28%，2014年比2008年减小3%，河段过水面积总体呈现增加态势；河段平均水深表现为1999年比1978年增大1.3m，2008年比1999年增大3.48m，2014年与2008年相当，基本呈现出平均水深增加的趋势；河段断面宽深比变化表现为1999年比1978年减小0.67，2008年比1999年减小1.04，2014年与2008年相当，呈现出宽深比减小的趋势。河段断面形态向窄深型发展。

河道容积变化，西滘口—灯笼山段1978年、1999年、2008年、2014年的河

表 3.10　西北江三角洲西江主干段（西滘口—灯笼山）河道冲淤特性变化情况一（水面宽、过水面积）

河段	计算河长/km	水面宽度/m				水面宽变化率/%			过水面积/m^2				过水面积变化率/%		
		1978年	1999年	2008年	2014年	1978—1999年	1999—2008年	2008—2014年	1978年	1999年	2008年	2014年	1978—1999年	1999—2008年	2008—2014年
西滘口—南华	54.7	1329	1305	1324	1318	−2	2	−1	10650	12160	16956	16756	14	39	−1
南华—百顷头	31.2	920	888	914	904	−3	3	−1	5176	6737	8645	8576	30	28	−1
百顷头—灯笼山	43.3	910	939	989	939	3	5	−5	4705	6343	8115	7892	35	28	−3
全河段	129.2	1090	1082	1113	1091	−1	3	−2	7336	8901	11986	11810	21	35	−1

表 3.11　西北江三角洲西江主干段（西滘口—灯笼山）河道冲淤特性变化情况二（平均水深、宽深比）

河段	计算河长/km	平均水深/m				平均水深变化/m			宽深比				宽深比变化		
		1978年	1999年	2008年	2014年	1978—1999年	1999—2008年	2008—2014年	1978年	1999年	2008年	2014年	1978—1999年	1999—2008年	2008—2014年
西滘口—南华	54.69	8.02	9.32	12.8	12.72	1.3	3.48	−0.08	4.55	3.88	2.84	2.85	−0.67	−1.04	0.01
南华—百顷头	31.23	5.62	7.58	9.45	9.49	1.96	1.87	0.04	5.39	3.93	3.2	3.17	−1.46	−0.73	−0.03
百顷头—灯笼山	43.25	5.17	6.75	8.2	8.4	1.58	1.45	0.2	5.83	4.54	3.84	3.65	−1.29	−0.7	−0.19
全河段	129.17	6.73	8.23	10.77	10.83	1.5	2.54	0.06	4.9	4	3.1	3.05	−0.9	−0.9	−0.05

表 3.12　西北江三角洲西江主干段（西滘口—灯笼山）河道冲淤特性变化情况三（容积、冲淤速率）

河段	计算河长/km	容积/万 m^3				河道容积变化率/%			冲淤速率/(m/a)			
		1978年	1999年	2008年	2014年	1978—1999年	1999—2008年	2008—2014年	1978—1999年	1999—2008年	2008—2014年	1978—2014年
西滘口—南华	54.69	58243	66496	92723	91630	0.14	0.39	−0.01	−0.1	−0.41	0.03	−0.18
南华—百顷头	31.23	16162	21039	26995	26781	0.3	0.28	−0.01	−0.15	−0.24	0.01	−0.15
百顷头—灯笼山	43.25	20352	27438	35099	34136	0.35	0.28	−0.03	−0.16	−0.21	0.04	−0.13
全河段	129.17	94757	114972	154818	152547	0.21	0.35	−0.01	−0.13	−0.32	0.03	−0.16

道容积分别为 94757 万 m^3、114972 万 m^3、154818 万 m^3、152547 万 m^3。1978—1999 年，西北江三角洲西江主干段（西滘口—灯笼山）河道容积增加 20215 万 m^3；1999—2008 年，河道容积增加 39846 万 m^3；2008—2014 年，河道容积减小 2271 万 m^3。1978—2008 年河道容积呈现出增加的趋势，2008—2014 年河道容积有小幅减小。

总体上，1978—2014 年，西北江三角洲西江主干段（西滘口—灯笼山）河道容积增加 57790 万 m^3，增加 61.0%，增幅从上游至下游呈递增趋势：西滘口—南华段为 57%，南华—百顷头段为 66%，百顷头—灯笼山河段为 68%。河道容积增加的峰值在 1999—2008 年间，呈现从上游到下游递减的趋势。从冲淤速率方面来看，1978—1999 年，西北江三角洲西江主干段（西滘口—灯笼山）河道年冲淤速率为－0.13m/a；1999—2008 年，河道年冲淤速率为－0.32m/a；2008—2014 年，河道年冲淤速率为 0.03m/a。总体上，1978—2014 年西北江三角洲西江主干段（西滘口—灯笼山）河道年冲淤速率为－0.16m/a。

西北江三角洲西江主干段（西滘口—灯笼山）河道 2008 年以前河道总体呈现出冲刷的趋势，2008 年以后河道容积变化基本持平。

西北江三角洲西江主干段西滘口—百顷头段于 1999—2009 年进行了Ⅰ级航道建设，对河道进行疏浚，同时 2008 年以前全河道大量采砂，航道整治和采砂是造成河道容积显著增大的主要原因；2008 年以后，河道全面禁止采砂，该河段航道疏浚工程，河道容积基本稳定。因此，初步分析该段河道冲刷状态主要由采砂、航道整治等人为因素造成。

3.3 本章小结

本章通过开展西江黄金水道典型河段泥沙颗粒级配、泥沙启动流速、水流挟沙能力和河道泥沙输移特性等研究，分析了西江干流河道的径流特性、泥沙特性和水沙关系变化，并讨论了近年来西江黄金水道河道岸线和河床冲淤演变情况，综合评价了西江干流河道的冲淤特性，主要得到以下研究结论：

（1）西江干流各站的年径流量基本未出现明显变化，但各站的年输沙量呈现出显著下降的趋势。此外，受地区降雨、水利工程建设运行、河道分流比等因素的综合影响，西江支流及三角洲区域的各站来水来沙情况呈现出复杂多变的特性，无统一的变化规律可循。

（2）西江干支流及三角洲区域各站的含沙量普遍较低的，其中，各站汛期含沙量大于全年和非汛期的含沙量，而干流各站多年平均含沙量又呈现自上游向下游逐渐减小的趋势。受到流域内大型水利枢纽的拦沙作用影响，流域内各站的含沙量进一步大幅减小，其中以干流各站减小幅度最大，其次为三角洲区域，而西江各支流站点的含沙量受到的影响最小。

(3) 西北江三角洲的西江主干段河道在 2008 年前呈现出深泓高程不断降低和河槽不断下切的趋势，此外由于各河段的采砂和航道整治工作，河道容积均呈现显著增加的趋势。2008 年之后由于河道全面禁止采砂，上述情况有所缓解，并出现河床回淤现象。总体而言，西江主干段的河道深泓高程呈现上游深、下游浅的倒比降格局。

第4章

航道整治对沿江防洪工程影响分析

为满足西江黄金水道的通航条件，需要采取疏浚、炸礁、清淤、修筑护岸和丁坝等方法手段对部分航段进行综合整治，由此导致整治前后河床演变特性、水流动力及泥沙特性等发生改变，并不可避免地对相关航段的沿江防洪工程造成影响。已有研究表明，河流特性与水沙关系演变对于丁坝、护岸工程、裁弯切嘴岸坡等的稳定性具有显著的影响，科学分析航道整治对沿江防洪工程的影响，有利于保障流域防洪安全，也可为避免、消除不利影响提供参考依据。本章采用一维、二维水沙数学模型计算等技术手段和方法，在清水下泄影响的条件下叠加航道整治影响，分析研究航道整治对泥沙起动与输移规律、河床演变的影响，重点分析对险工险段的影响，包括航道整治对泥沙输移与河床演变规律的影响、航道整治对工程防洪的影响、航道整治对最低通航水位的影响。

4.1 航道整治对泥沙输移规律的影响分析

航道整治工程对河道实施的清淤清障工作将改变河道内水流泥沙动力条件，进而对河道泥沙输移和河势演变及其稳定性产生影响。一般而言，清淤清障的局部河段河床下切加剧，过流面积增加，对上游区域比降增大，对下游区域比降减小，势必导致上下游河段及清障河段的水沙动力条件有所改变，同时由于清障工作改变了原河道纵向和横向断面的过流形态，河床对水沙条件的响应调整也将发生变化。下面对西江黄金水道各主要河段航道整治后的泥沙输移规律进行分析。

4.1.1 上游郁江南宁—桂平河段

南宁—桂平河段为西江上游河道，河道平均比降0.013%，顺直河段与蜿蜒河段并存，河段输沙特性呈现沿河略有减小的态势，河段总体表现为略有冲刷。航道整治后，局部河段流速有所减小，但对河段整体输沙特性影响不大。航道整治前后南宁—桂平河段泥沙输移变化见表4.1。

表4.1 南宁—桂平河段泥沙输移变化

项　目	南宁输沙量/万t	桂平输沙量/万t	冲淤量/万t	平均冲淤厚度/m
整治前	5850	7635	−1785	−0.075
整治后	5850	7335	−1485	−0.06
变化率	0	−3.93%	−16.80%	−20%

注：冲淤量正值表示淤积，负值表示冲刷，下同。

从表4.1可以看出，航道整治后河段输沙能力略有减少，相对整治前淤积量略有增加，河段整体仍保持略有淤积的状态。

4.1.2 中游桂平—梧州河段

桂平—梧州河段为西江中游河道，河道平均比降0.009%，河段较为顺直，河段输沙特性呈现沿河略有减小的态势，河段总体表现为略有淤积。该河段来水来沙分为两部分，黔江较多，郁江较少。考虑到黔江来水来沙对下游的影响，模型研究范围包括武宣站。航道整治后，河段局部流速减小，流速减小后河道水流挟沙能力降低，但由于水流含沙量较低，泥沙落淤量几乎没有增加。河道整治前平均淤积厚度为0.059m。航道整治前后桂平（汇合口以下）—梧州河段泥沙输移变化见表4.2。

表4.2 桂平（汇合口以下）—梧州河段泥沙输移变化

项目	桂平输沙量/万t	梧州输沙量/万t
整治前	22140	23775
整治后	22140	23769
变化率	0	−0.03%

从表4.2可以看出，航道整治后桂平—梧州河段淤积程度略有增加，经梧州输送到下游的泥沙总量略微减小（6万t），降幅为0.03%。

4.1.3 下游梧州—灯笼山河段

梧州—灯笼山河段为西江下游河道，河道平均比降0.002%。梧州—思贤滘河段河势整体较为顺直，思贤滘以下进入三角洲河网，支汊众多，水沙交换复杂。

航道整治后梧州—高要段流速变化相对其他河段较大，整治前流速较大的断面流速下降相对其他断面较大，流速减小的整体态势下，梧州—高要段冲刷强度减弱（表 4.3）。受上游航道整治泥沙落淤而来沙量减少的影响，整治后梧州全年输沙量为 23775 万 t，整治前后基本没有发生改变；高要为 23065 万 t，整治后略微减少（80 万 t），降幅约为 0.35%，共计冲刷 710 万 t，相比整治前增加 80 万 t，增幅约为 12.7%，河段平均淤积厚度为 0.017m，相比整治前的河段平均冲淤厚度略微增加（0.002m），增幅约为 13.33%。

表 4.3　梧州—高要河段泥沙输移变化

项目	梧州输沙量/万 t	高要输沙量/万 t	冲淤量输沙量/万 t	平均冲淤厚度/m
整治前	23775	23145	630	0.015
整治后	23775	23065	710	0.017
变化率	0	−0.35%	12.7%	13.33%

网河区马口整治前输沙量 21945 万 t，整治后输沙量 21875 万 t，输沙量减少 0.3%；天河整治前输沙量 18450 万 t，整治后输沙量 18363 万 t，输沙量减少 0.5%；灯笼山整治前输沙量 21855 万 t，整治后输沙量 21679 万 t，输沙量减少 0.8%。航道整治后，三角洲网河区西江干流输沙量平均减小 0.5%（表 4.4）。

表 4.4　网河区河段 15 年泥沙输移对比

项　目	高要	马口	天河	灯笼山
整治前输沙量/万 t	23145	21945	18450	21855
整治后输沙量/万 t	23065	21875	18363	21679
变化率	−0.3%	−0.3%	−0.5%	−0.8%

4.2　航道整治对河势稳定的影响分析

4.2.1　南宁—桂平段

南宁—桂平段航道整治后过流面积增加，相比整治前各河段平均流速、水位均有所下降。南宁—桂平段航道整治前后水力要素的变化见表 4.5。

南宁—桂平段航道整治后河势变化特性基本与整治前相同，局部河段冲淤略有变化（图 4.1）。航道整治对于水流条件的改变有限，因此对冲淤特性的改变也不大，仅在局部位置有所体现。

表 4.5　南宁—桂平段航道整治前后水力要素的变化

河　段	航道整治前		航道整治后		变化值	
	平均最大流速/(m/s)	平均最高水位/m	平均最大流速/(m/s)	平均最高水位/m	平均最大流速/(m/s)	平均最高水位/m
南宁—西津段	1.13	61.74	1.08	61.68	−0.05	−0.06
西津—贵港段	1.36	42.79	1.29	42.74	−0.07	−0.05
贵港—桂平段	1.69	34.56	1.61	34.51	−0.08	−0.05

4.2.2　桂平—梧州段

桂平—梧州段航道整治后过流面积增加，因此相比整治前各河段平均流速、水位均有所下降。桂平—梧州段航道整治前后水力要素变化见表 4.6。由表中结果可知，桂平—大湟江口段的航道整治影响最大，航道整治导致河段最大流速的均值下降了 0.07m³/s，河段最高水位的均值下降了−0.06m，其余河段也出现了较为明显的水力要素改变。

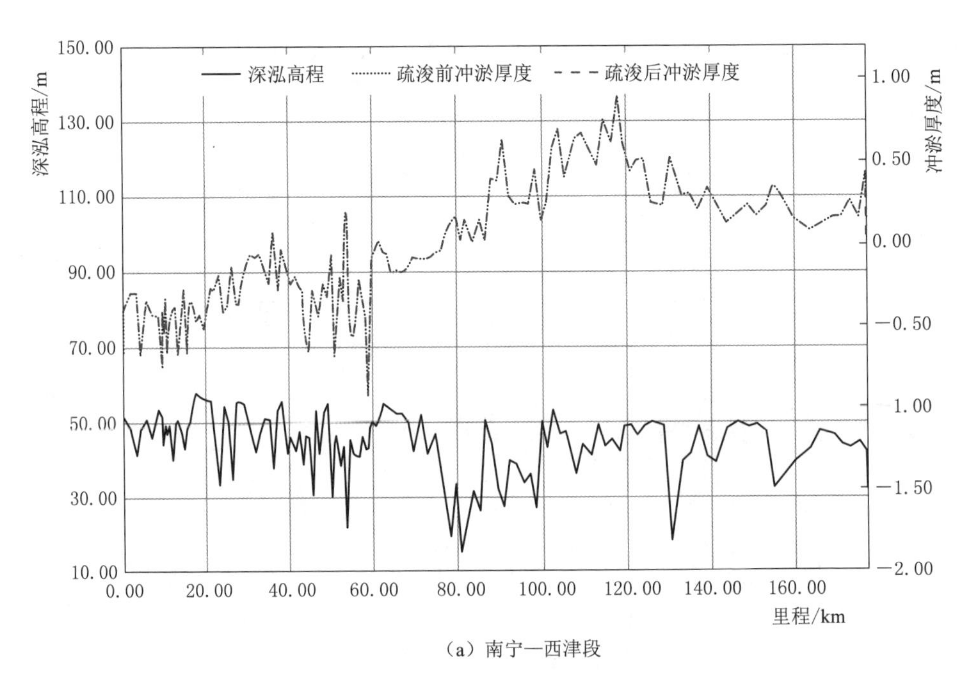

(a) 南宁—西津段

图 4.1（一）　南宁—桂平段航道整治前后的河势变化

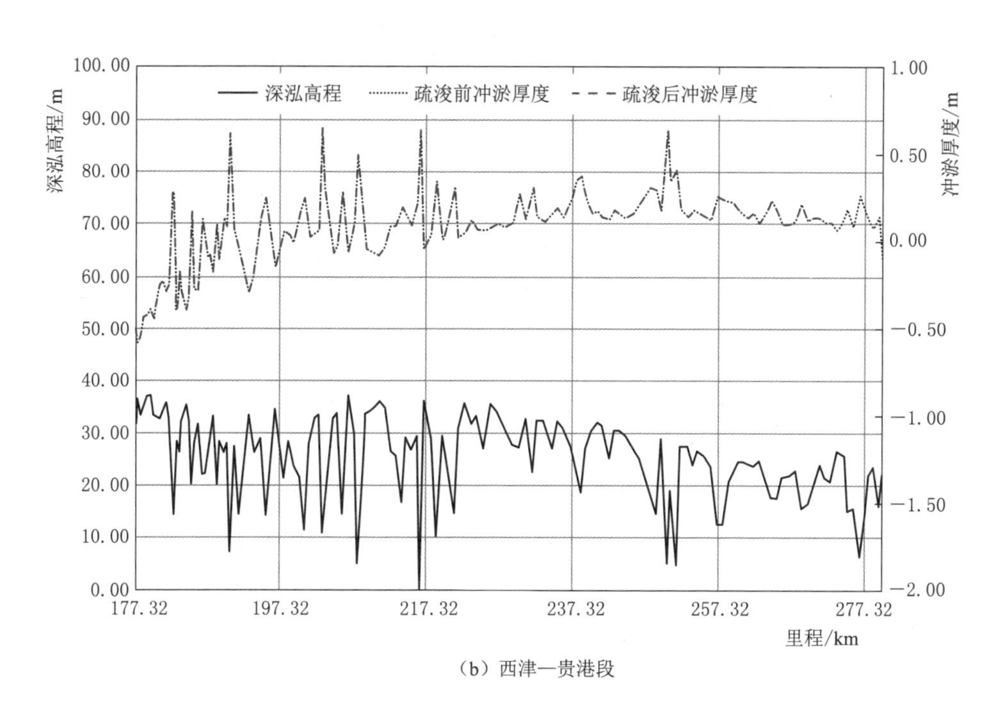

(b) 西津—贵港段

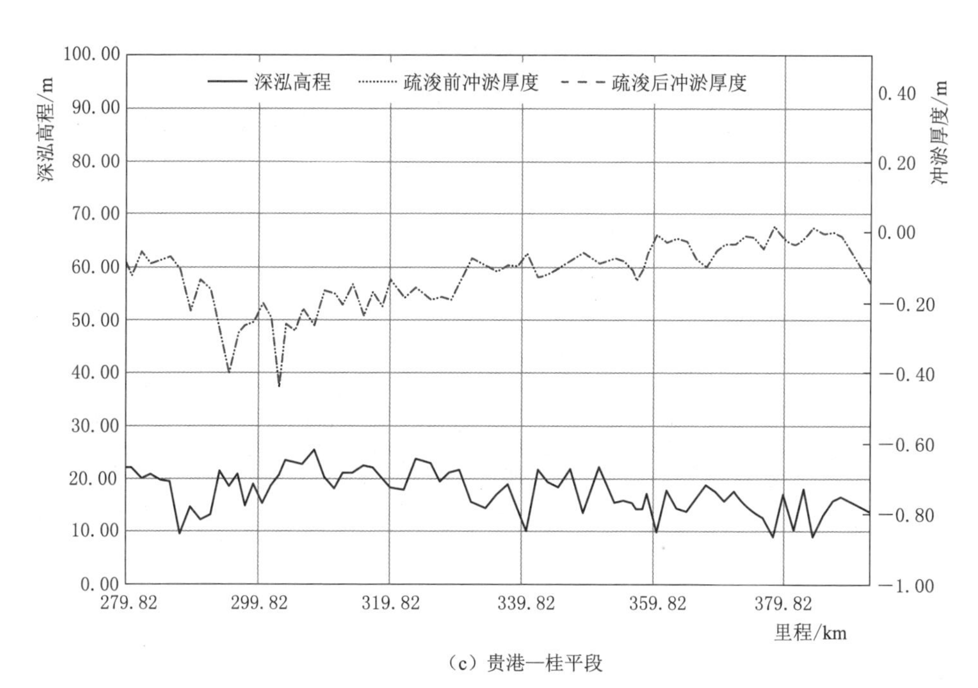

(c) 贵港—桂平段

图 4.1(二)　南宁—桂平段航道整治前后的河势变化

表 4.6　　桂平—梧州段航道整治前后水力要素变化

河段	航道整治前		航道整治后		变化值	
	平均最大流速/(m/s)	平均最高水位/m	平均最大流速/(m/s)	平均最高水位/m	平均最大流速/(m/s)	平均最高水位/m
桂平—大湟江口段	1.26	27.82	1.19	27.76	−0.07	−0.06
大湟江口—平南段	1.03	25.52	0.97	25.47	−0.06	−0.05
平南—藤县段	0.83	22.46	0.8	22.41	−0.03	−0.05
藤县—梧州段	0.73	20.78	0.7	20.73	−0.03	−0.05

桂平—梧州河段为西江中游河段，黔江和郁江在桂平汇入此河段，其中黔江是本河段的主要水沙来源。航道整治后，河段整体仍表现为略有淤积的态势（图 4.2）。航道整治后河道过流面积增加深槽宽度增加，流速减小，水流挟沙能力减弱，泥沙部分落淤，从而导致河段淤积略有增加，但河段整体冲淤特性基本与整治前一致。

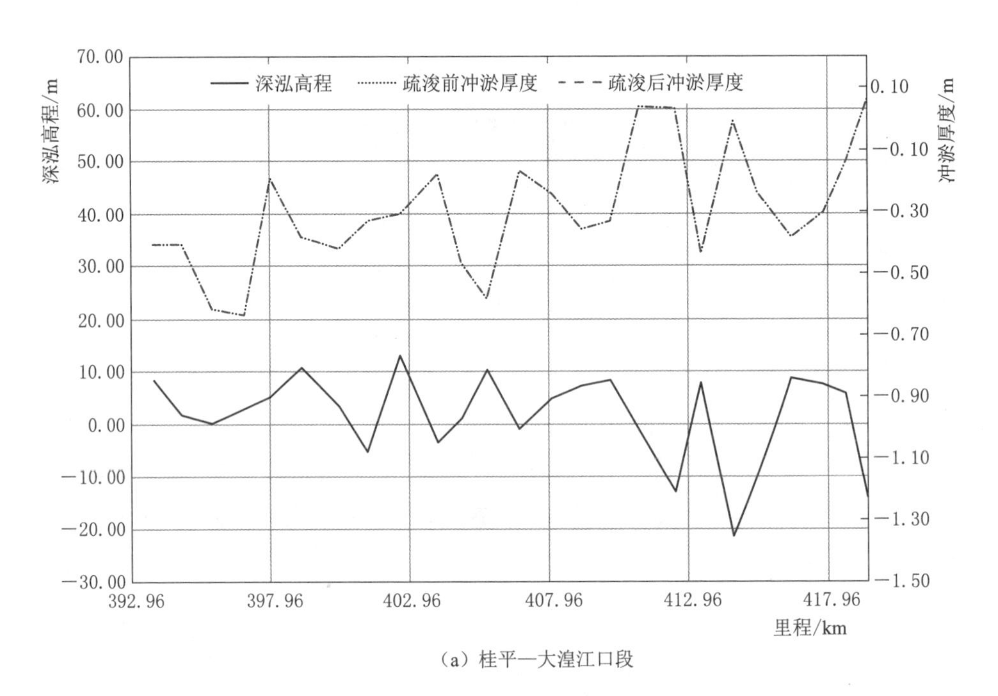

(a) 桂平—大湟江口段

图 4.2（一）　桂平—梧州段航道整治前后的河势变化

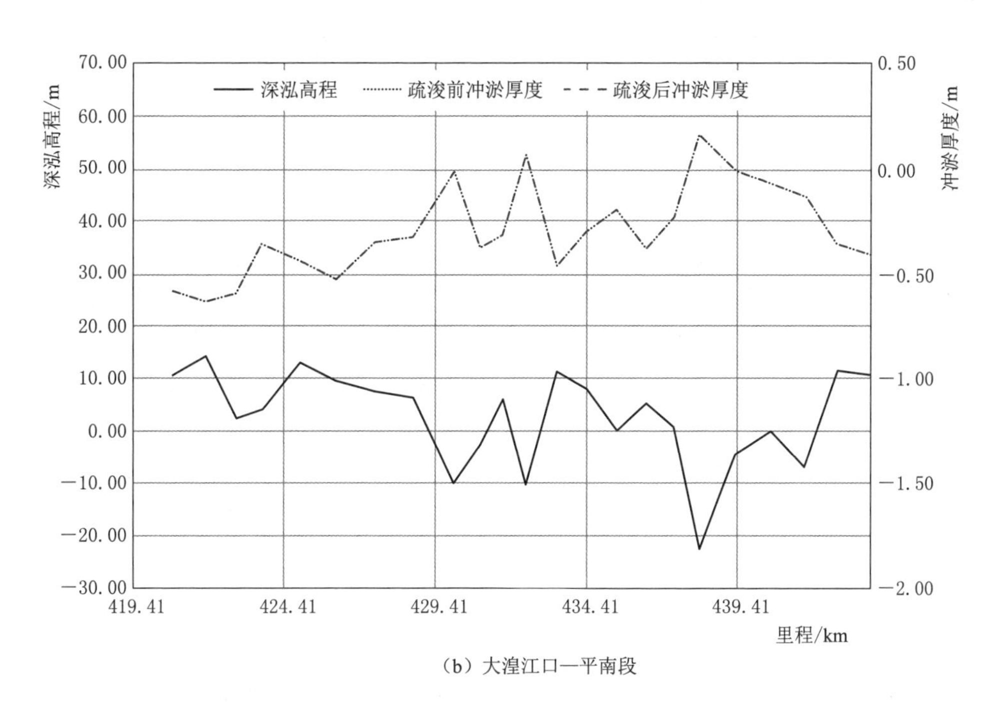

（b）大湟江口—平南段

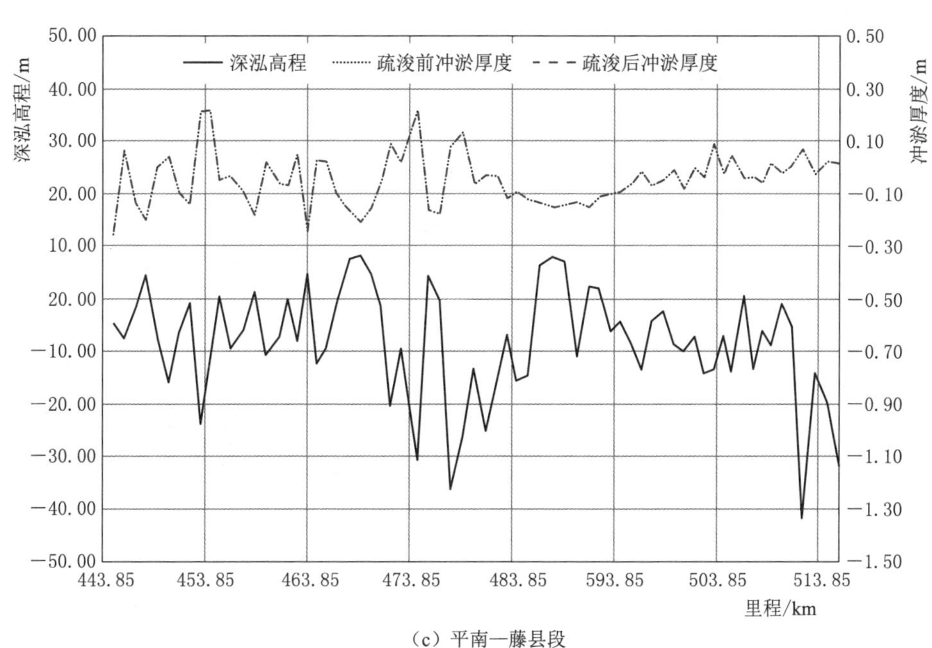

（c）平南—藤县段

图 4.2（二）　桂平—梧州段航道整治前后的河势变化

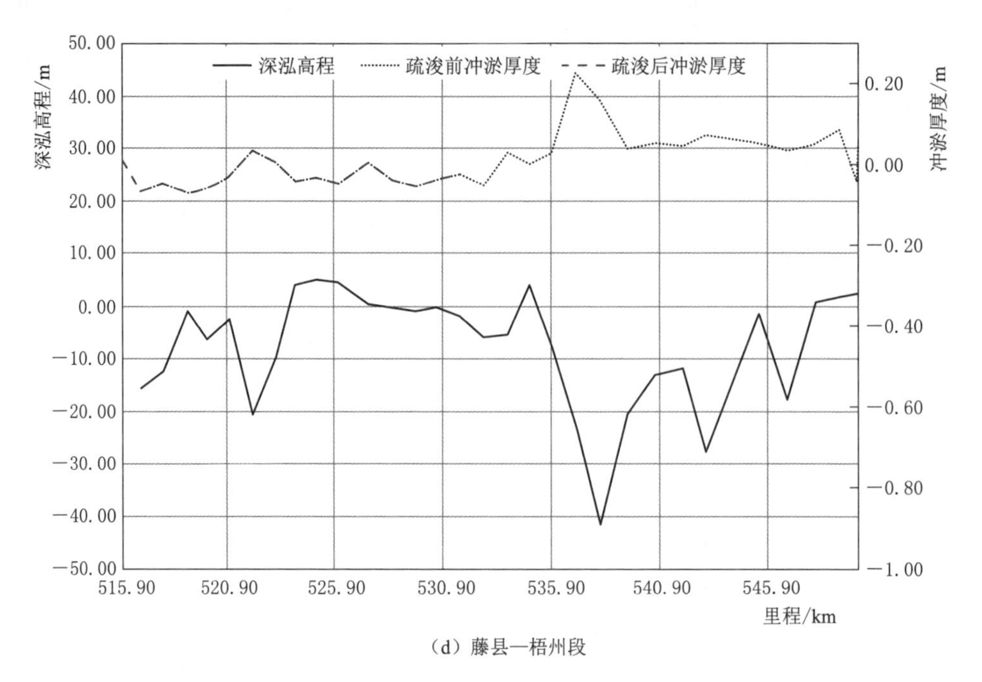

（d）藤县—梧州段

图 4.2（三） 桂平—梧州段航道整治前后的河势变化

4.2.3 梧州—灯笼山河段

梧州以下河段地处西江下游，其中思贤滘以下为三角洲网河区，河道比降平缓。梧州—高要河段流经区域两岸山体林立，呈现高程高、坡度陡、抗冲性强的特性。表 4.7 给出了梧州—灯笼山段航道整治前后水力要素变化情况，由表中数据可知，航道整治对于本段河段的水利要素影响不大，各段河道的最大流速均值和最高水位均值未出现明显改变。航道清淤清障工作对本段河道断面形态的影响主要是下切作用，河道的冲淤特性表现为冲淤效应交替出现，整体淤积量略有增加（图 4.3）。

高要—马口河段在整治前河段平均冲刷深度 0.017m，最大冲刷深度为 0.25m；整治后平均冲刷深度为 0.09m，局部河段最大冲刷深度 0.25m，冲刷幅度变小。

马口—天河河段处于三角洲网河区，河道水面宽阔、水深大、河势顺直，河道水流在经过马口后水面突然变宽、水深大幅增加，水流流速降低，泥沙易于落淤。整治后河段淤积略有增加。整治前河段平均淤积厚度为 0.116m，最大淤积厚度为 0.301m；整治后河段平均淤积厚度为 0.022m，最大淤积厚度为 0.111m，最大冲刷深度为 0.015m。

表 4.7　　梧州—灯笼山段航道整治前后水力要素变化

河段	航道整治前		航道整治后		变化值	
	平均最大流速/(m/s)	平均最高水位/m	平均最大流速/(m/s)	平均最高水位/m	平均最大流速/(m/s)	平均最高水位/m
梧州—德庆段	1.50	10.43	1.49	10.41	−0.01	−0.02
德庆—高要段	1.32	5.59	1.31	5.57	−0.01	−0.02
高要—马口段	1.14	3.09	1.13	3.08	−0.01	−0.01
马口—天河段	0.67	1.88	0.67	1.88	0	0
天河—灯笼山段	0.48	1.23	0.48	1.23	0	0

天河—灯笼山河段处于三角洲网河汇入磨刀门浅海区的出海区域，河道水面宽阔，河势顺直，受上游水流和下游潮位的双重塑造作用影响。整治后河段仍表现为略有淤积的状态。整治前河段平均淤积厚度为 0.021m，局部最大淤积厚度为 0.1042m，最大冲刷深度为 0.02；整治后河段平均淤积厚度为 0.003m，局部最大淤积厚度为 0.019m，最大冲刷深度为 0.01m。

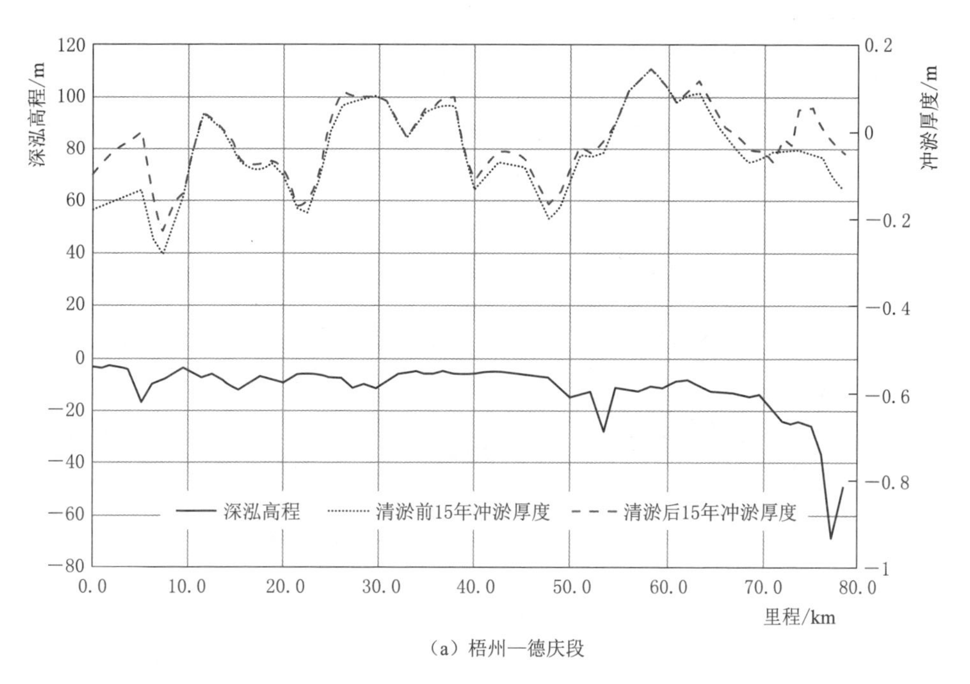

(a) 梧州—德庆段

图 4.3（一）　梧州—灯笼山段航道整治前后的河势变化

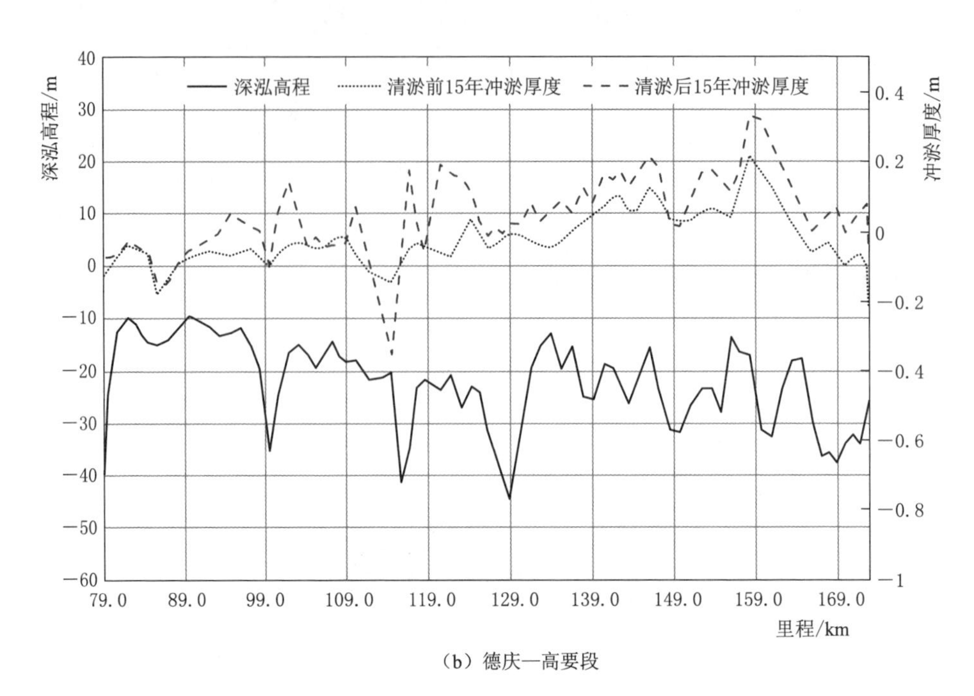

（b）德庆—高要段

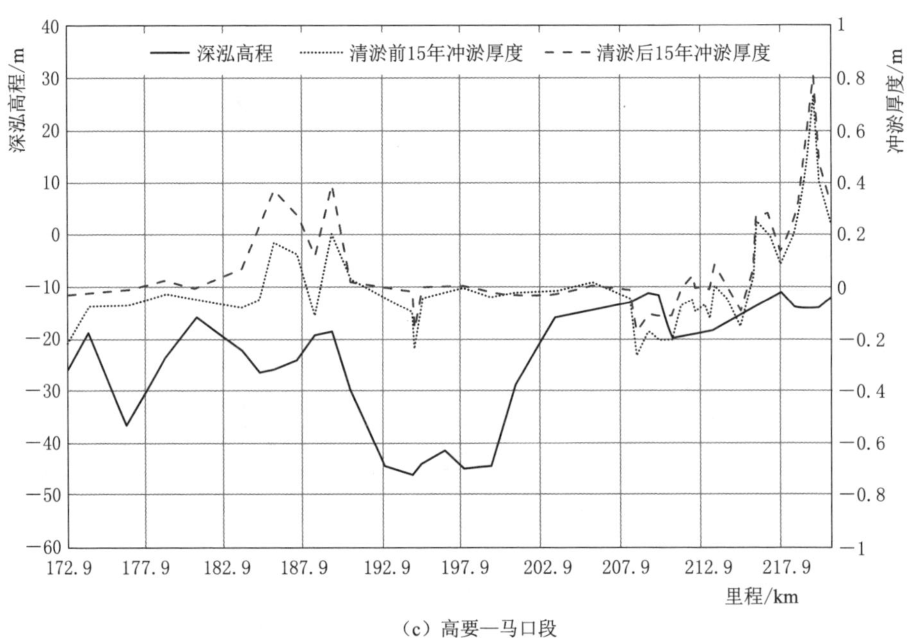

（c）高要—马口段

图 4.3（二） 梧州—灯笼山段航道整治前后的河势变化

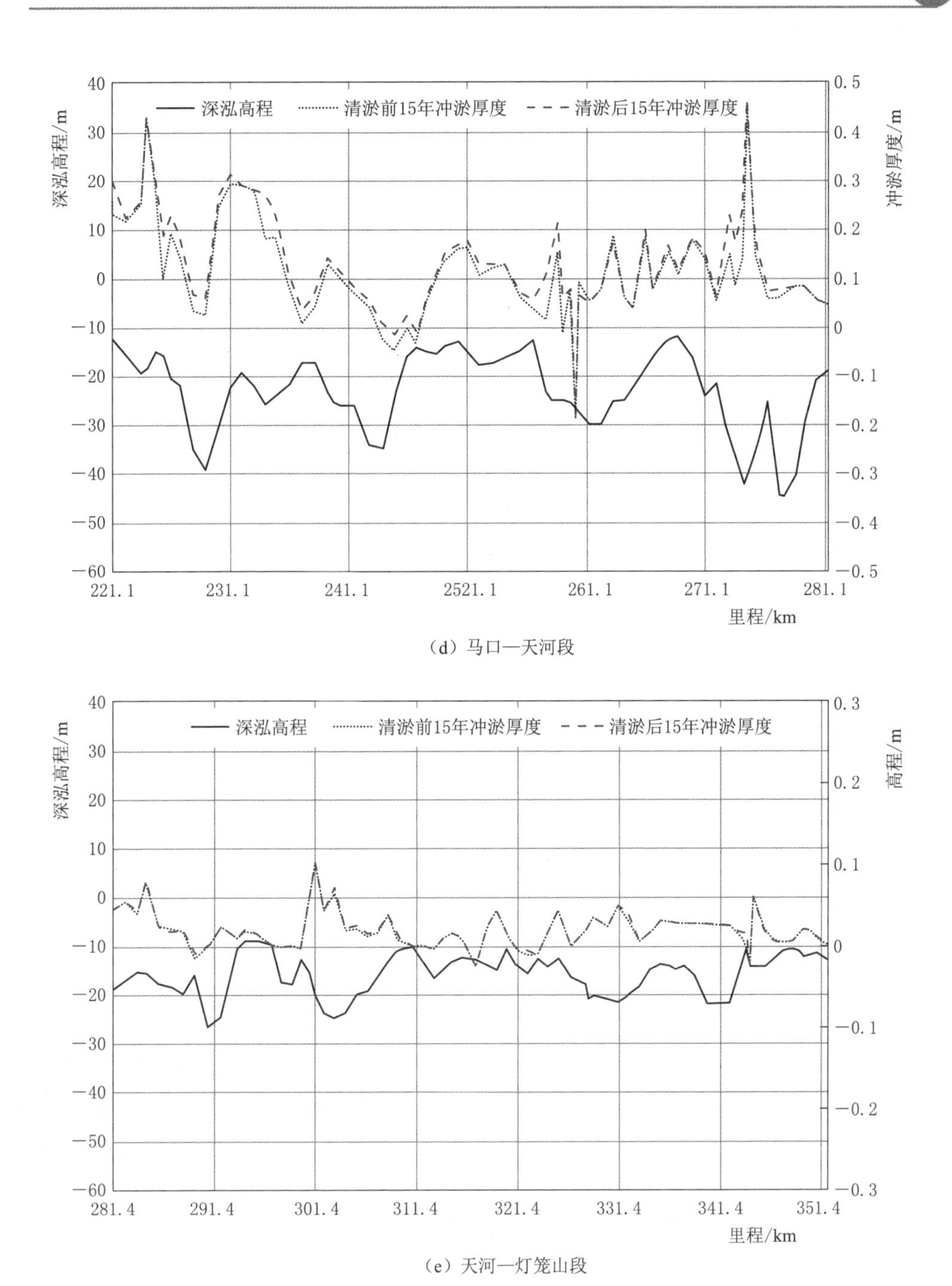

(d) 马口—天河段

(e) 天河—灯笼山段

图 4.3（三） 梧州—灯笼山段航道整治前后的河势变化

4.3 航道整治对工程防洪的影响分析

黄金水道沿岸防洪工程设计标准主要有20年一遇、50年一遇和100年一遇。航道整治后，过流面积增加，行洪能力增大，洪水位则相应略有下降（表4.8）。

表4.8　　航道整治对设计防洪标准下洪水水位的影响　　单位：m

断面名称	设计防洪标准		
	100年一遇	50年一遇	20年一遇
南宁	−0.06	−0.07	−0.08
西津	−0.01	−0.01	−0.01
贵港	−0.03	−0.03	−0.03
桂平	0.00	0.00	−0.01
平南	0.00	0.00	0.00
藤县	0.00	0.00	0.00
梧州	−0.05	−0.08	−0.09
高要	−0.04	−0.06	−0.07
马口	−0.04	−0.05	−0.07
天河	0.00	0.00	0.00
灯笼山	0.00	0.00	0.00

注　表中负值表示航道整治后洪水位的下降值。

南宁—桂平段洪水位影响主要体现在上游南宁河段，航道整治后洪水位下降在0.1m以内。

桂平—梧州段航道整治工程后洪水位几乎没有变化，工程对中游河道的行洪能力影响不大。

梧州—灯笼山段航道整治工程后洪水位有所下降，下降幅度在0.1m以内，主要在梧州—马口段下降较为明显，其中梧州—高要段局部位置水位受工程影响略有壅高0.04m；马口以下至灯笼山河段过流面积加大，水位受下游影响较大，受航道整治影响不大。

4.4 航道整治对最低通航水位的影响分析

采用各航段设计最小通航流量计算各航段最低通航水位，分别计算航道整治前后在最小通航流量下的水位变幅，分析比较最低通航水位的变化。各航段最低通航水位变化计算采用的边界条件见表4.9。

表 4.9　各航段最低通航水位变化计算采用的边界条件

河　　段	上边界流量/(m^3/s)	下边界水位/m
南宁—西津段	230	57.62
西津—贵港段	230	41.1
贵港—桂平段	230	28.6
桂平—长洲段	1128	18.6
长洲—灯笼山段	1128	−0.94

南宁至贵港、贵港航运枢纽至梧州两广交界处的Ⅱ级航道工程分别于2013年、2009年通航，南宁至梧州河段均已满足Ⅱ级通航标准，航道尺度为3.5m×80m×550m。根据《珠江水运发展规划纲要》，南宁至佛山段提高为Ⅰ级航道。参考《四江航运干线贵浴至梧州3000t级航道工程可行性研究报告》，Ⅰ级通航航道尺度为4.1m×90m×670m，通航3000t级船舶。扩能工程主要内容为在现有2000t级航道的基础上进行加宽加深，整治主要碍航滩险（浅段）、浅点。

其中，南宁—西津、西津—贵港、桂平—长洲、长洲—灯笼山段因规划Ⅰ级航道工程需对现有Ⅱ级航道断面进行加宽加深，扩大航道过水面积，但受西津水电站、贵港航运枢纽、桂平航运枢纽、长洲水利枢纽的蓄水影响，位于枢纽大坝（上游）附近的变幅接近于0m，远离枢纽大坝段最低通航水位变幅增大。

航槽开挖疏浚后，河道将继续发生冲淤演变，河床形态也将继续调整。本书通过水沙模型模拟了各河段冲淤演变至规划水平年（2030年）的地形，并据此计算了各河段的最低通航水位，与现状地形通航水位相对比，变化见表4.10和表4.11。冲淤演变至2030年最低通航水位的变化值小于疏浚工程变化值，这与航道疏浚后回淤地形变化较小有关。但受西津水电站、贵港航运枢纽、桂平航运枢纽、长洲水利枢纽的蓄水影响，枢纽上游局部河段最低通航水位几乎没有发生变化，而远离枢纽的上游河段略有变化，这个特征与航道疏浚的影响是相同的。

表 4.10　南宁—贵港段最低通航水位变化

断面名称	里程/km	间距/km	疏浚工程后水位变化/m	规划水平年水位变化/m
贵港（坝上）	0		0	0
大埠江下	71.09	1.84	−0.01	0
大洞	94.35	3.24	−0.02	−0.01
西津船闸下游	105	2.04	−0.02	−0.01

续表

断面名称	里程/km	间距/km	疏浚工程后水位变化/m	规划水平年水位变化/m
西津（坝上）	0	0.5	0	0
长沙	130.32	3.05	−0.01	−0.01
那也	143.37	4.15	−0.07	−0.06
柳沙娘	158.52	4.8	−0.15	−0.15
民生码头	169.8	0.38	−0.14	−0.12

注 1. 疏浚工程后变化＝疏浚整治后地形计算的最低通航水位－现状地形计算的最低通航水位。
2. 规划水平年变化＝规划水平年（2030 年）地形计算的最低通航水位－现状地形计算的最低通航水位。

表 4.11　　贵港—梧州河段最低通航水位变化

名称	里程/km	间距/km	疏浚工程后水位变化/m	规划水平年水位变化/m
贵港船闸下游	**0**		−0.02	−0.01
贵港港码头	6.83	1.23	−0.02	0
贵港猫儿山作业区东山泊位（在建）	18.82	3.99	−0.01	0
桂平船闸上游	**108.85**	**8.77**	0	0
桂平船闸下游	110.8	1.95	−0.09	−0.09
江口航道站（江口水文站）	138.92	12.96	−0.04	−0.03
乌云台	142.03	1.75	−0.02	−0.02
藤县水文站	231.53	23.05	0	0
长洲枢纽船闸上	**266.69**	**2.3**	0	0
长洲枢纽船闸下	268.74	2.05	−0.24	−0.23
梧州水文站	282.08	2.63	−0.11	−0.11
界首（思扶冲）	291.7	1.7	−0.18	−0.17

注 1. 疏浚工程后变化＝疏浚整治后地形计算的最低通航水位－现状地形计算的最低通航水位。
2. 规划水平年变化＝规划水平年（2030 年）地形计算的最低通航水位－现状地形计算的最低通航水位。

肇庆段 2016 年开始正在实施由Ⅱ级至Ⅰ级航道的扩能工程。航道升级之后，航道尺度将由 3.5m×80m×550m（里程 37km）、4.0m×80m×550m（里程 134km）扩容至 4.1m×90m×650m（里程 12km）、4.5m×135m×670m（里程 159km），开挖边坡坡比为 1∶3（礁石段 1∶0.75），河道过水断面发生变化（主要受是河道下切、河道容积增加影响，航道开挖的影响较小），对河道水位会产生一定影响，并导致水位有所下降。

西江下游段 2009 年即已完成Ⅰ级航道整治工作，航道尺度为 6.0m×100m

×650m（里程 123km），开挖边坡坡比为 1∶4。西江磨刀门段 2015 年开始实施Ⅲ航道整治工程，航道尺度由之前的 3.5m×60m×480m（里程 44km）扩容至 4.0m×80m×500m（里程 48.4km），开挖边坡坡比为 1∶6。西江下游航道深度、宽度均有所增加，但由于河段深泓较深，比降较缓，过流面积较大，航道扩能对于最低通航水位几乎没有影响。同时，由于珠江口门区域又属于感潮河段，最低水位变化主要受外海潮位影响，进一步造成航道扩能对最低通航水位的影响十分有限。

航槽开挖疏浚后，河道继续冲淤演变，河床形态继续调整。通过水沙模型模拟冲淤演变至规划水平年（2030 年）的地形，并据此计算了最低通航水位，与现状地形通航水位相对比，冲淤演变前后最低通航水位变化不大，与航道工程实施前后的水位变化几乎一致（表 4.12）。西江下游段河道断面过流面积大，比降平缓，最低通航水位与下游潮位密切相关，与河道形态的调整变化关系不大，冲淤演变至 2030 年最低通航水位的影响值在 0.03m 以内，冲淤演变对航道通航的影响十分有限。

表 4.12　　西江黄金水道广东段最低通航水位变化

断面名称	里程 /km	间距 /km	疏浚工程后水位变化/m	规划水平年水位变化/m
界首	0		−0.18	−0.18
封开	12.00	12.00	−0.17	−0.17
郁南	39.36	27.36	−0.27	−0.25
德庆	73.44	34.08	−0.28	−0.27
云安	95.86	22.42	−0.28	−0.27
石龙塘	107.26	11.40	−0.05	−0.04
高要	172.90	65.64	0	0
马口	221.10	48.20	0	0
天河	281.40	60.30	0	0
灯笼山	352.10	70.70	0	0

注　疏浚工程后变化＝疏浚整治后地形计算的最低通航水位－现状地形计算的最低通航水位；规划水平年变化＝规划水平年（2030 年）地形计算的最低通航水位－现状地形计算的最低通航水位。

综合上述分析可知，西江黄金水道广东段因航道扩能引起的通航水位变化主要表现在上游肇庆段。航道疏浚后的冲淤演变对最低通航水位的影响较小。

4.5　本章小结

本章内容结合西江黄金水道各航段的具体航道整治措施以及水力特性，采用一维水沙数学模型计算等技术手段和方法，在清水下泄影响的条件下叠加航道整治影响，分析了航道整治对于沿江防洪工程的影响，主要得到了以下结论：

（1）西江黄金水道升级成Ⅰ级航道清礁疏浚整治，河道过流面积增加，流速降低，挟沙力减少，冲刷部位冲刷厚度稍有减弱，淤积部位淤积厚度稍有增加，对西江泥沙输移、冲淤变化和河势稳定有一定影响。

（2）根据2030年河床演变预测成果分析，南宁桂平河段整治后河势变化仍然保持冲刷的态势，冲刷量有所减小；航道整治后河道过流面积增加，深槽宽度增加，流速减小，水流挟沙能力减弱，泥沙部分落淤，从而局部位置淤积略有增加、冲刷减弱，但河段整体冲淤特性基本与整治前一致，平均冲刷厚度为0.75m；中游梧州—高要段淤冲淤态势与整治前相同，略有淤积，淤积厚度为0.89m；高要—马口段在整治后冲刷幅度从0.25m减弱为0.13m，冲刷和淤积交替出现，但冲淤的幅度都有减弱；马口—天河段整治后河段仍然表现为淤积状态，但淤积厚度从0.12m增加到0.16m；天河—灯笼山段整治后河段表现为略有淤积的状态，淤积厚度0.1m。

（3）从西江黄金航道布置方案与航道整治对典型河段河势影响分析成果来看，西江黄金水道航槽布置基本沿着河道深泓布置，对水力条件影响总体不大。局部河段受转弯半径不够、宽度不够等因素影响，航槽布置引起局部水位、水流动力轴线以及河道贴岸流速的变化，特别是弯曲河段，易加剧深槽迫岸、坐弯顶冲。贴岸流速增加、深槽迫岸、坐弯顶冲，易造成淘刷侵蚀护坡，形成崩岸坍塌，对沿岸防洪工程造成不利影响。

（4）根据黄金水道航道整治后不同频率设计洪水水面线计算成果，整体来看，航道整治对设计频率洪水水位影响有限，部分河段过流面积增加，行洪能力增大，洪水位略有下降。南宁—桂平段洪水位影响较大的在上游南宁河段，航道整治后洪水位下降幅度在0.1m以内；桂平—梧州段整治工程后洪水位几乎没有变化，航道整治对中游河道的行洪能力影响不大；梧州—灯笼山段工程后洪水位有所下降，下降幅度在0.1m以内，主要在梧州—马口段下降较为明显，其中梧州—高要河段局部位置水位受短丁坝等整治工程影响略有壅高（0.04m）；马口以下至灯笼山段过流面积加大，水位受下游影响较大，受航道整治的影响不大。

（5）根据航道整治工程实施后且河床演变至2030年最低通航水位计算成果，整体来看，航道整治工程实施后最低运行水位稍有下降，但下降幅度有限。其中，南宁—贵港段最大下降0.15m，贵港—梧州段最大下降0.24m，梧州—灯笼山段最大下降0.27m。航道整治后且河床演变至2030年的最低通航水位相比整治后通航道水位有所抬升，但变化较小，增幅为0～0.02m。

第5章

船行波对沿江防洪工程影响分析

西江黄金水道内，高速客船、海警船以及高速货船航行时形成的船行波波高较大，船行波传播至近岸防洪工程处，虽然有所消减，但是携带的能量依旧较强。经现场实地考察，西江干流佛山九江险段堤岸和丁坝均出现了不同程度的船行波破坏情况（图5.1）。现状条件下，航道内船行波是西江干流险段的堤岸和丁坝受损的主要动力之一。与常规海浪相比，船行波通常具有周期大、波长大、能量大等特点。假设波高相同，船行波的周期约为常规海浪的2.5倍，波长约为常规海浪的4倍，波能也约为常规海浪的4倍，换言之，船行波的破坏作用是具有相同波高的常规海浪的4倍。船行波对堤岸的破坏主要表现为岸坡变陡、河床组成粗化、船行波侵蚀带内植被无法生长等特点。船行波对丁坝的主要破坏影响表现为丁坝头部冲刷加剧、丁坝坝体失稳、丁坝根部稳定性降低、河床组成粗化等。

图5.1　西江佛山九江险段的丁坝损毁情况

船行波对防洪工程的影响主要体现在船行波对岸坡的正面冲击、船行波运动时水体的高速向前和向后交替流动对岸坡的侵蚀、船行波引起岸坡前沿水位的交替快速下降和升高等三个方面。本章重点研究船行波特性，分别从波浪、水沙等方面探究其对河势和防洪工程安全的具体作用机制，并从流固耦合的维度进一步深入分析船行波对西江黄金水道岸坡稳定的影响。

5.1 船行波对堤岸及丁坝受损机理研究

5.1.1 船行波特性研究

5.1.1.1 船行波原型观测

近些年来，珠江三角洲（简称珠三角）地区经济、旅游业发展迅速，带动了客运船舶的快速发展。新引进快速双体船，由于马力大、航速高、船体宽大，更具舒适、安全、快捷的优越性，成为珠三角及粤港澳地区的水上重要交通工具。快速双体船航行时航速快，珠三角内河航道内航行的快速双体船的航速普遍在 40km/h 以上，其产生的波浪高，对堤岸的冲刷力强，对堤岸破坏作用明显，所以快速双体船产生的船行波对珠三角地区的防洪堤岸有重要的影响。

船舶在河流中航行，由于船体附近的水体受到行驶中的船体的排挤，过水断面发生变化，引起流速的变化而形成波浪，这种波浪称为船行波。为分析船行波的波浪特性，并进一步分析船行波对堤防和岸坡稳定的影响，2016 年 12 月（枯水期）珠江水利科学研究院在永安围到马鞍岛北侧的横门水道进行了为期一周的船行波观测试验，对经过横门水道的快速双体船（飞翼船）、货船和其他船舶航行所产生的船行波进行了现场观测。横门水道船舶众多，飞翼船班次约 30 分钟一趟，是理想的飞翼船导致的船行波观测地点，也是与黄金水道实施后的船舶航行条件和航行参数比较类似的航道。

随后于 2017 年 6 月（洪水期）在位于广东佛山市西江干流的九江大桥上下游进行了高速双体客船（飞翼船）和其他船舶的船行波测量。西江九江段为广东境内的著名险段，是理想的研究船行波对险段防洪工程影响的地点，也是黄金水道实施前的现状航道内船行波观测的理想地点。

测量波高使用加拿大 LinkOcean 公司生产的 RBRsoloD 水深压力传感器（可通过压力换算成水深的变化计算波面过程线，采样频率 4Hz，即每秒采集 4 次数据）。

两次测量均布设 1 个断面，每个断面设 2 个测点，布置见图 5.2 和图 5.3。

5.1.1.2 船行波的生成和衰减

飞翼船的船行波波浪过程线如图 5.4 所示，可以看出船行波的波面成长和

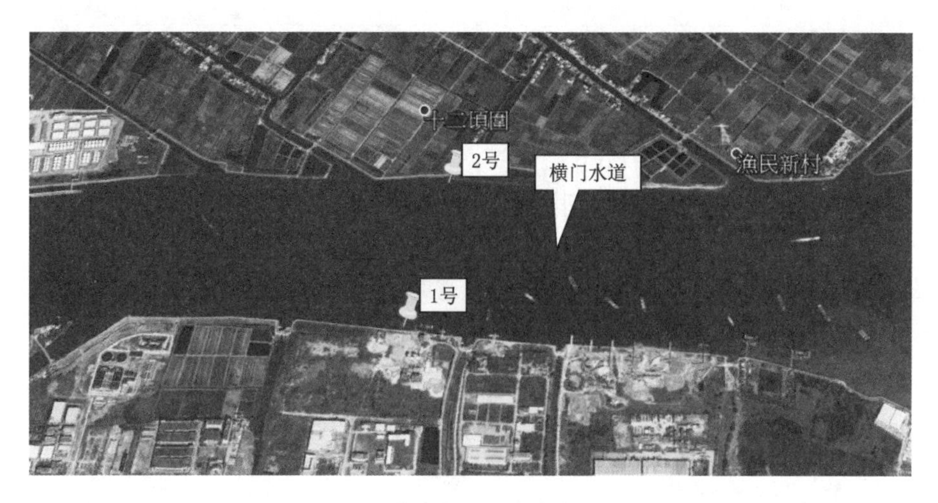

图 5.2　横门水道压力传感器位置

图 5.3　西江干流九江大桥附近压力传感器位置

衰减过程明显的区分为两部分，先是生成长周期的波浪，周期大多为 5～7s，波高大多为 0.2～0.4m，然后波浪衰减，再逐步生成一段短周期的波浪，再逐渐衰减。短周期波浪的周期大多为 2～3s，波高一般比长周期波小，船行波的生成和衰减过程一般持续 150s 左右。

当航道底部地形无明显变化时，船行波从产生到向岸边传播的过程中，其波高逐渐衰减。船模试验表明，波高的衰减仅与传播距离有关，基本上呈指数曲线规律变化。

5.1.1.3　船行波特征要素

（1）1 号、2 号测点的船行波要素。各测点的船行波最大波高（H_{max}）、有效波高（H_s）、平均波高（H_m）、最大波周期（T_{max}）、有效波周期（T_s）、平均

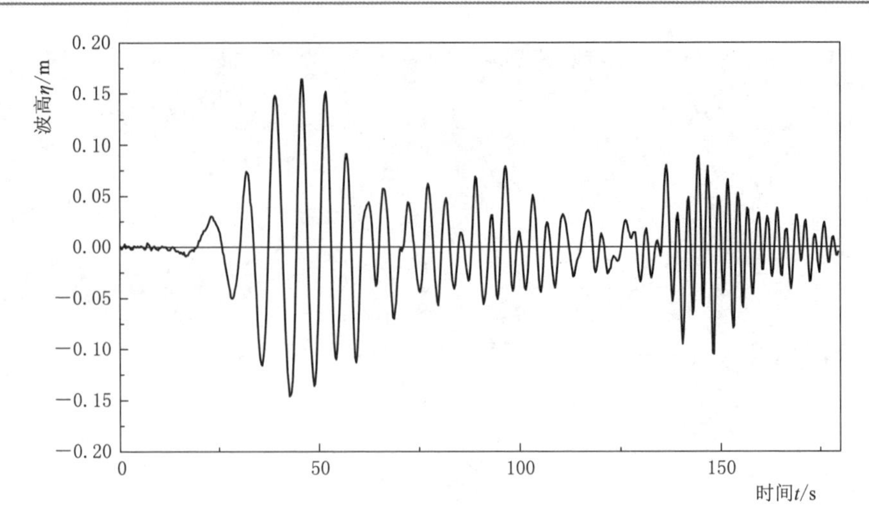

图 5.4 飞翼船的船行波波浪过程线（1 号测点、时间起点为 2016 - 12 - 01 13：26）

波周期（T_m）、主频（f_{max1}）、次频（f_{max2}）等参数统计结果见表 5.1 和表 5.2。

对比左右岸的最大波高发现，1 号～5 号和 10 号飞翼船左岸最大波高大于右岸，6 号～9 号和 11 号飞翼船右岸最大波高大于左岸。除了 2 号飞翼船，右岸的有效波高和平均波高均大于左岸。这种现象的发生可能与左右堤岸的地形有关，比较左右岸坡度可以发现，左岸坡度小于右岸坡度。

1 号、2 号测点，飞翼船船行波的最大周期为 9～19s，大部分为 10～12s，有效周期为 3.57～7.2s，平均周期为 3.3～5.25s。

表 5.1　　1 号测点波浪参数统计结果

船只序号	H_{max} /m	H_s /m	H_m /m	T_{max} /s	T_s /s	T_m /s	f_{max1} /Hz	f_{max2} /Hz
1	0.233	0.206	0.129	11.250	6.125	4.767	0.169	0.397
2	0.256	0.190	0.114	9.000	5.750	3.868	0.171	0.390
3	0.252	0.207	0.129	12.000	4.250	4.417	0.153	0.389
4	0.312	0.275	0.169	11.000	5.900	5.114	0.157	0.386
5	0.321	0.277	0.175	11.000	5.750	5.250	0.166	0.376
6	0.284	0.166	0.097	10.750	7.200	3.948	0.166	0.399
7	0.301	0.148	0.088	9.500	4.950	3.300	0.165	0.406
8	0.272	0.200	0.104	10.750	3.571	3.699	0.159	0.392
9	0.322	0.202	0.113	12.500	6.200	4.836	0.157	0.401
10	0.310	0.208	0.116	12.000	6.400	4.606	0.142	0.378
11	0.344	0.224	0.119	12.750	5.208	4.738	0.143	0.387

表 5.2　　2 号测点波浪参数统计结果

船只序号	H_{max} /m	H_s /m	H_m /m	T_{max} /s	T_s /s	T_m /s	f_{max1} /Hz	f_{max2} /Hz
1	0.419	0.204	0.107	14.000	5.667	3.920	0.166	0.390
2	0.335	0.194	0.107	10.250	5.917	3.883	0.160	0.395
3	0.312	0.188	0.104	10.500	4.813	4.200	0.152	0.388
4	0.394	0.199	0.117	19.000	5.417	4.163	0.159	0.389
5	0.450	0.229	0.132	9.750	6.625	4.095	0.155	0.376
6	0.187	0.122	0.074	13.000	5.250	4.774	0.168	0.389
7	0.296	0.143	0.078	12.250	5.375	4.050	0.166	0.397
8	0.229	0.144	0.089	11.750	5.400	4.026	0.160	0.366
9	0.291	0.139	0.078	11.250	5.321	3.778	0.164	0.374
10	0.326	0.159	0.088	11.250	6.167	4.048	0.148	0.364
11	0.328	0.183	0.105	12.250	4.900	4.041	0.146	0.376

(2) 3 号、4 号测点的船行波要素。3 号、4 号测点的船行波最大波高(H_{max})、有效波高(H_s)、平均波高(H_m)、最大波周期(T_{max})、有效波周期(T_s)、平均波周期(T_m)、主频(f_{max1})、次频(f_{max2})等参数统计结果见表 5.3 和表 5.4。

表 5.3　　17 号船 3 号、4 号测点波浪参数统计结果

船只序号	H_{max} /m	H_s /m	H_m /m	T_{max} /s	T_s /s	T_m /s	f_{max1} /Hz	f_{max2} /Hz
17(3 号)	0.357	0.234	0.132	10.500	5.042	3.782	0.145	0.389
17(4 号)	0.686	0.421	0.224	12.250	6.125	4.484	0.152	0.338

表 5.4　　18 号船 3 号、4 号测点波浪参数统计结果

船只序号	H_{max} /m	H_s /m	H_m /m	T_{max} /s	T_s /s	T_m /s	f_{max1} /Hz	f_{max2} /Hz
18(3 号)	0.232	0.175	0.106	14.000	5.792	4.641	0.155	0.369
18(4 号)	0.323	0.165	0.079	11.250	4.906	3.500	0.147	0.367

对比各测点的最大波高可以发现，3 号测点的最大波高为 0.357m，而 4 号测点的最大波高达到 0.686m，这可能与 4 号测点地形有关或者是航道内来往船只在此处的波高进行了叠加。

3 号、4 号测点，飞翼船船行波的最大周期为 10.5～14s，有效周期为 4.91～

6.13s，平均周期为 3.50～4.64s。

5.1.1.4 影响船行波波高的主要因素

（1）航行速度和水深。当航速较小时，船行波的波高随速度的增加而增加，当弗劳德数$\left[Fr=\dfrac{V}{\sqrt{gD}}\right.$，$V$ 为航速（m/s），g 为重力加速度（m/s^2），D 为航道水深（m）$\left.\right]$大于临界弗劳德数，即当 $Fr>1$ 时，波高达到最大。当航速进一步增加，波高值反而降低，最大波高一般出现在 $Fr>1$ 的跨临界流速状态。本次测量的飞翼船弗劳德数均大于 1，1 号、2 号测点的最大波高和有效波高与航速的关系如图 5.5 所示，可以看出，当弗劳德数大于 1 时，快速双体客船的航速大于 15.47m/s 时，船行波的波高开始减小。

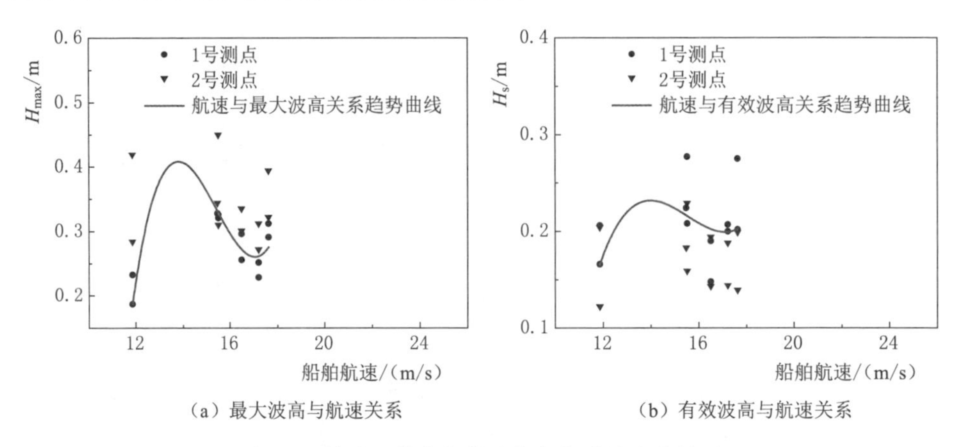

（a）最大波高与航速关系　　（b）有效波高与航速关系

图 5.5　快速双体客船航速与船行波波高的关系

（2）堤岸坡度。当船行波传播至直立式护岸或半直立式护岸时，船行波将产生反射，从而导致直墙前的波高值较入射前的波高明显增大。所以，一般情况下堤岸的坡度越陡，船行波的反射系数越大，产生的波高越高。

除了以上两点因素外，影响船行波波高的还有地形糙率、船舶吃水、航道水深以及航道断面系数。

5.1.1.5 船行波能量谱

为了分析船行波的频谱特性，根据实测船行波波高计算船行波的能量谱，各测点的能量谱见图 5.6～图 5.10，从图中可以看出快速双体船的能量谱呈现明显的双峰谱特征，即快速双体船的船行波产生的能量主要是一列长波和一列短波组成，长波对应的主频为 0.142～0.171Hz，对应的波浪周期为 5.85～7.04s，快速双体船产生的船行波的能量主要集中在这个周期范围的波浪。短波对应的次频为 0.364～0.406Hz，对应的波浪周期为 2.46～2.75s。次频的频率约是主频的 2.26～2.71 倍。

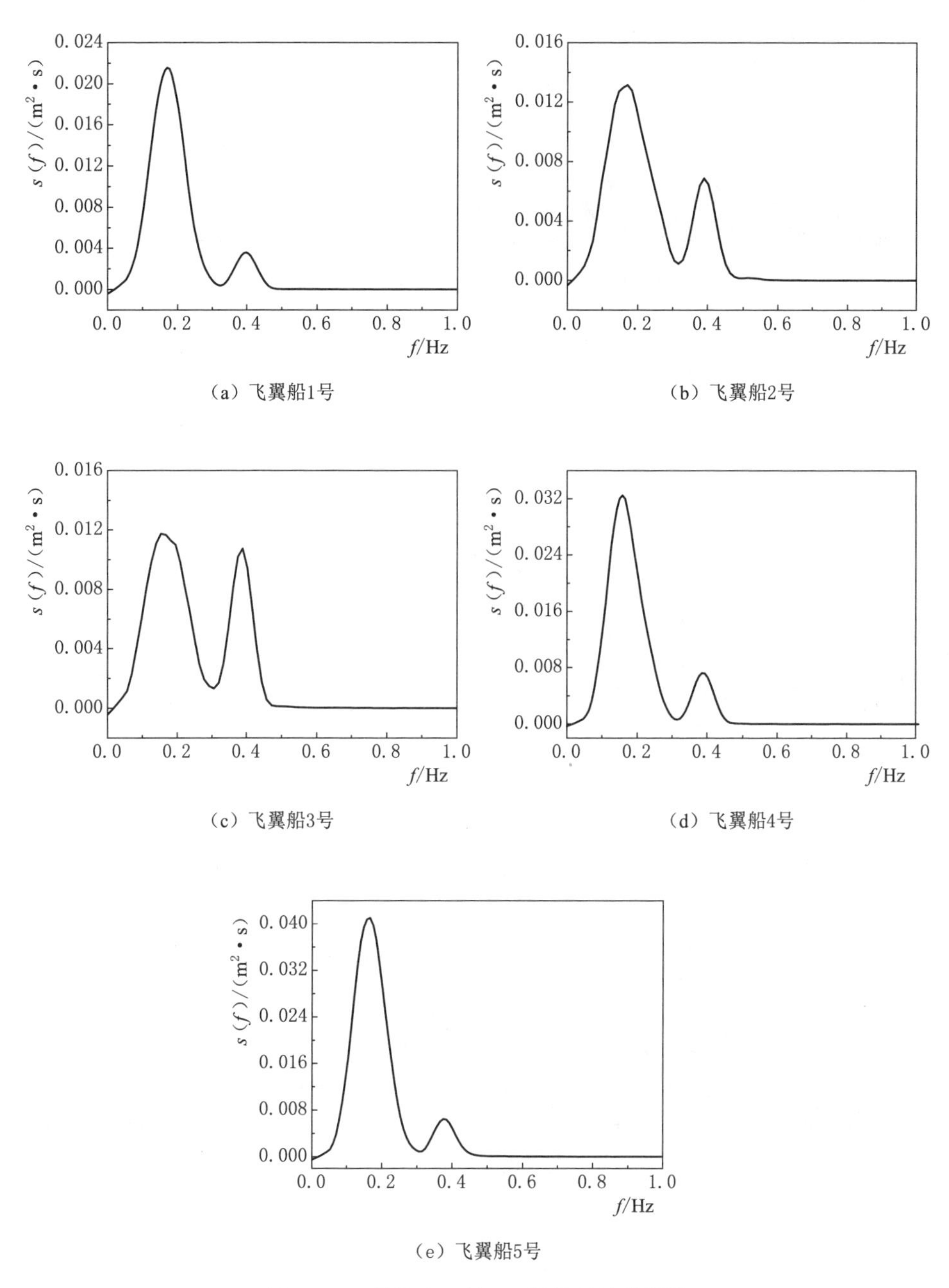

图 5.6　1 号测点 1 号～5 号船行波能量谱

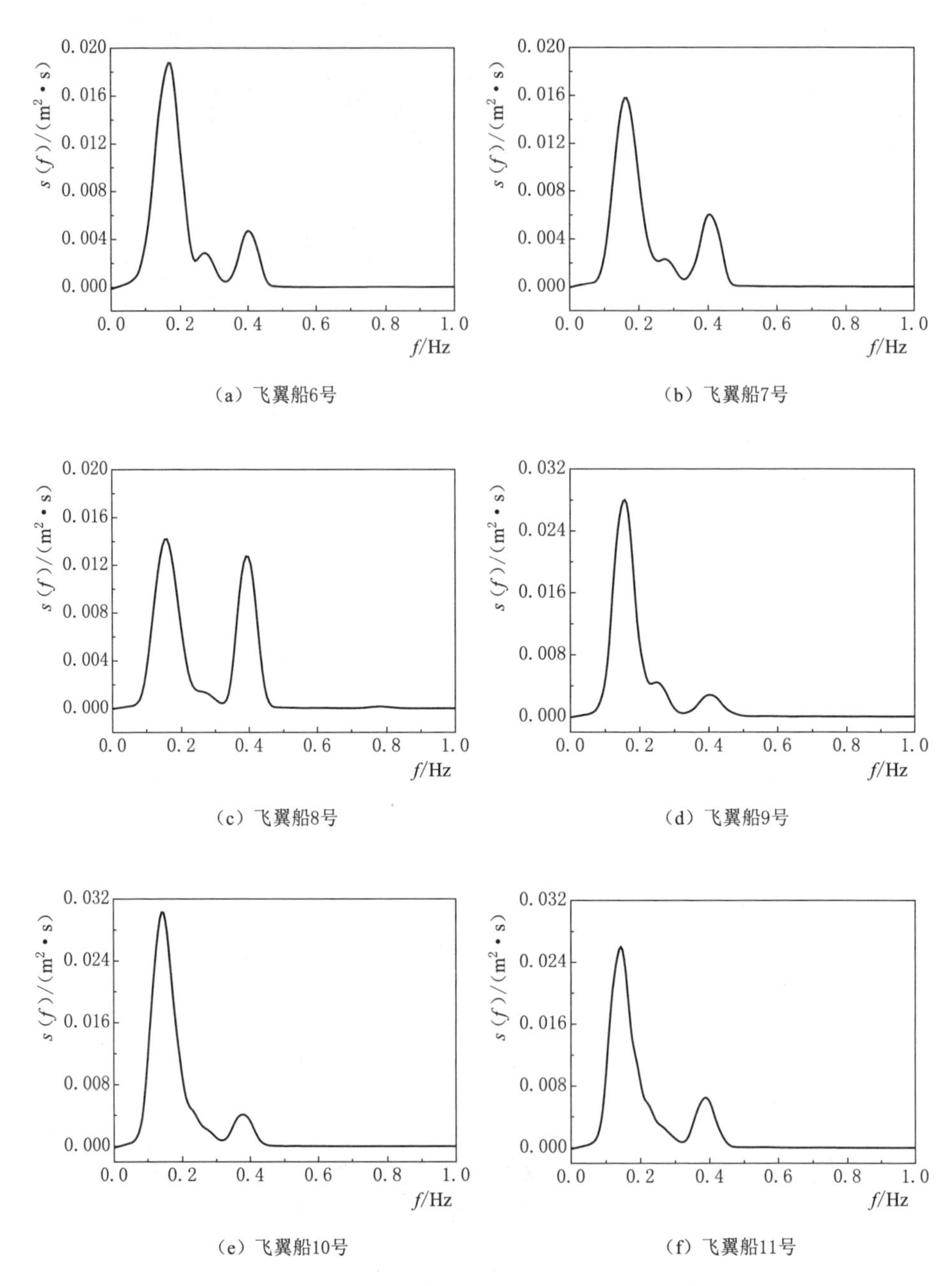

(a) 飞翼船6号

(b) 飞翼船7号

(c) 飞翼船8号

(d) 飞翼船9号

(e) 飞翼船10号

(f) 飞翼船11号

图 5.7 1 号测点 6 号～11 号船行波能量谱

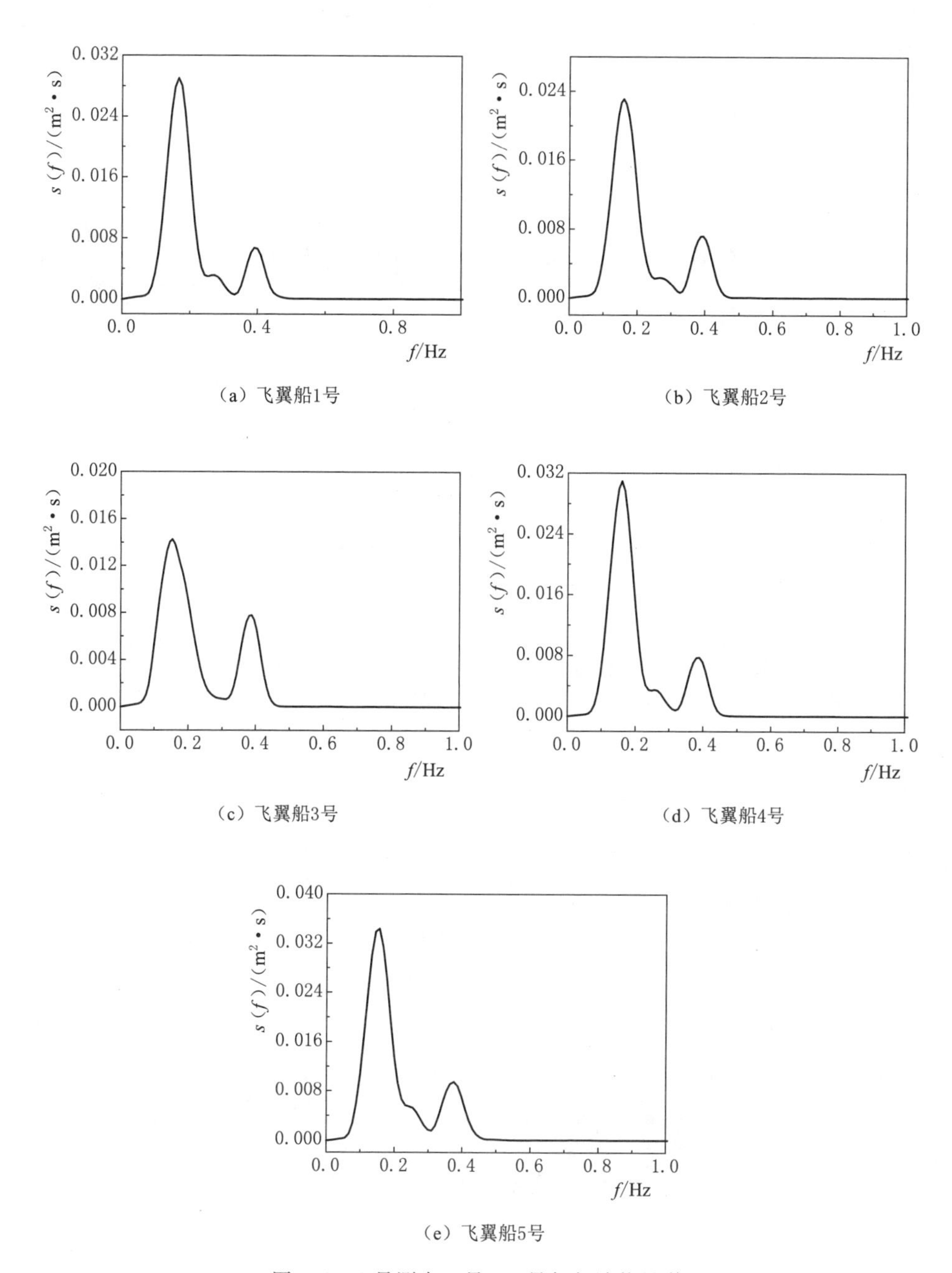

图 5.8　2 号测点 1 号～5 号船行波能量谱

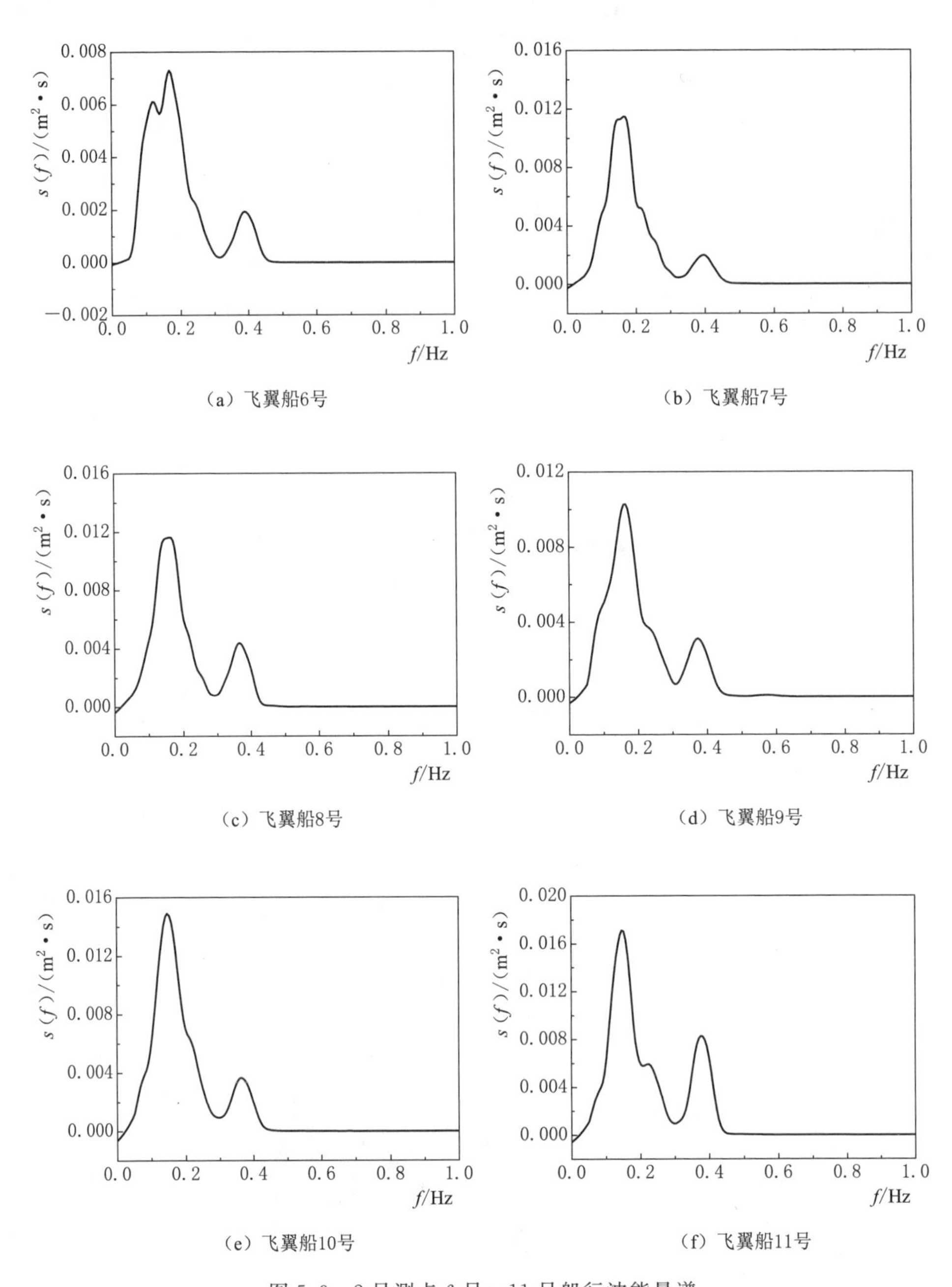

(a) 飞翼船6号

(b) 飞翼船7号

(c) 飞翼船8号

(d) 飞翼船9号

(e) 飞翼船10号

(f) 飞翼船11号

图 5.9 2 号测点 6 号～11 号船行波能量谱

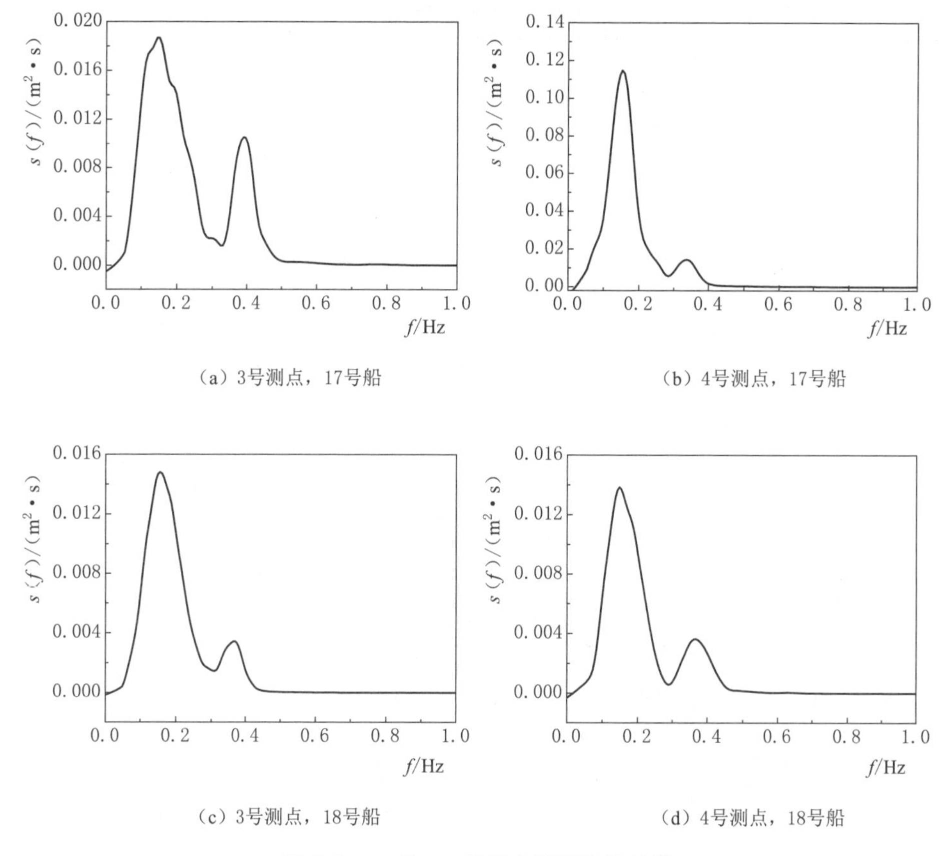

（a）3号测点，17号船

（b）4号测点，17号船

（c）3号测点，18号船

（d）4号测点，18号船

图 5.10　3 号、4 号测点船行波能量谱

5.1.1.6　船行波相对于常规海浪的差异和特殊性

我国海域近海波浪的波高和周期存在相对稳定的关系。根据广东阳江海域2008—2009 年的波浪实测资料，该海域波浪的波高和周期有如下关系：

$$T_s = 5.4970 H_s^{0.545} \tag{5.1}$$

船行波的周期明显大于具有同样波高的海浪的周期，见表 5.5～表 5.8。表中 6 个测点处的 T_{max}实测值约是按照式（5.1）计算值的 4 倍左右，T_s实测值约是按照式（5.1）计算值的 2.5 倍左右，T_m 实测值约是按照式（5.1）计算值的 2.6 倍左右，可见船行波的周期比常规海浪长。

假定波长与周期仍旧满足线性弥散关系，即

$$\lambda = \frac{gT^2}{2\pi} = 1.562 T^2 \tag{5.2}$$

由此造成船行波的波长比海浪波长至少长 4 倍左右。

表 5.5　　1 号测点波浪参数统计结果

波参数	H_{max} /m	H_s /m	H_m /m	T_{max} /s	T_s /s	T_m /s	T_{max}计算值 /s	T_s 计算值 /s	T_m 计算值 /s
1	0.23	0.21	0.13	11.25	6.13	4.77	2.49	2.32	1.80
2	0.26	0.19	0.11	9.00	5.75	3.87	2.62	2.22	1.68
3	0.25	0.21	0.13	12.00	4.25	4.42	2.59	2.33	1.80
4	0.31	0.27	0.17	11.00	5.90	5.11	2.91	2.72	2.09
5	0.32	0.28	0.18	11.00	5.75	5.25	2.96	2.73	2.13
6	0.284	0.166	0.097	10.750	7.200	3.948	2.77	2.07	1.54
7	0.301	0.148	0.088	9.500	4.950	3.300	2.86	1.94	1.46
8	0.272	0.200	0.104	10.750	3.571	3.699	2.70	2.29	1.60
9	0.322	0.202	0.113	12.500	6.200	4.836	2.96	2.30	1.68
10	0.310	0.208	0.116	12.000	6.400	4.606	2.90	2.34	1.70
11	0.344	0.224	0.119	12.750	5.208	4.738	3.07	2.43	1.72

表 5.6　　2 号测点波浪参数统计结果

波参数	H_{max} /m	H_s /m	H_m /m	T_{max} /s	T_s /s	T_m /s	T_{max}计算值 /s	T_s 计算值 /s	T_m 计算值 /s
1	0.419	0.204	0.107	14.000	5.667	3.920	3.42	2.31	1.63
2	0.335	0.194	0.107	10.250	5.917	3.883	3.03	2.25	1.63
3	0.312	0.188	0.104	10.500	4.813	4.200	2.91	2.21	1.60
4	0.394	0.199	0.117	19.000	5.417	4.163	3.31	2.28	1.71
5	0.450	0.229	0.132	9.750	6.625	4.095	3.56	2.46	1.82
6	0.187	0.122	0.074	13.000	5.250	4.774	2.20	1.75	1.33
7	0.296	0.143	0.078	12.250	5.375	4.050	2.83	1.90	1.37
8	0.229	0.144	0.089	11.750	5.400	4.026	2.46	1.91	1.47
9	0.291	0.139	0.078	11.250	5.321	3.778	2.81	1.88	1.37
10	0.326	0.159	0.088	11.250	6.167	4.048	2.98	2.02	1.46
11	0.328	0.183	0.105	12.250	4.900	4.041	2.99	2.18	1.61

表 5.7　　3 号测点波浪参数统计结果

波参数	H_{max} /m	H_s /m	H_m /m	T_{max} /s	T_s /s	T_m /s	T_{max}计算值 /s	T_s 计算值 /s	T_m 计算值 /s
17（3 号测点）	0.357	0.234	0.132	10.500	5.042	3.782	3.14	2.49	1.82
17（4 号测点）	0.686	0.421	0.224	12.250	6.125	4.484	4.48	3.43	2.43

表 5.8　　4号测点波浪参数统计结果

波参数	H_{max} /m	H_s /m	H_m /m	T_{max} /s	T_s /s	T_m /s	T_{max}计算值 /s	T_s 计算值 /s	T_m 计算值 /s
18（3号测点）	0.232	0.175	0.106	14.000	5.792	4.641	2.48	2.13	1.62
18（4号测点）	0.323	0.165	0.079	11.250	4.906	3.500	2.97	2.06	1.38

5.1.2　船行波数学模型

5.1.2.1　基本方程及其定解条件

船行波的数值模拟采用三维仿真软件 FLUENT 进行。FLUENT 是通用 CFD 软件包，可用来模拟从不可压缩到高度可压缩范围内的复杂流动，具有适用面广、高效省时、稳定性高、精度良好等优点。FLUENT 具有丰富的物理模型、先进的数值方法和强大的前后处理功能，该软件在航空航天、汽车设计、石油天然气、涡轮机设计和船舶仿真等方面都有着广泛的应用。FLUENT 三维仿真模拟软件采用 VOF 模型追踪模拟区域自由水面变化，可准确模拟船舶运动所引起的近场水流及水体变形过程，船舶引起的水体变形即船行波。模型控制方程包括水流控制方程和自由面运动控制方程。

1. 水流运动控制方程

（1）连续方程：

$$\frac{\partial \rho}{\partial t}+\frac{\partial \rho u_i}{\partial x_i}=0 \tag{5.3}$$

（2）雷诺平均 N-S 方程：

$$\frac{\partial \rho u_i}{\partial t}+\frac{\partial \rho u_i u_j}{\partial x_j}=-\frac{\partial p}{\partial x_i}+\frac{\partial}{\partial x_j}\mu\left(\frac{\partial u_i}{\partial x_j}+\frac{\partial u_j}{\partial x_i}\right)+\rho g_i \tag{5.4}$$

（3）湍流动能 k 方程：

$$\frac{\partial \rho k}{\partial t}+\frac{\partial \rho k u_j}{\partial x_j}=\frac{\partial}{\partial x_j}\left(\frac{\nu_t}{\sigma_k}\frac{\partial k}{\partial x_i}+\nu\frac{\partial k}{\partial x_j}\right)+P_k-\rho\varepsilon \tag{5.5}$$

（4）湍流动能 ε 方程：

$$\frac{\partial \rho\varepsilon}{\partial t}+\frac{\partial \rho\varepsilon u_j}{\partial x_j}=\frac{\partial}{\partial x_j}\left(\frac{\nu_t}{\sigma_k}\frac{\partial \varepsilon}{\partial x_i}+\nu\frac{\partial \varepsilon}{\partial x_j}\right)+c_1\frac{\varepsilon}{k}P_k-c_2\rho\frac{\varepsilon^2}{k} \tag{5.6}$$

式中：u_i、u_j 表示略去平均符号的雷诺平均速度分量；ρ 为水的密度；p 为压强；g_i 为重力在 i 方向的分力；c_1、c_2 为常量；k、ε 为方程的湍流普朗特数。

2. 自由面运动控制方程

三维仿真模拟采用 VOF 模型追踪水流和气流间的界面运动，水流流动为主流态，气流流动为辅流态。VOF模型引入体积函数来描述水气界面，水体和气体的总体积函数为1，水体体积函数为α_f，气体的体积函数为$1-\alpha_f$。若某网格的$\alpha_f=0$表示该网格单元体内无水体，$\alpha_f=1$表示该网格单元体内无气体；$0<\alpha_f<1$表示该网格单元体内存在水气界面。体积函数的输移扩散控制方程为

$$\frac{\partial \alpha_f}{\partial t}+u_i\frac{\partial \alpha_f}{\partial x_i}=0 \tag{5.7}$$

3. 模型的数值求解方法

本书建立的模型采用有限体积法离散控制方程，采用SIMPLEC算法求解离散后的方程；VOF模型采用分段线性法（PLIC-VOF）追踪水气界面，假定某控制单元内水气界面存在一坡度，模型采用线性拟合的方法模拟该坡度，并用该线性坡度来计算流经控制体表面的扩散通量。

在三维模型的离散过程中，时间上采用显式差分格式，空间上采用直角三维网格剖分计算域，将标量布置在六面体网格的中心点上，将流速（U、V、W）布置在六面体边界面中心处。三维网格可分块设置，重要区域网格尺寸需足够小，其他区域网格尺寸可稍大。

4. 边界条件

（1）入流边界条件。入流边界条件为模型范围上游入口断面的水流条件，可给定平均流速，并保证入口断面流量为上游入流流量；还可以单独或同时给定入流边界处的水面高程条件。

（2）水体自由面边界条件。自由面边界条件指水气界面边界条件，自由表面上的动力学边界条件可取为：$p=p_a$（p_a为大气压力），在自由表面上所有速度分量沿法向的梯度为0。

（3）出流边界条件。出流边界条件为模型范围下游出口断面的水流条件，一般采用连续边界条件即可，也可同时或单独给定出流边界处水面高程条件。

（4）壁面边界条件。河道两侧边界及船面为固壁边界，壁面边界条件采用壁函数求解近壁流速及湍动参数，在壁边界上流体法向速度为0。

（5）船体表面边界条件。船体表面为固壁边界。壁面边界条件采用壁函数求解近壁流速及湍动参数，在壁边界上流体法向速度为0。

5. 初始条件

初始时刻计算区域内压强取静水压强，初始速度为0，水面为静水平面。对于船体，初始位置采用吃水深度控制，初始水位条件按上下游的水面高程独立给定。

5.1.2.2 波浪模型数值计算方法

船体的模拟采用三维曲面体来代替，目前在西江航行的高速客船主要有6种船型，按照长度由大至小分别是“海威”“海亮”“东二号”“九洲”“海钰”

"海天"。船型最长为40m，最宽为12.9m，最深为3.8m，具体情况见表5.9。在模拟过程中发现，船型长和宽对船行波影响不大，型深对船行波影响较大，故本书主要采用"海亮"号的外形轮廓作为船行波的兴波体。该兴波体长39.9m，宽11.5m，深3.8m，船体在宽度范围内布置两个浮体，每个浮体的宽度为4.675m，间距为1.85m，单个浮体外型轮廓见图5.11～图5.13。

表5.9　　高速客船代表船型的尺寸

船　名	海威	海亮	东二号	九洲	海钰	海天
总长（x）/m	40	39.9	35	34.05	33	31.5
型宽（y）/m	12.9	11.5	11.6	9.36	8.81	9.4
型深（z）/m	3.7	3.8	3.65	3.44	2.8	3.5
吃水（艏）/m	1.30	1.187	1.6	1.127	1.08	1.29
吃水（艉）/m	1.35	1.273	2.3	1.306	1.1	1.303

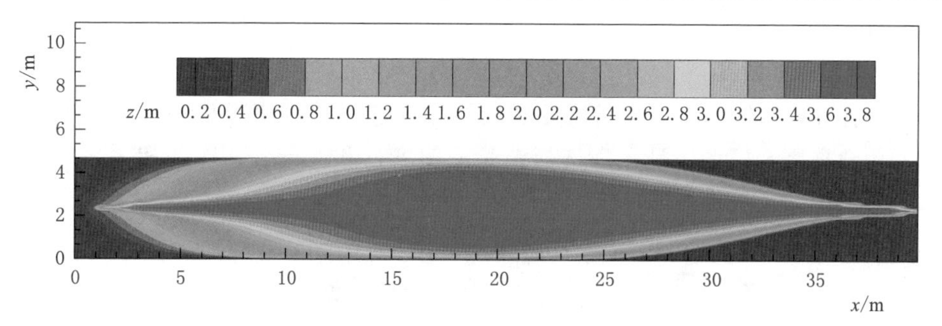

图5.11　"海亮"高速客船的单体型深分布（俯视图）

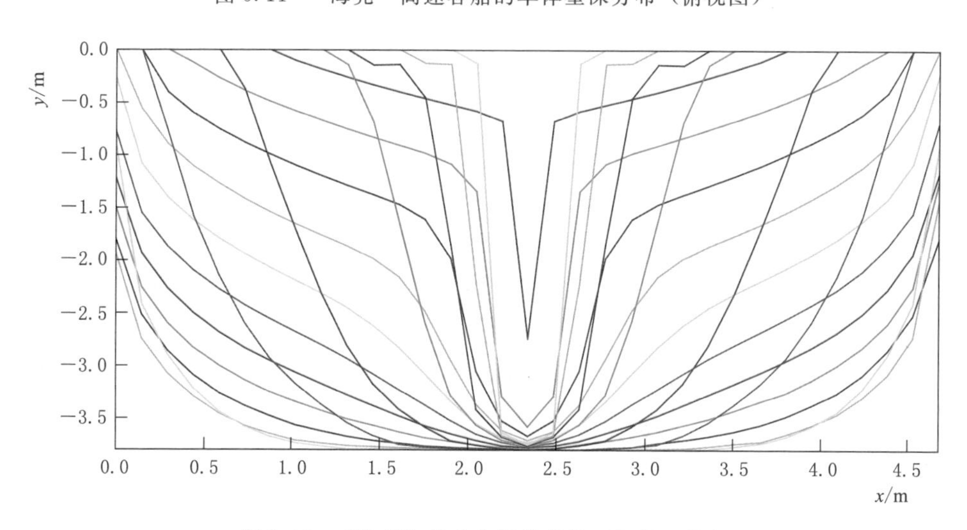

图5.12　"海亮"高速客船的单体型深断面分布

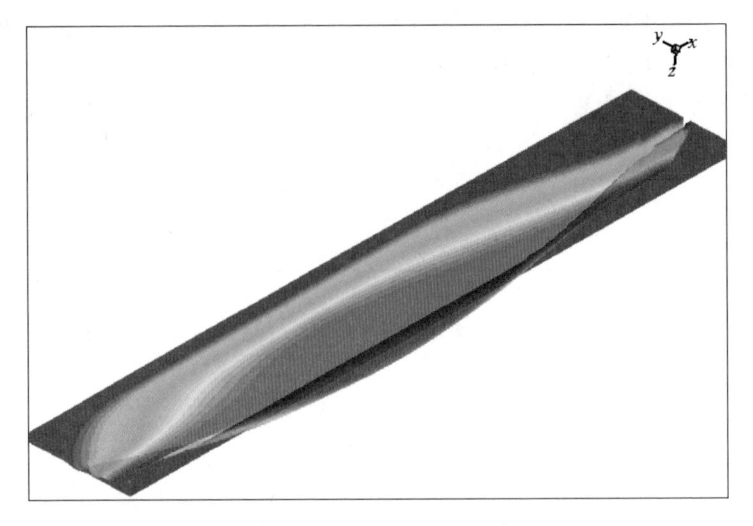

图 5.13 “海亮”高速客船的单体型深三维侧视图

5.1.2.3 模型精度

选择珠江水利科学研究院在中山客运港所在的横门水道下游段开展的船行波监测数据用于模型验证。现选择试验船舶下行和上行各一次的相关模拟计算结果对模型的精度进行验证。

监测段横门水道水域宽度约 720m，水深 6.55m 左右，在左右岸各布置有一个监测点，左岸水深浅，右岸水深大，监测断面地形见图 5.14。

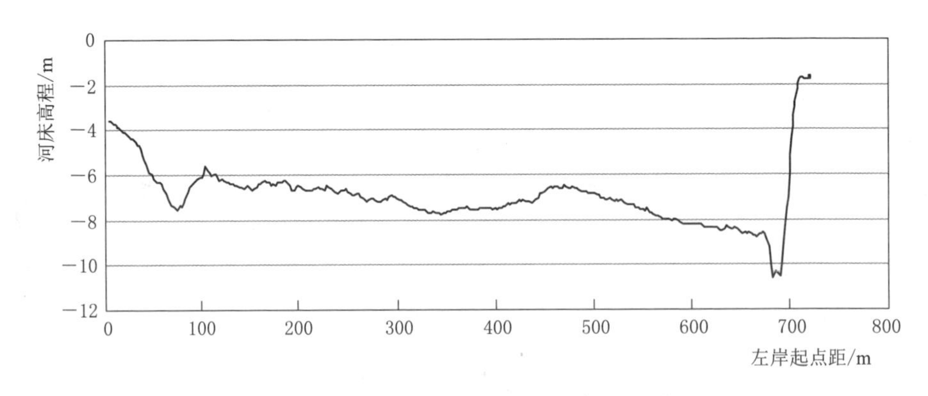

图 5.14 横门水道船行波监测断面地形

在高速客运船下行验证算例中，船舶行驶航线距离左岸 313m，距离右岸 407m，平均航速 11.86m/s。左岸、右岸的船行波监测结果与数值模拟结果比较详见图 5.15 和图 5.16。下行船行波平面分布见图 5.17。

在高速客运船上行验证算例中，船舶行驶航线距离左岸 409m，距离右岸

311m，平均航速 16.49m/s。左岸、右岸的船行波监测结果与数值模拟结果比较见图 5.18 和图 5.19。

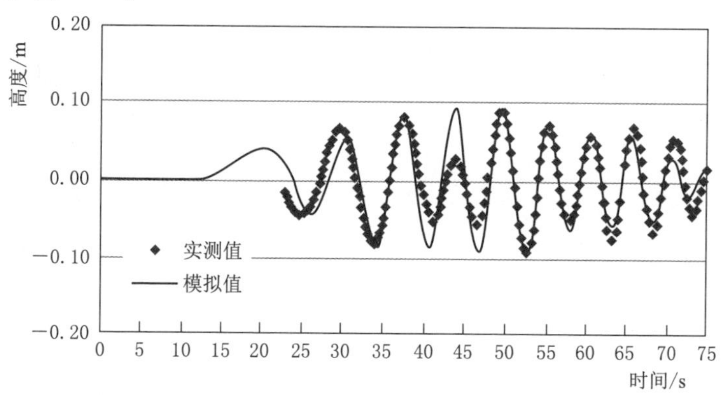

图 5.15　横门水道左岸下行船行波监测结果与数值模拟结果比较

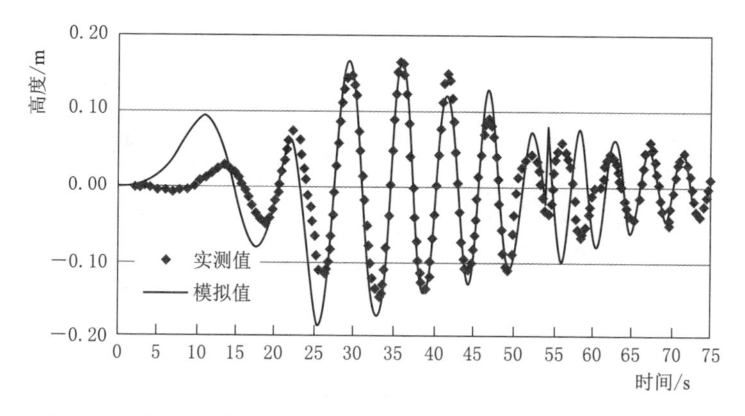

图 5.16　横门水道右岸下行船行波监测结果与数值模拟结果比较

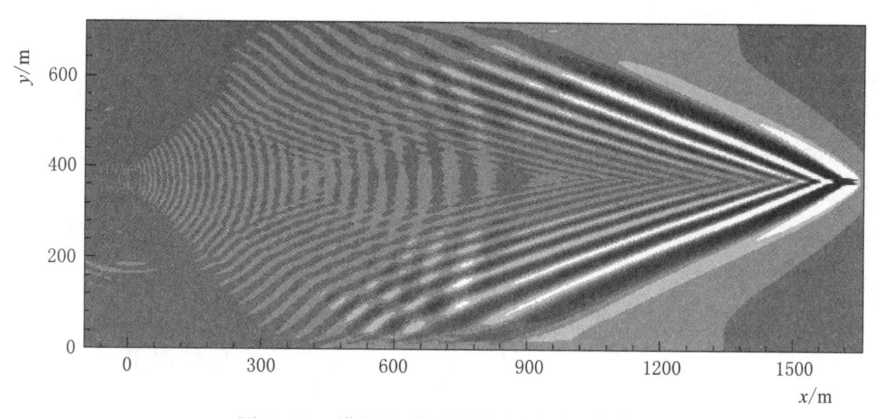

图 5.17　横门水道下行船行波平面分布

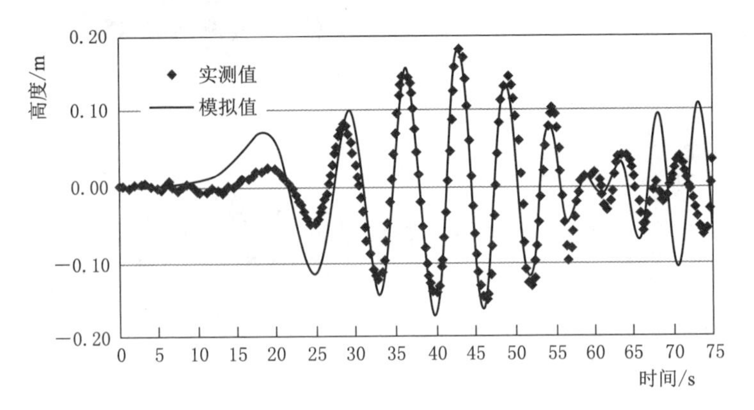

图 5.18 横门水道左岸上行船行波监测结果与数值模拟结果比较

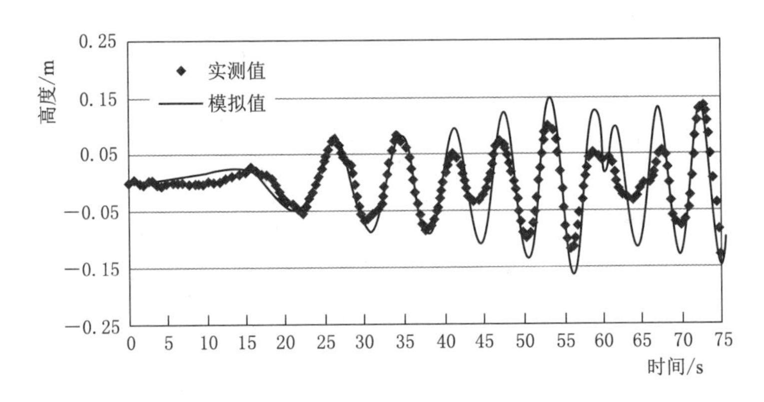

图 5.19 横门水道右岸上行船行波监测结果与数值模拟结果比较

综合下行和上行高速客运船的船行波比较，可知数学模型在船行波波高、相位两个方面的模拟结果均与监测结果拟合较好，表明模型可用于船行波模拟和研究。

5.1.3 船行波对西江险段堤岸及丁坝受损机制研究

当船行波冲向堤坡时，船行波爬上或退下堤坡时，水流都是直接冲刷堤坡面的，首先引起的是堤坡处水位的变化。波浪爬高时河水渗透土体，波浪退落时水位骤降，土体失去外水的压力，高水位时渗入土体的水又反向河内渗出，就会降低边坡稳定性，甚至出现崩塌。因此，水位的上下变化，会使岸坡的冲刷范围不断扩大，很难形成稳定的岸坡断面。

根据现场调查资料，堤坡护坡石的破坏，很多是先从垫层最弱点开始的，其破坏原因主要是船舶的碰撞、竹篙和铁锚的钩翻使护岸发生松动，再在船行波、地表水等作用下发生坍塌等。

对于混凝土预制块护岸，高速机动船舶在行驶时，会产生较大的船行波，船行波对护块进行冲刷，如果砌块之间有较大的缝隙，则在船行波及水流的不断掏刷下造成护岸的松动及破坏。

5.1.3.1 西江九江险段堤岸及丁坝受损现状介绍

西江堤岸险段均有水深、流急、岸陡等特点。为治理险段，当地水利部门往往采用丁坝这种阻水护岸结构。丁坝又称“挑流坝”，是与河岸正交或斜交伸入河道中的河道整治建筑物，此类坝体的末端与堤岸相接通常呈现“丁”字形，故而得名。丁坝是广泛使用的河道整治和维护建筑物，其主要功能为保护河岸不受来流直接冲蚀而产生掏刷破坏，同时在改善航道、维护河相、港口岸线以及水生态多样化保护方面也发挥着积极作用，在我国治河工程中被广泛应用。

西江九江段丁坝一般为抛石基础，面层为素混凝土，如图 5.20 所示。不考虑船行波的作用，由于西江河道泥沙层较厚，这种丁坝在水流作用下会出现较深的冲刷坑。若丁坝结构设计不合理，冲刷坑可能导致丁坝基础被掏空而损毁。

图 5.20 西江九江险段丁坝实景照片

船行波周期长，波长大，携带的波浪能量大且能量不易耗散，对堤岸的坡脚和丁坝的基础有较强的侵蚀作用。在西江九江镇险段的现场考察中发现船行波是险段堤岸和丁坝损毁破坏的主要动力之一，如图 5.21～图 5.23 所示。由图可以看出，堤防常水位以下植被无法生长，并导致堤岸土层暴露，暴露土层上出现诸多空洞；常水位以上部分植被茂盛，对堤岸稳定起到较好的保护作用；丁坝的抛石基础部分已被掏空，坝体结构已失稳，并导致混凝土面层脱落损毁，仅近岸常水位以上 0.5m 的部分存在残留的混凝土面层，面层与抛石基础之间有一条波浪掏蚀后的空洞。

图 5.21 西江九江镇险段堤岸侵蚀实景照片

图 5.22 西江九江镇政府险段丁坝损毁情况

5.1.3.2 西江九江险段堤岸及丁坝受损原因分析

西江洪季流速很大，是堤防和险段丁坝受损原因之一，船行波也是其中的原因之一。由于船行波的周期长，约是普通海浪的 2.5 倍，其波长约是普通海浪的 4 倍，则其产生的波能按照式（5.8）计算：

$$E=\frac{1}{8}\rho g\lambda H^2 \tag{5.8}$$

则波能也是具有同样波高的普通波浪的 4 倍。

船行波携带着强大的能量传播，在堤岸和丁坝处发生变形和破碎，与堤岸和丁坝相互作用。船行波在与堤岸和丁坝的相互作用过程中，波浪对结构存在较强的冲击力，波浪破碎时产生较强的紊动流速，波浪起伏运动还产生较强的正压和负压交替压力场。这些因素都是堤岸和丁坝受损的原因。

5.1.3.3 船行波作用下的堤岸附近水动力特性模拟分析

1. 顺直河道内不同航速所生成的船行波模拟成果

为深入研究船行波的水动力特性，取珠江河口三角洲某客运港附近航道及其航道内的高速客运船为对象。该航道内常年通航高速客运船，每天在中山至香港往来 20 个单航次，客运高峰期可达 32 个单航次，高速客运船高速航行状态见图 5.24，船行波平面分布图见图 5.25。

图 5.23 西江九江镇政府险段下游丁坝损毁情况

图 5.24 高速客运船高速航行状态

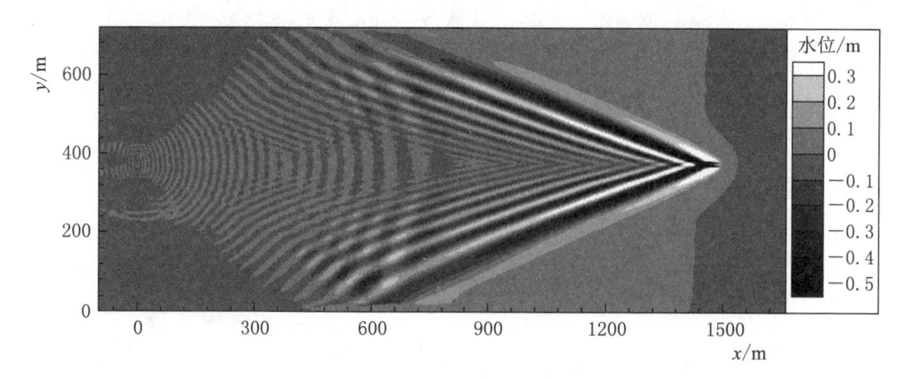

图 5.25　采用横门水道断面水深作为航道的某一时刻船行波平面分布图

受航道通航条件等因素影响，顺直河道高速船舶航行速度变化较大，研究船行波在不同航行速度下的运动特性，是船行波研究的基础。研究在 4～20m/s 的航速范围内、以 1m/s 为步长，选择了 17 个不同航速，计算中堤防临水坡坡比取 1∶10，最大水深 6m，两岸边坡对称设置。

顺直河道内不同航速下船行波特性分析的内容包括：①近岸最大波浪爬高、近岸最低水位（负压深度）、近岸最大向岸流速、近岸最大离岸流速、近岸最大流速值、离岸最大波高、离岸最大流速等 7 个方面，近岸指临水斜坡范围内的浅水区域，离岸指斜坡之外的深水区域。

图 5.26 比较了各航速条件下的深水最大波高，图 5.27 比较了近岸各航速条件下的斜坡上的最大波浪爬高，图 5.28 比较了近岸各航速条件下的斜坡上的最低水位，图 5.29 比较了斜坡上的最大向岸流速，图 5.30 比较了斜坡上的最大离岸流速，图 5.31 比较了斜坡上的最大近岸流速。

根据文献，船行波大小与弗劳德数 $Fr=\dfrac{V}{\sqrt{gD}}$ 相关。当航速较小时，船行波

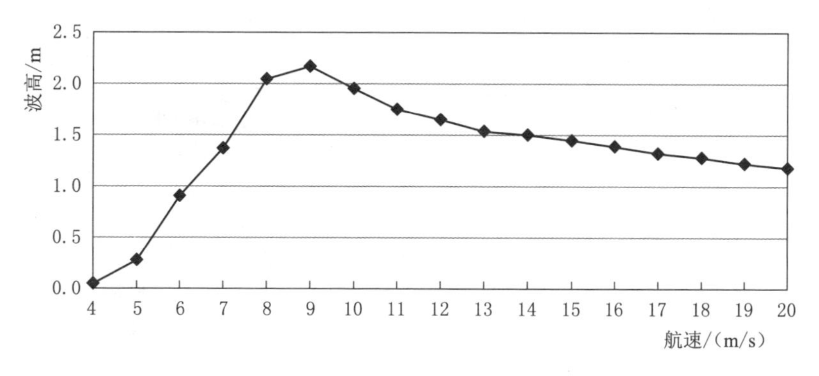

图 5.26　不同航速下斜坡上的深水最大波高

的波高随速度的增加而增加，当弗劳德数大于临界弗劳德数即 $Fr>1$ 时，波高达到最大。当航速进一步增加，波高值反而降低，最大波高一般出现在 $Fr>1$ 的跨临界流速状态。

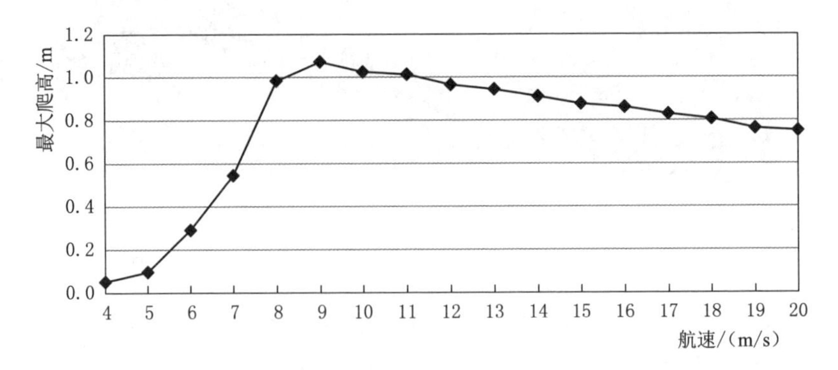

图 5.27 不同航速下斜坡上的最大波浪爬高

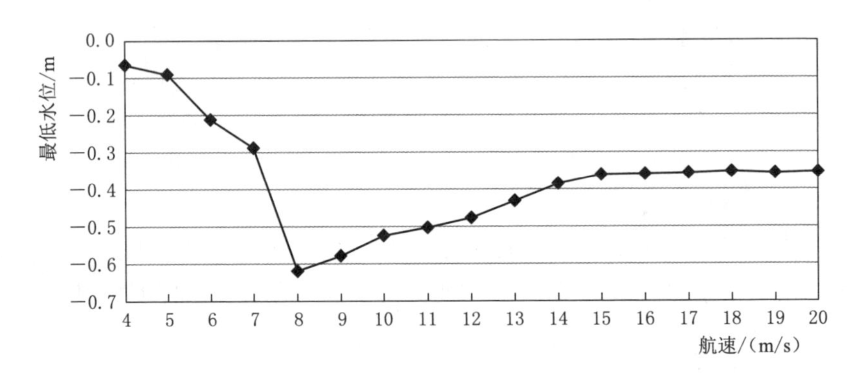

图 5.28 不同航速下斜坡上的最低水位

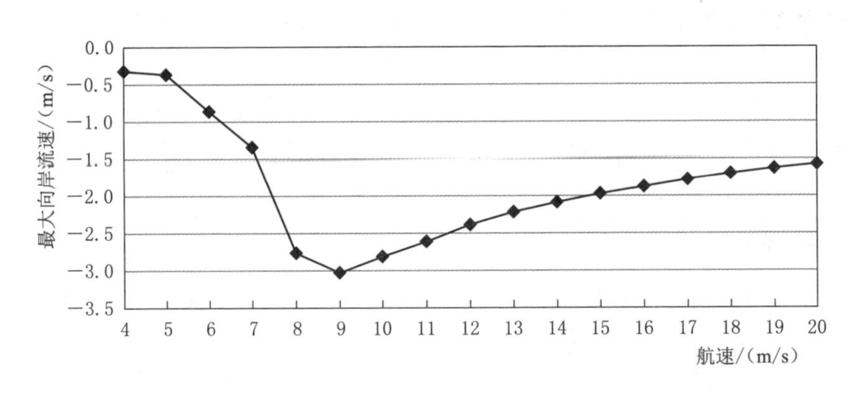

图 5.29 不同航速下斜坡上的最大向岸流速

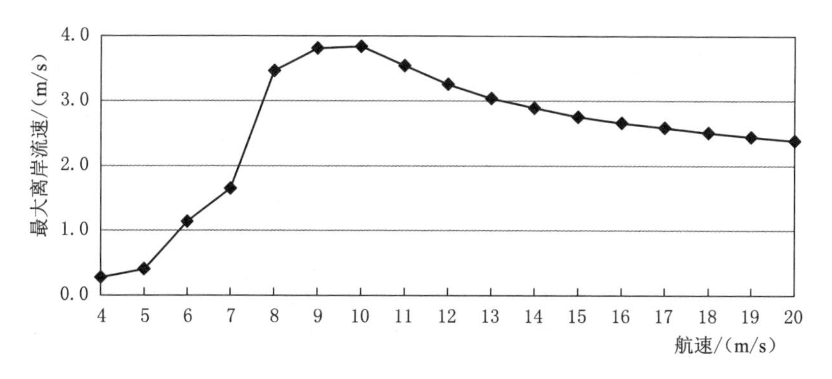

图 5.30　不同航速下斜坡上的最大离岸流速

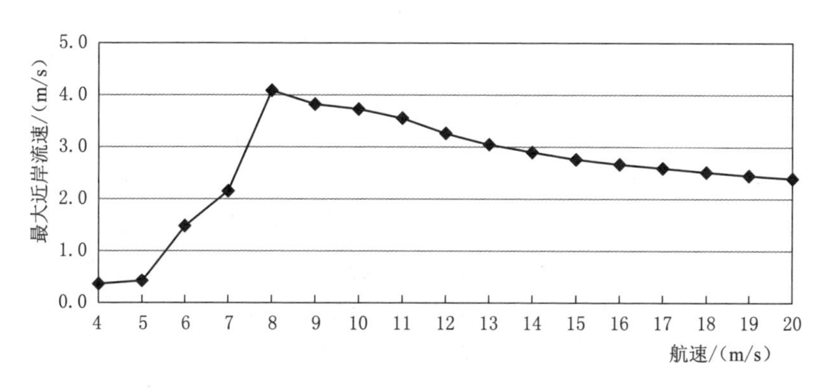

图 5.31　不同航速下斜坡上的最大近岸流速

表 5.10 给出了各航速下的弗劳德数计算成果。航速为 8m/s 时，Fr 约等于 1.0，此时斜坡上的波浪爬高达到较大值，最低水位达到最低值，近岸流速达到最大值。航速为 9m/s 时，Fr 等于 1.17，此时深水波高达到较大值，波浪爬高达到最大值，斜坡上向岸和离岸流速达到最大值。

表 5.10　　各航速下的弗劳德数计算成果表（最大水深 6m）

航速/(m/s)	4	5	6	7	8	9	10	11	12
Fr	0.52	0.65	0.78	0.91	1.04	1.17	1.30	1.43	1.56
航速/(m/s)	13	14	15	16	17	18	19	20	
Fr	1.70	1.83	1.96	2.09	2.22	2.35	2.48	2.61	

分析弗劳德数的计算公式 $Fr=\dfrac{V}{\sqrt{gD}}$，在某个航道水深 D 条件下，船舶航行速度的大小应尽量避免在 $\sqrt{gD}$ 附近。根据图 5.26～图 5.31，航道升级改造后的

航速会加快，其速度应大于$\sqrt{gD}$的1.8倍才能减小对堤防的影响。

如果航速维持现状不变，仅航道水深加深，弗劳德数会减小。从保护堤防的角度出发，航道水深加深，应确保船舶航行时的弗劳德数大于1.8，或者小于0.9。

2. 顺直河道不同反向水流流速下的船行波模拟成果

西江干流作为珠江流域的主要泄洪和纳潮通道，洪枯季流速变化较大。船舶在静水区和动水区所生成的船行波存在较大差别：航向和流向相同，同样的航速所生成的船行波波高会减小；航向和流向相反，同样的航速所生成的船行波波高会增大。因此有必要研究航道内不同水体流速下的船行波传播至近岸临水坡前的特性。在此考虑了3个船舶航速：6m/s、10m/s及15m/s，其中航速为15m/s时考虑4个反向水体流速：0、0.5m/s、1.0m/s及1.5m/s，临水斜坡坡比为1∶10。

图5.32比较了不同反向流速下3个航速的船行波在近岸的波浪爬高，与图5.27联合起来分析，可知较小的反向流速（1.0m/s及以下）所起的作用相当于增大船舶的航速，近岸船行波的爬高变化趋势满足航速增大时的变化趋势，但是变化幅度明显增大。比如无流速情况下航速7m/s时的最大爬高为0.545m，反向流速0.5m/s遭遇航速6m/s时的最大爬高为0.531m，反向流速1m/s遭遇航速6m/s时的最大爬高为0.685m；无流速情况下航速8m/s时的最大爬高为0.982m，反向流速1.5m/s遭遇航速6m/s时的最大爬高为1.057m。在较大的反向流速（1.5m/s）作用下，船行波的近岸爬高会只增不减，与航速增大时的变化趋势不一致，见表5.11。

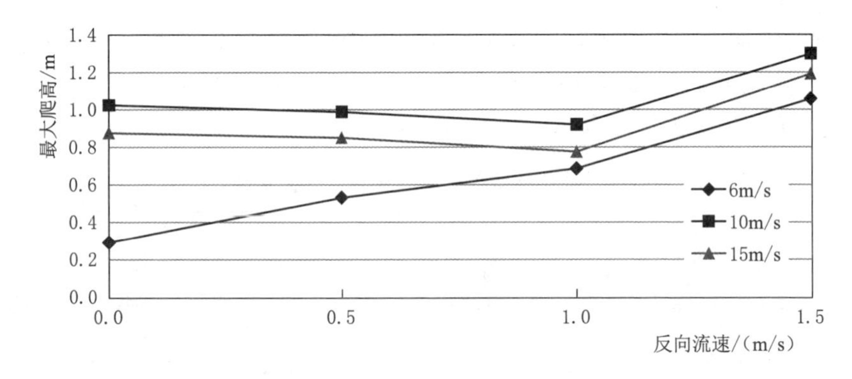

图5.32 不同反向流速对航行波在斜坡上的最大爬高影响比较图

图5.33比较了不同反向流速下3个航速的船行波在近岸的最低水位，结合图5.28，发现较小的反向流速（1.0m/s及以下）有明显降低最低水位的作用，较大的反向流速（1.5m/s）则有明显抬高最低水位的作用，见表5.12。

表 5.11　反向流速对临水坡波浪爬高的影响分析

航速/(m/s)	临水坡波浪爬高/m			
	反向流速 0m/s	反向流速 0.5m/s	反向流速 1.0m/s	反向流速 1.5m/s
6	0.291	0.531	0.685	1.057
7	0.545	—	—	—
8	0.982	—	—	—
9	1.071	—	—	—
10	1.024	0.987	0.919	1.299
11	1.017	—	—	—
12	0.964	—	—	—
15	0.876	0.851	0.675	1.191
16	0.875	—	—	—
17	0.829	—	—	—

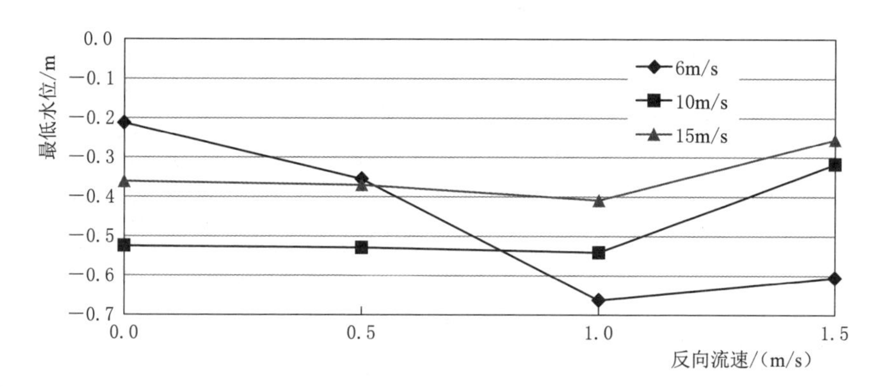

图 5.33　不同反向流速对航行波在斜坡上的最低水位影响比较图

表 5.12　反向流速对临水坡最低水位的影响分析

航速/(m/s)	临水坡最低水位/m			
	反向流速 0m/s	反向流速 0.5m/s	反向流速 1.0m/s	反向流速 1.5m/s
6	−0.213	−0.355	−0.663	−0.605
7	−0.288	—	—	—
8	−0.619	—	—	—
9	−0.579	—	—	—
10	−0.525	−0.529	−0.541	−0.317
11	−0.503	—	—	—
12	−0.477	—	—	—

续表

航速/(m/s)	临水坡最低水位/m			
	反向流速 0m/s	反向流速 0.5m/s	反向流速 1.0m/s	反向流速 1.5m/s
15	-0.361	-0.370	-0.409	-0.255
16	-0.360	—	—	—
17	-0.357	—	—	—

图 5.34 比较了不同反向流速下 3 个航速的船行波在近岸的向岸流速的影响，结合图 5.29，发现较小航速（6.0m/s 及以下）条件下反向流速有明显增强向岸流速的作用，较大航速（10m/s 及以上）条件下反向流速有减弱向岸流速的作用，见表 5.13。

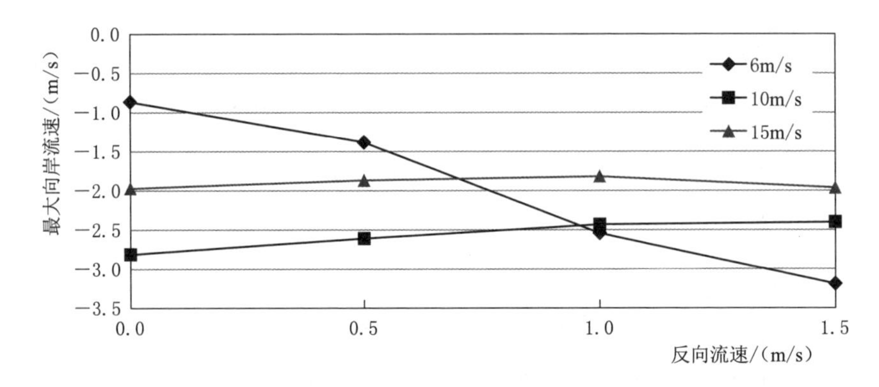

图 5.34 不同反向流速对航行波在斜坡上的最大向岸流速影响比较图

表 5.13 反向流速对临水坡向岸流速的影响分析表

航速/(m/s)	临水坡向岸流速/(m/s)			
	反向流速 0m/s	反向流速 0.5m/s	反向流速 1.0m/s	反向流速 1.5m/s
6	-0.865	-1.384	-2.543	-3.193
7	-1.344	—	—	—
8	-2.765	—	—	—
9	-3.029	—	—	—
10	-2.813	-2.610	-2.433	-2.402
11	-2.612	—	—	—
12	-2.386	—	—	—
15	-1.971	-1.869	-1.819	-1.964
16	-1.876	—	—	—
17	-1.780	—	—	—

图5.35比较了不同反向流速下3个航速的船行波在近岸的离岸流速的影响，结合图5.30，发现较小航速（6.0m/s及以下）条件下反向流速有明显增强离岸流速的作用，较大航速（10m/s及以上）条件下反向流速减弱了离岸流速，见表5.14。

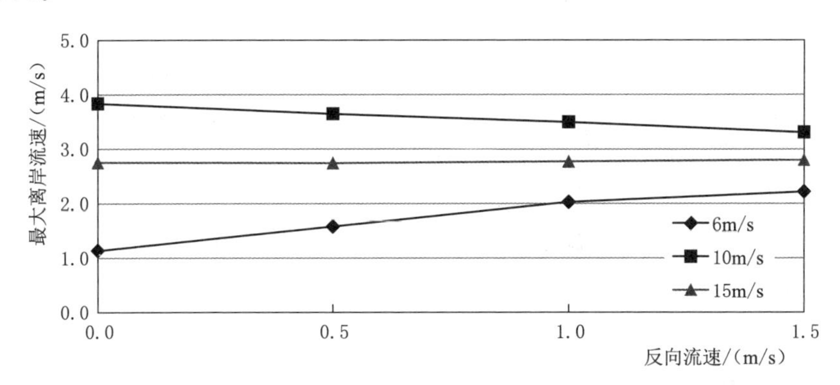

图5.35　不同反向流速对航行波在斜坡上的最大离岸流速影响比较图

表5.14　　反向流速对临水坡离岸流速的影响分析表

航速/(m/s)	临水坡离岸流速/(m/s)			
	反向流速0m/s	反向流速0.5m/s	反向流速1.0m/s	反向流速1.5m/s
6	1.138	1.579	2.026	2.215
7	1.646	—	—	—
8	3.463	—	—	—
9	3.810	—	—	—
10	3.838	3.649	3.498	3.308
11	3.542	—	—	—
12	3.254	—	—	—
15	2.753	2.743	2.769	2.800
16	2.660	—	—	—
17	2.587	—	—	—

图5.36比较了不同反向流速下3个航速的船行波在近岸的最大流速的影响，结合图5.31，发现较小航速（6.0m/s及以下）条件下反向流速有明显增强最大流速的作用，较大航速（10m/s及以上）条件下反向流速有减弱最大流速的作用，见表5.15。

综合以上情况，航道升级改造，不应是低航速的低水平提速，而应该是高航速的高水平提速。低航速的低水平提速对堤防的破坏作用加剧，高航速的高水平提速对堤防的破坏作用减弱。

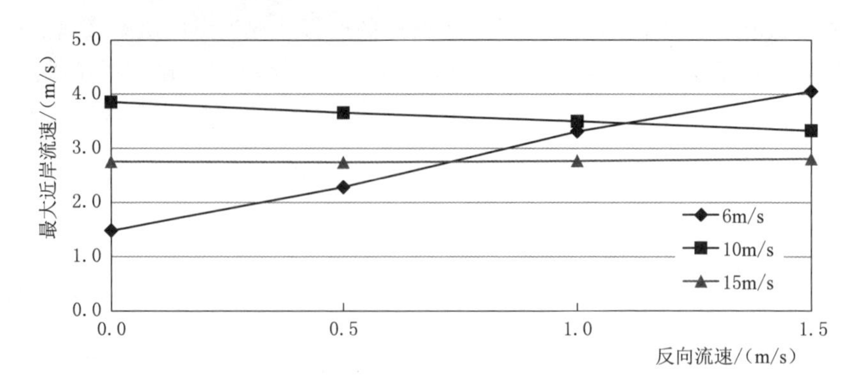

图 5.36 不同反向流速对航行波在斜坡上的最大近岸流速影响比较图

表 5.15　　反向流速对临水坡最大流速的影响分析表

航速/(m/s)	临水坡最大流速/(m/s)			
	反向流速 0m/s	反向流速 0.5m/s	反向流速 1.0m/s	反向流速 1.5m/s
6	1.477	2.279	3.314	4.053
7	2.148	—	—	—
8	4.086	—	—	—
9	3.823	—	—	—
10	3.853	3.657	3.499	3.329
11	3.556	—	—	—
12	3.264	—	—	—
15	2.756	2.743	2.771	2.809
16	2.662	—	—	—
17	2.588	—	—	—

3. 顺直河道不同离岸距离下的船行波模拟成果

西江干流河宽变化较大，造成航道离岸距离远近不一。船舶在航道范围内航行，船行波在船体周边生成后，在向岸传播的过程中，会存在一定程度的波能衰减，近岸波高在通常情况下会比船体四周小。西江航道升级，航道的平面布置方案（位置、宽度及转弯半径）会调整，可能影响船舶航行的离岸距离。因此有必要研究不同离岸距离的航道内船行波传播至近岸的特性。研究中河道总宽度为800m，考虑了100m、150m、200m、250m、300m、350m、400m、500m、600m等9个航迹线离岸距离，考虑了6m/s、10m/s、15m/s等3个航速。

图5.37为不同航迹线离岸距离对船行波爬高的影响分析比较图。航速为6m/s和10m/s时，波浪爬高随离岸距离的增大而减小；航速为15m/s时，近

岸波浪爬高随离岸距离的增大，先减小、再增大，然后再减小，拐点在离岸距离为350m处。

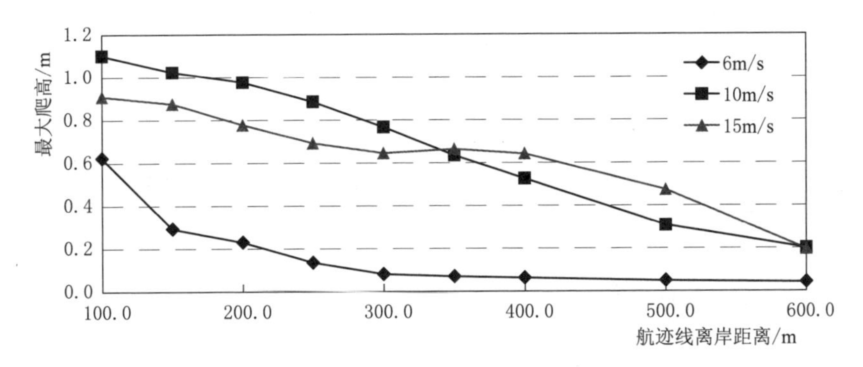

图 5.37　不同航迹线离岸距离对航行波在斜坡上的最大爬高影响比较图

图 5.38 为不同航迹线离岸距离对船行波波动过程中的最低水位的影响比较图。航速为 6m/s 时，最低水位随离岸距离的增大而抬高；航速为 10m/s 和 15m/s 时，随离岸距离的增大，最低水位先增大、再减小，拐点在离岸距离为 300～400m 处。

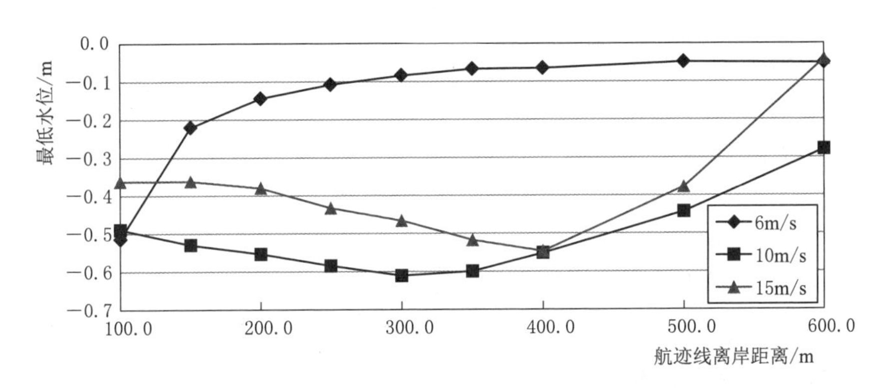

图 5.38　不同航迹线离岸距离对航行波在斜坡上的最低水位影响比较图

图 5.39 为不同航迹线离岸距离对船行波波动过程中的向岸流速的影响比较图。航速为 6m/s 时，向岸流速随离岸距离的增大而减弱；航速为 10m/s 和 15m/s 时，随离岸距离的增大，向岸流速先增大、再减小，拐点在离岸距离为 200～300m 处。

图 5.40 为不同航迹线离岸距离对船行波波动过程中的离岸流速的影响比较图。航速为 6m/s 时，离岸流速随离岸距离的增大而减弱；航速为 10m/s 和 15m/s 时，随离岸距离的增大，离岸流速先增大、再减小，拐点在离岸距离为 200～400m 处。

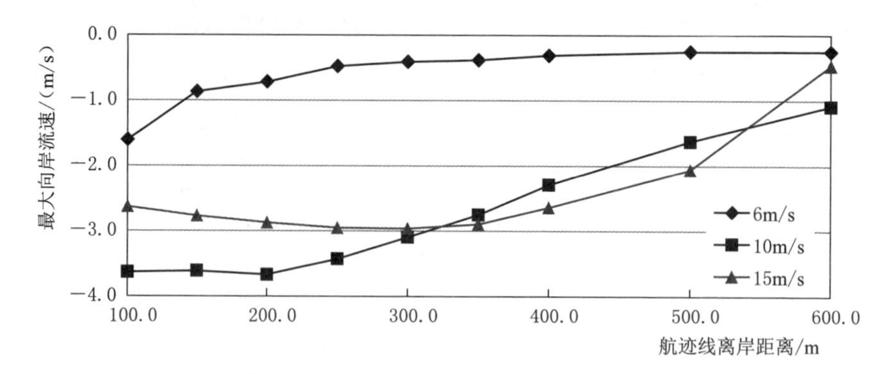

图5.39 不同航迹线离岸距离对航行波在斜坡上的最大向岸流速影响比较图

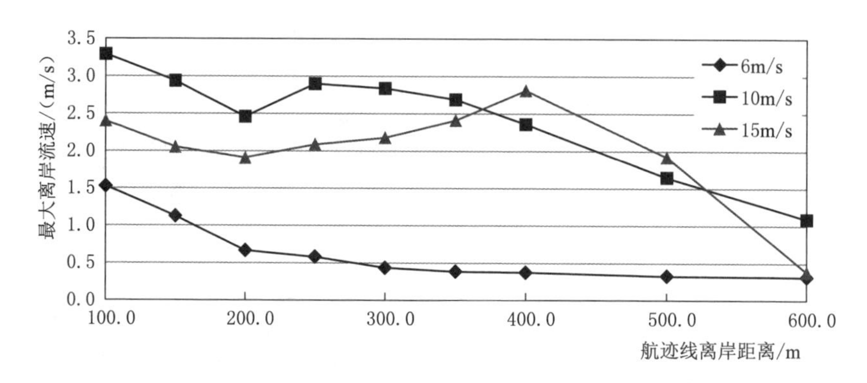

图5.40 不同航迹线离岸距离对航行波在斜坡上的最大离岸流速影响比较图

图5.41为不同航迹线离岸距离对船行波波动过程中的近岸最大流速的影响比较图。航速为6m/s时，最大流速随离岸距离的增大而减弱；航速为10m/s和15m/s时，随离岸距离的增大，近岸流速先增大、再减小，拐点在离岸距离为200～300m处。

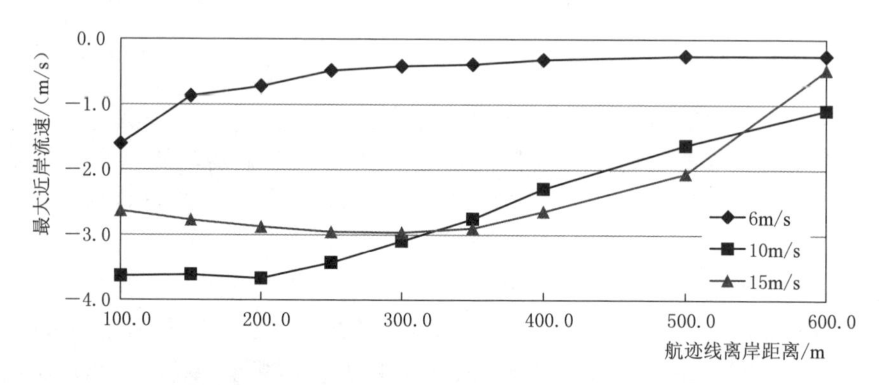

图5.41 不同航迹线离岸距离对航行波在斜坡上的最大近岸流速影响比较图

综合以上情况，航道升级改造，应详细分析航道与堤防之间的距离，尽量降低船行波对堤防的损毁和破坏。对于航速较低的航段，航道与堤防的距离超过 300m 即可消除对堤防的影响；对于航速较高的航段，航道与堤防的距离应超过 600m。

4. 顺直河道不同堤防临水坡坡度的船行波模拟成果

顺直河道两岸堤防边坡类型复杂多样，将不同类型的堤防边坡类型简化成不同的坡度予以概化，可以研究船行波在不同临水坡度下的运动特性。研究中选择了 4 个坡度 m 值分为 10、8、5、3，选择了 6m/s、10m/s、15m/s 等 3 个不同航速。

图 5.42 比较了 4 个坡度对近岸波浪爬高的影响，随着坡度变陡，波浪爬高增大，航速越大，爬高增大越明显。

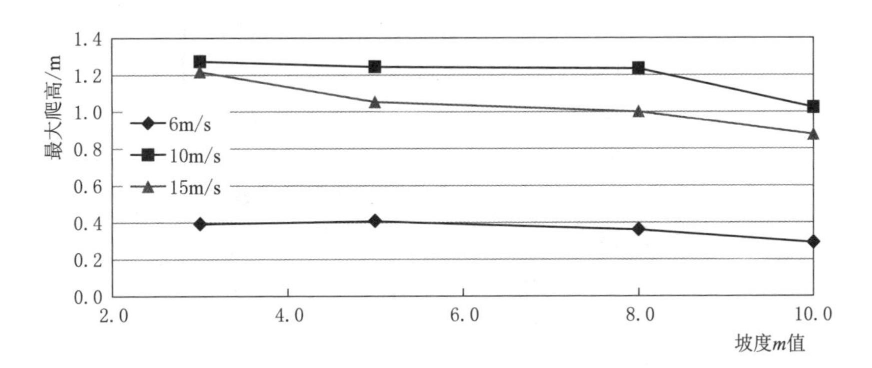

图 5.42　不同临水坡度对航行波在斜坡上的最大爬高影响比较图

图 5.43 比较了 4 个坡度对近岸低水位的影响，随着坡度变陡，最低水位总体降低，航速越大，最低水位降低越明显。

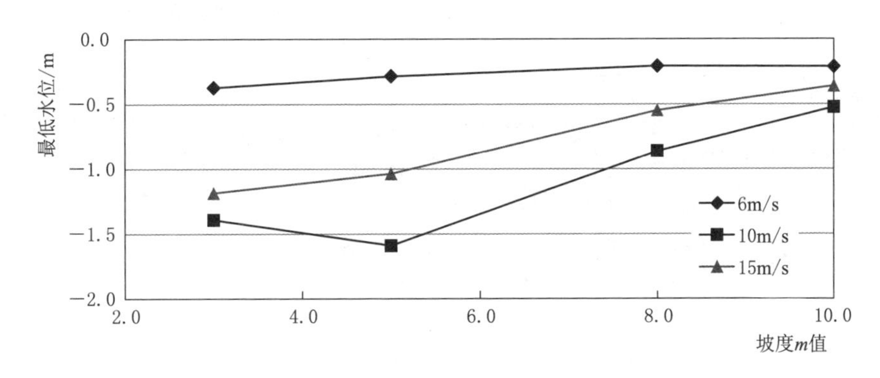

图 5.43　不同临水坡度对航行波在斜坡上的最低水位影响比较图

图 5.44 比较了 4 个坡度对向岸流速的影响，随着坡度变陡，向岸流速总体

先增强、再减弱，航速越大，向岸流速变化越明显。

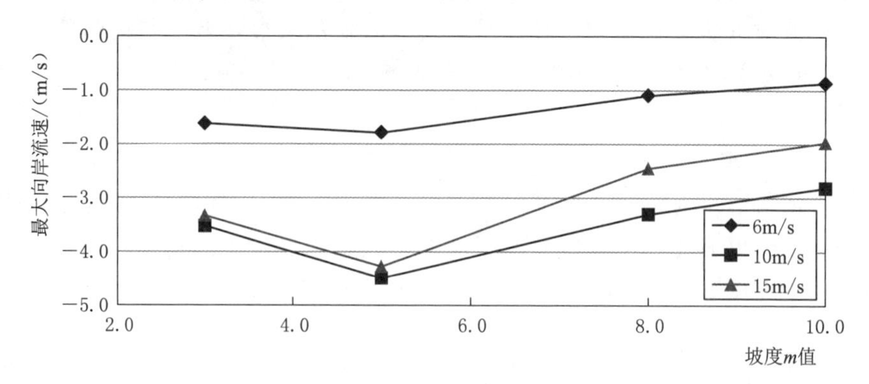

图 5.44 不同临水坡度对航行波在斜坡上的最大向岸流速影响比较图

图 5.45 比较了 4 个坡度对离岸流速的影响，随着坡度变陡，离岸流速总体增强。图 5.46 比较了 4 个坡度对近岸最大流速的影响，随着坡度变陡，最大近岸流速先增强、再减弱，航速越大，近岸流速变化越明显。

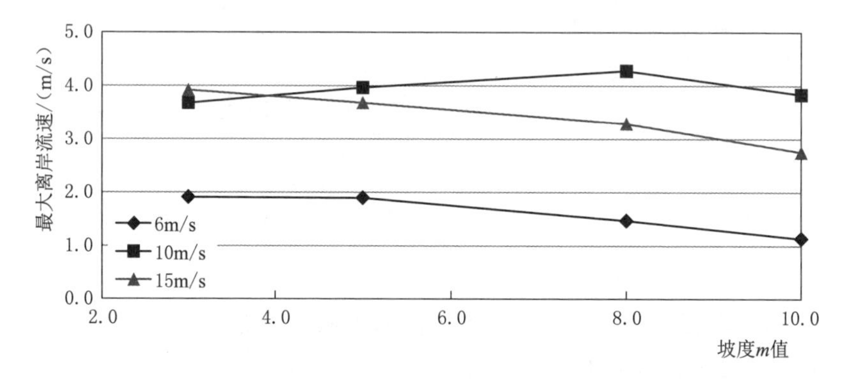

图 5.45 不同临水坡度对航行波在斜坡上的最大离岸流速影响比较图

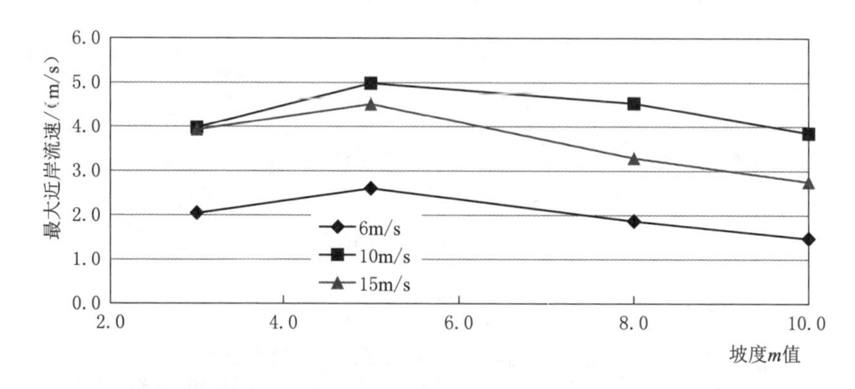

图 5.46 不同临水坡度对航行波在斜坡上的最大近岸流速影响比较图

综合以上情况，航道升级改造，应兼顾堤防临水坡坡度的影响，尽量降低船行波对堤防的损毁。若航道升级改造项目可一并实施堤防加固，应尽量减缓堤防临水坡度。若无法立即实施堤防加固，则建议增大航道与堤防之间的距离。

5. 小结

（1）采用船行波数学模型研究了顺直河道内船行波的运动特性，结果表明，在某个航道水深 D 条件下，船舶航行速度的大小在（0.9～1.8）$\sqrt{gD}$ 附近对防洪工程的影响较大，从保护防洪工程的角度出发，航道设计水深加深应确保船舶航行时的弗劳德数大于 1.8，或者小于 0.9。

（2）船舶在静水区和动水区所生成的船行波存在较大差别：航向和流向相同，同样的航速所生成的船行波波高会减小；航向和流向相反，同样的航速所生成的船行波波高会增大。通过模拟发现，较小的航速（6.0m/s 及以下）条件下，反向流速存在明显的增强离岸流速的作用；较大的航速（10m/s 及以上）条件下，反向流速减弱了离岸流速。因此，航道升级改造，不应是低航速的低水平提速，而应该是高航速的高水平提速。低航速的低水平提速对堤防的破坏作用加剧，高航速的高水平提速对堤防的破坏作用减弱。

（3）根据船行波对堤防的影响分析，对于航速较低的航段，航道与堤防的距离超过 300m 后对堤防的影响较小；对于航速较高的航段，航道与堤防的距离超过 600m 对堤防的影响较小。

（4）研究船行波在不同临水坡度下的运动特性发现，随着坡度变陡，向岸流速总体先增强，再减弱；随着坡度变陡，离岸流速总体增强。航道升级改造，应兼顾堤防临水坡坡度的影响，尽量降低船行波对堤防的损毁。若航道升级改造项目可一并实施堤防加固，应尽量减缓堤防临水坡度。若无法立即实施堤防加固，则建议增大航道与堤防之间的距离。

5.1.3.4 带丁坝河段内船行波运动特性模拟研究

丁坝是西江险段治理和加固的主要措施之一，研究带丁坝河段的船行波运动，对航道升级中险段的防护措施设计，有重要参考和借鉴作用。研究中考虑了 30m、50m、75m、100m 等 4 个丁坝长度，50m、100m、150m、200m、250m、400m 等 6 个航迹线离岸距离，考虑了 6m/s、10m/s、15m/s 等 3 个航速。为分析有无丁坝对船行波的影响，离岸距离为 150m 时，还增加了一个无丁坝的计算结果。

1. 受丁坝保护的近岸带波动特性

图 5.47 比较了丁坝河段内不同航迹线离岸距离对船行波爬高的影响，图中增加了无丁坝河段航迹线离岸距离为 150m 的爬高值，以比较有无丁坝对爬高的影响。

首先，丁坝的出现会增大近岸船行波爬高，原因在于丁坝会形成波浪反射，

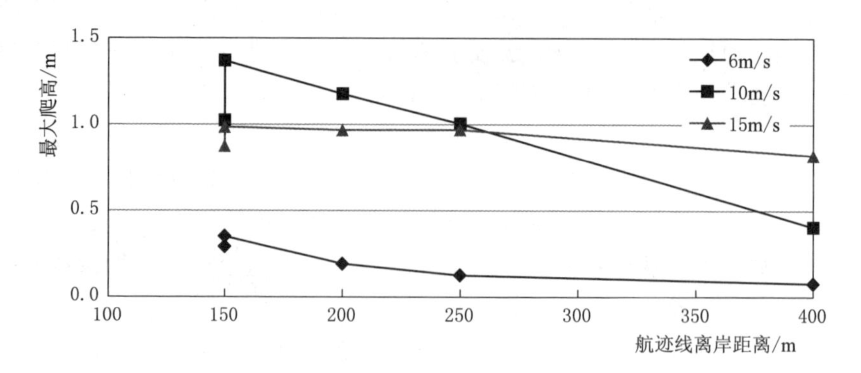

图 5.47 丁坝河段不同航迹线离岸距离对航行波在斜坡上的最大爬高影响比较图

入射波和反射波叠加，造成近岸波高增大，进而增大波浪爬高。其次，各航速条件下，丁坝河段波浪爬高随航迹线离岸距离的增大而减小。

图 5.48 比较了丁坝河段内不同航迹线离岸距离对船行波波动过程中的最低水位的影响。航速为 6m/s 时，丁坝会进一步降低近岸最低水位，丁坝河段的最低水位则随离岸距离的增大而抬高；航速为 10m/s 和 15m/s 时，丁坝会提高最低水位，但丁坝河段的最低水位随离岸距离的增大而降低，因此临水坡受船行波破坏的范围会增大。

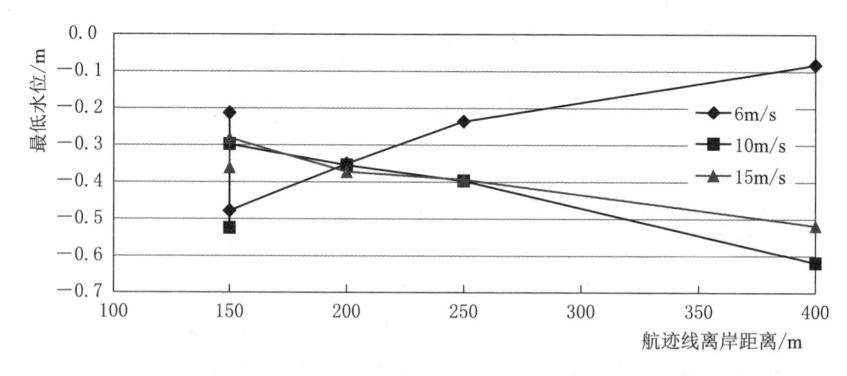

图 5.48 丁坝河段不同航迹线离岸距离对航行波在斜坡上的最低水位影响比较图

图 5.49 比较了丁坝河段内不同离岸距离对船行波向岸流速的影响。丁坝的出现会增大近岸向岸流速，原因在于丁坝反射增大了波高。航速为 6m/s 和 10m/s 时，向岸流速随离岸距离的增大而减弱；航速为 15m/s 时，向岸流速随离岸距离的增大而增大，有可能需要更大的离岸距离（600m）才会出现向岸流速的减少。

图 5.50 比较了丁坝河段离岸距离对船行波波动过程中的离岸流速的影响。航速为 6m/s 时，丁坝的存在会增大离岸流速，离岸流速随离岸距离的增大而减

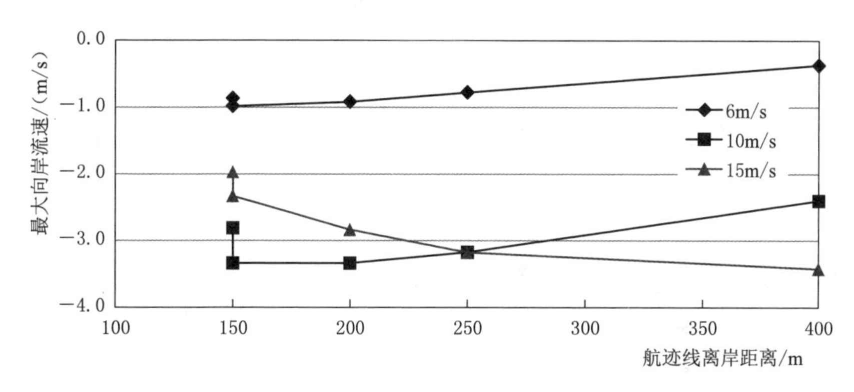

图 5.49　丁坝河段航迹线离岸距离对航行波在斜坡上的最大向岸流速影响比较图

弱；航速为 10m/s 和 15m/s 时，丁坝的存在会减小离岸流速值，随离岸距离的增大，丁坝河段的离岸流速先增大、再减小，拐点在离岸距离为 300m 左右。

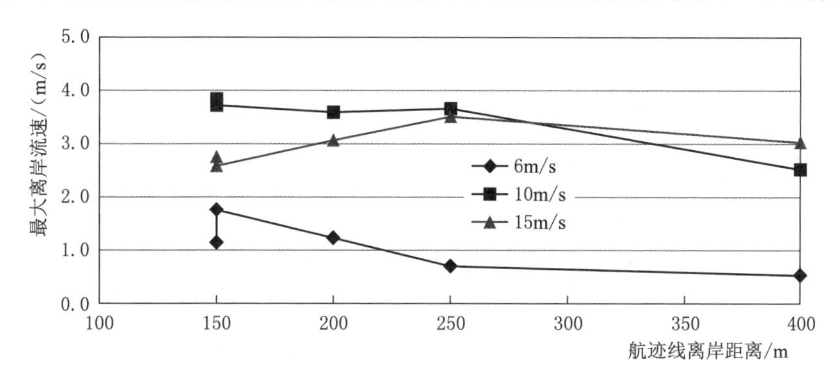

图 5.50　丁坝河段航迹线离岸距离对航行波在斜坡上的最大离岸流速影响比较图

图 5.51 比较了丁坝河段内不同离岸距离对船行波近岸流速的影响。航速为 6m/s 时，丁坝的出现会增大近岸最大流速，丁坝河段最大流速随离岸距离的增大而减弱；航速为 10m/s 和 15m/s 时，丁坝的出现会略微减小近岸最大流速；航速为 10m/s 时，受丁坝保护的近岸最大流速随离岸距离的增大而缓慢减小；航速为 15m/s 时，受丁坝保护的近岸最大流速随离岸距离的增大而缓慢增大，需较大的离岸距离（600m）才能减小近岸最大流速。

2. 丁坝头部水域的波动特性

图 5.52 为丁坝河段不同离岸距离对船行波波动过程中的丁坝头部最大波高的影响分析比较图。因为波浪反射等原因，丁坝的出现会增大其头部的最大波高。丁坝河段其头部最大波高值随离岸距离的增大而减小，减小幅度随航速的增大而减慢。因此，需要较大的离岸距离，比如超过 600m，才能有效减小丁坝头部波高。

图 5.53 为丁坝河段不同离岸距离对船行波波动过程中的丁坝头部最大向岸

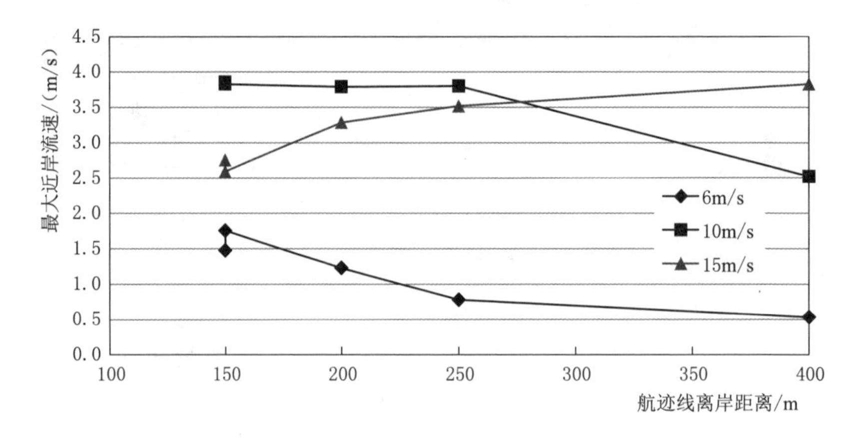

图 5.51 丁坝河段航迹线离岸距离对航行波在斜坡上的最大近岸流速影响比较图

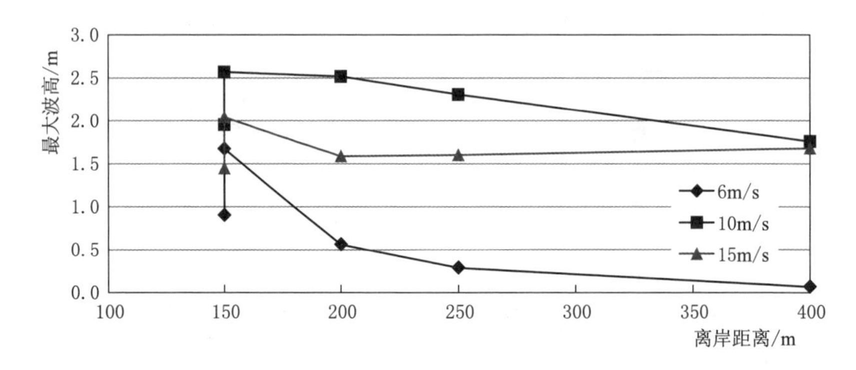

图 5.52 离岸距离对丁坝头部水域航行波最大波高的影响比较图

流速的影响分析比较图。航速为 6m/s 时，丁坝的存在会增大向岸流速，向岸流速随航迹线离岸距离的增大而减弱；航速为 10m/s 时，丁坝的存在几乎不影响向岸流速，丁坝河段的向岸流速随离岸距离的增大而缓慢减小；航速为 15m/s 时，丁坝的存在也会略微减弱向岸流速，随离岸距离的增大，向岸流速先增大、再缓慢减小，拐点在离岸距离为 200m 左右。航速为 15m/s 时，丁坝头部向岸流速随离岸距离增大而减小的幅度极小，需要较大的离岸距离才能有效减小向岸流速对丁坝头部的影响。

图 5.54 为丁坝河段不同离岸距离对船行波波动过程中的丁坝头部最大离岸流速的影响分析比较图。航速为 6m/s 时，丁坝的存在会增大离岸流速，离岸流速随航迹线离岸距离的增大而减弱；航速为 10m/s 时，丁坝的存在会减弱离岸流速，离岸流速随离岸距离的增大而缓慢减小；航速为 15m/s 时，丁坝的存在也会减弱其头部的离岸流速，随离岸距离的增大，离岸流速先增大、再减小，拐点在离岸距离为 250m 左右。航速为 15m/s 时，丁坝头部离岸流速随离岸距

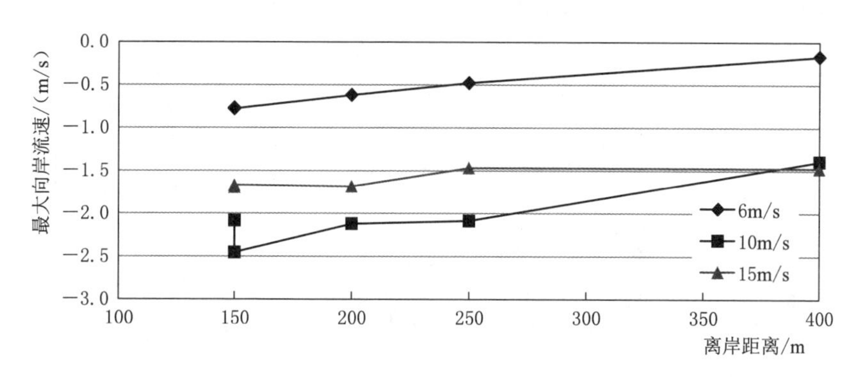

图 5.53　离岸距离对丁坝头部水域最大向岸流速的影响比较图

离增大而减小的幅度极小，需要较大的离岸距离（600m）才能有效减小离岸流速对丁坝头部的影响。

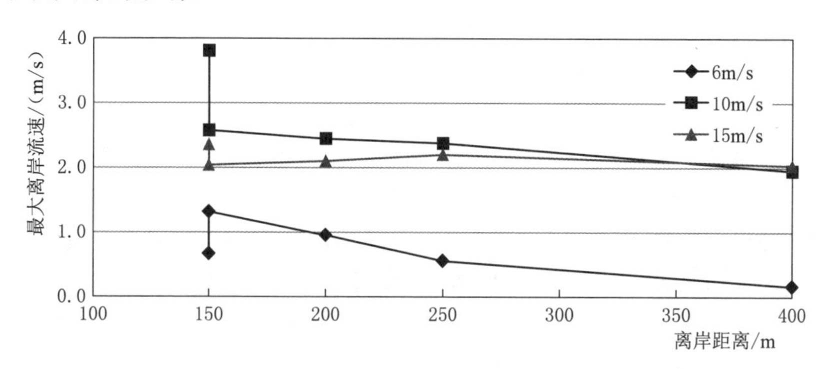

图 5.54　离岸距离对丁坝头部水域离岸最大流速的影响比较图

图 5.55 为丁坝河段不同离岸距离对船行波波动过程中的丁坝头部最大绝对流速的影响分析比较图。航速为 6m/s 时，丁坝的存在会增大绝对流速，绝对流速随航迹线离岸距离的增大而减弱；航速为 10m/s 时，丁坝的存在会减弱绝对流速，绝对流速随离岸距离的增大而缓慢减小；航速为 15m/s 时，丁坝的存在也会减弱绝对流速，随离岸距离的增大，绝对流速先增大、再减小，拐点在航迹线离岸距离为 250m 左右。航速为 10m/s 和 15m/s 时，丁坝头部的绝对流速随航迹线离岸距离的增大而减小，但比较缓慢，需要较大的离岸距离才能有效消除绝对流速对丁坝头部的影响。船行波作用下丁坝头部的绝对流速可达 4.0m/s，是丁坝损毁的主要原因之一。

3. 小结

丁坝是西江险段治理和加固的主要措施之一，研究带丁坝河段的船行波运动，对航道升级中险段的防护措施，有重要参考和借鉴作用，本书针对上述问题开展了实地勘测与数值模拟计算，主要得到以下研究结论：

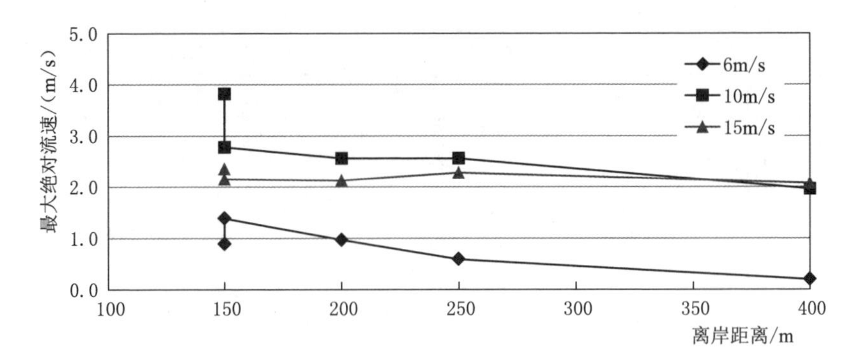

图5.55 离岸距离对丁坝头部水域最大绝对流速的影响比较图

(1) 对丁坝附近区域船行波运动特性模拟来看：航速为6m/s和10m/s时，向岸流速随离岸距离的增大而减弱；航速为15m/s时，向岸流速随离岸距离的增大而增大，有可能需要更大的离岸距离（600m）才会出现向岸流速的减小。航速为6m/s时，丁坝的存在会增大离岸流速，离岸流速随离岸距离的增大而减弱；航速为10m/s和15m/s时，丁坝的存在会减小离岸流速值，丁坝河段的离岸流速随离岸距离的增大，先增大，再减小，拐点在离岸距离为300m左右。航速为6m/s时，丁坝的出现会增大近岸最大流速，丁坝河段最大流速随离岸距离的增大而减弱；航速为10m/s和15m/s时，丁坝的出现会略微减小近岸最大流速；航速为10m/s时，受丁坝保护的近岸区最大流速随离岸距离的增大而缓慢减小；航速为15m/s时，受丁坝保护的近岸区最大流速随离岸距离的增大而缓慢增大，需较大的离岸距离（600m）才能减小近岸最大流速。

(2) 对丁坝头部船行波运动特性模拟发现：航速为6m/s时，丁坝的存在会增大绝对流速，绝对流速随航迹线离岸距离的增大而减弱；航速为10m/s时，丁坝的存在会减弱绝对流速，绝对流速随离岸距离的增大而缓慢减小；航速为15m/s时，丁坝的存在也会减弱绝对流速，绝对流速随离岸距离的增大，先增大，再减小，拐点在航迹线离岸距离为250m左右。航速为10m/s和15m/s时，丁坝头部的绝对流速随航迹线离岸距离的增大，减少比较缓慢，需要较大的离岸距离才能有效消除绝对流速对丁坝头部的影响。船行波作用下丁坝头部的绝对流速可达4.0m/s，是丁坝损毁的主要原因之一。

5.1.3.5 顺直河道内船行波导致的河岸变形模拟研究

西江干流的河床组成以泥沙为主。船行波在近岸水域形成的流速较大，在剧烈的波浪紊动和向岸、离岸流速的作用下，堤防的临水坡不可避免地会出现侵蚀和变形。堤防临水坡的坡度变化较大，因此有必要研究船行波对不同坡度的砂质临水坡的侵蚀特性。研究中考虑了1∶10、1∶8、1∶5、1∶3、1∶2等5个坡比，船舶的航行速度考虑了3个：6m/s、10m/s和15m/s。考察参数有最大侵蚀速度

(m/s)、最大淤积速度(m/s)、最大侵蚀深度(m)、最大淤积厚度(m)等。

不同航速下典型断面冲淤变形、波面变形、沿岸流速及向(离)岸流速曲线见图5.56～图5.58。

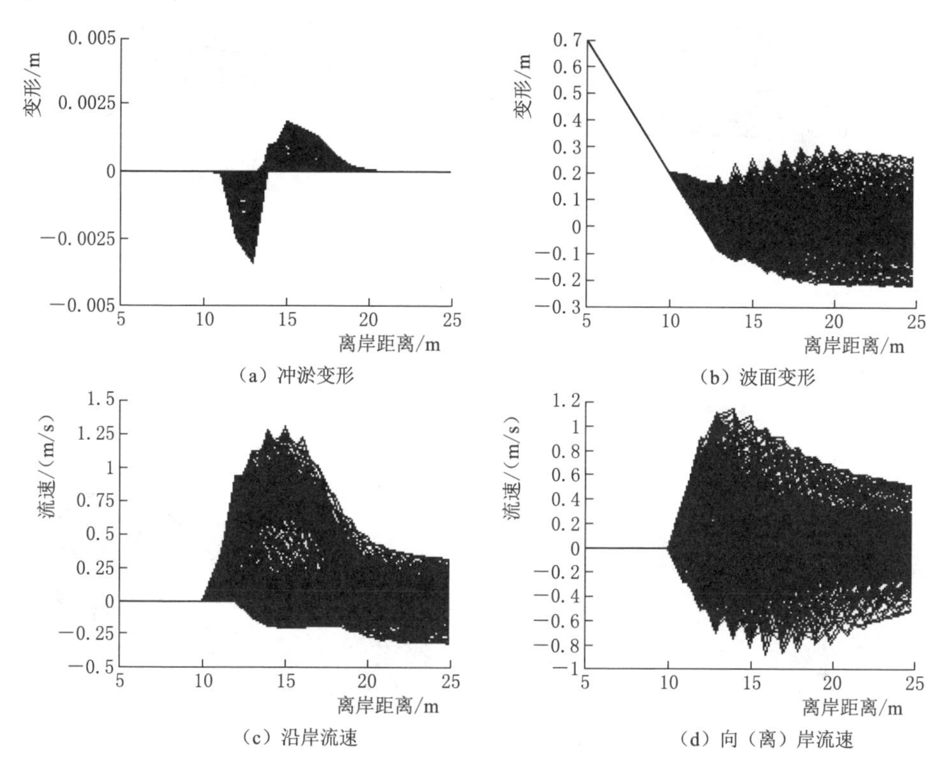

(a) 冲淤变形　(b) 波面变形　(c) 沿岸流速　(d) 向(离)岸流速

图5.56　航速为6m/s时单次船行波对1∶10的临水坡所造成的冲淤变形及对应的动力过程

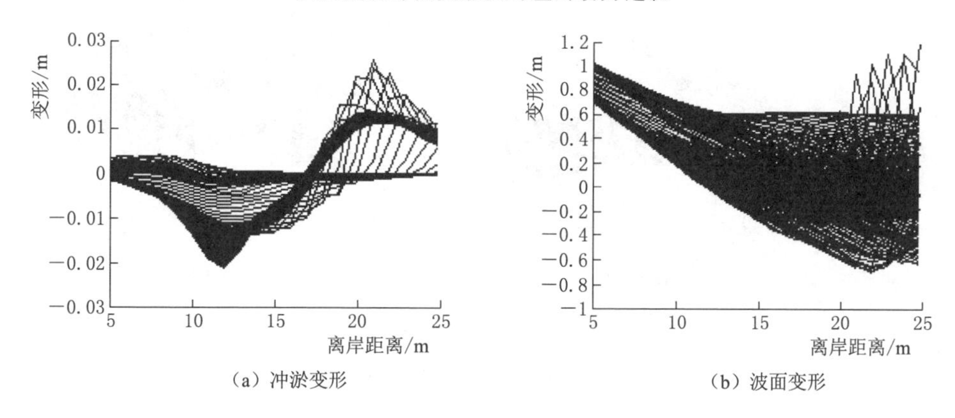

(a) 冲淤变形　(b) 波面变形

图5.57(一)　航速为10m/s时单次船行波对1∶10的临水坡所造成的冲淤变形及对应的动力过程

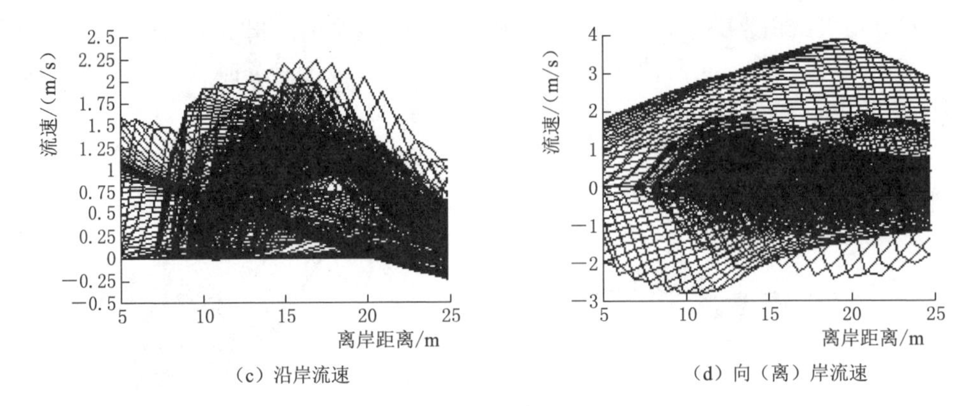

(c) 沿岸流速

(d) 向(离)岸流速

图 5.57(二) 航速为 10m/s 时单次船行波对 1∶10 的临水坡所造成的冲淤变形及对应的动力过程

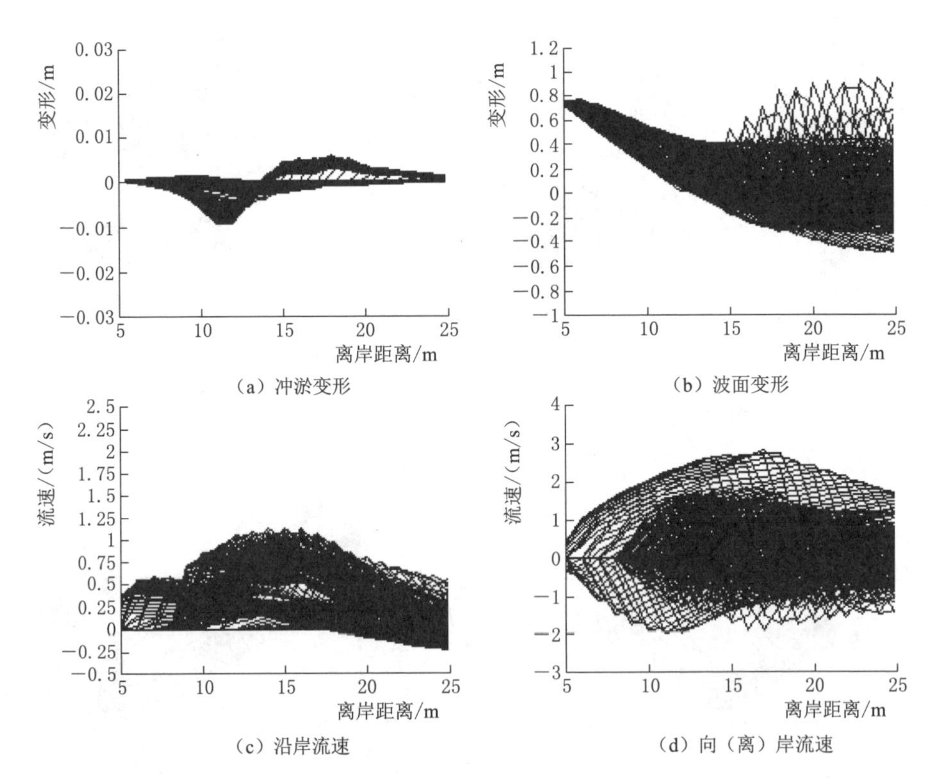

(a) 冲淤变形

(b) 波面变形

(c) 沿岸流速

(d) 向(离)岸流速

图 5.58 航速为 15m/s 时单次船行波对 1∶10 的临水坡所造成的冲淤变形及对应的动力过程

图 5.59 比较了不同坡比和航速下的最大侵蚀速度，发现当坡比为 1∶3 时，侵蚀速度最大，其次是坡比为 1∶2 时。航速为 10m/s 时的侵蚀速度总是大于其

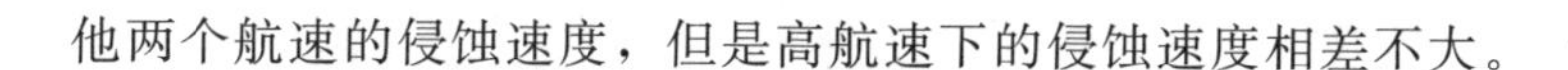

他两个航速的侵蚀速度，但是高航速下的侵蚀速度相差不大。

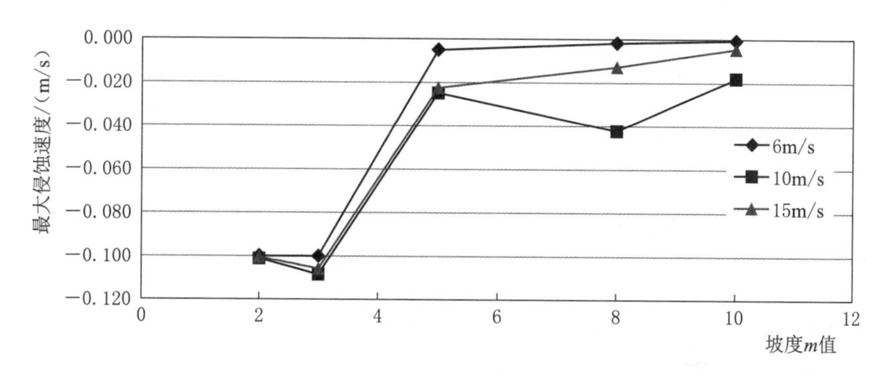

图 5.59　不同航速下船行波对不同坡度砂质护岸的最大侵蚀速度影响比较图

图 5.60 比较了不同坡度和航速下的最大淤积速度，发现当坡度为 1∶8 且航速为 10m/s 时，淤积速度最大。航速为 6m/s 时的淤积速度先随坡度变陡而增大，到坡度为 1∶3 时达到最大，随后淤积速度出现减少。航速为 10m/s 时的淤积速度先随坡度变陡而增大，坡度为 1∶8 时达到最大，随后淤积速度出现减小。航速为 15m/s 时的淤积速度先随坡度变陡而增大，到坡度为 1∶5 时达到最大，随后淤积速度出现减小。

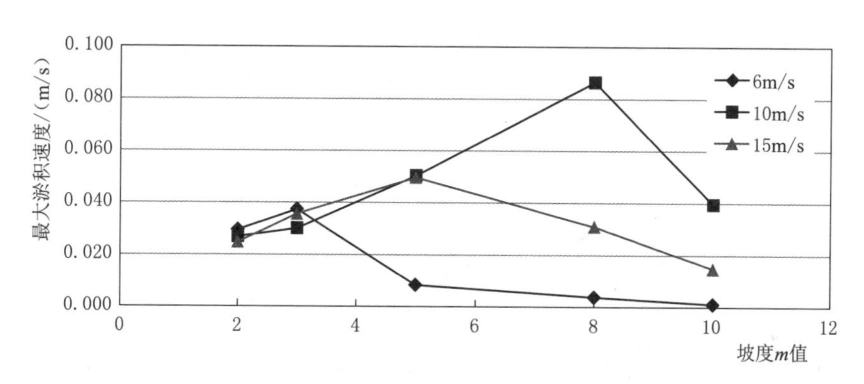

图 5.60　不同航速下船行波对不同坡度砂质护岸的最大淤积速度影响比较图

图 5.61 比较了不同坡度和航速下的单次最大侵蚀深度，发现当坡度为 1∶2 且航速为 15m/s 时，单次侵蚀厚度最大，达到 1.4m。总体而言坡度越陡，航速越大，侵蚀深度越大。当坡度较缓时，航速为 10m/s 时的侵蚀深度最大，其次是航速为 15m/s，航速为 6m/s 时的侵蚀深度最小。这个趋势与水动力强度变化趋势一致。

图 5.62 比较了不同坡度和航速下的单次最大淤积厚度，发现当坡度为 1∶2且航速为 15m/s 时，单次淤积厚度最大，达到 0.55m。总体而言坡度越陡，航速越大，淤积厚度越大，与侵蚀特性变化趋势一致。当坡度较缓时，

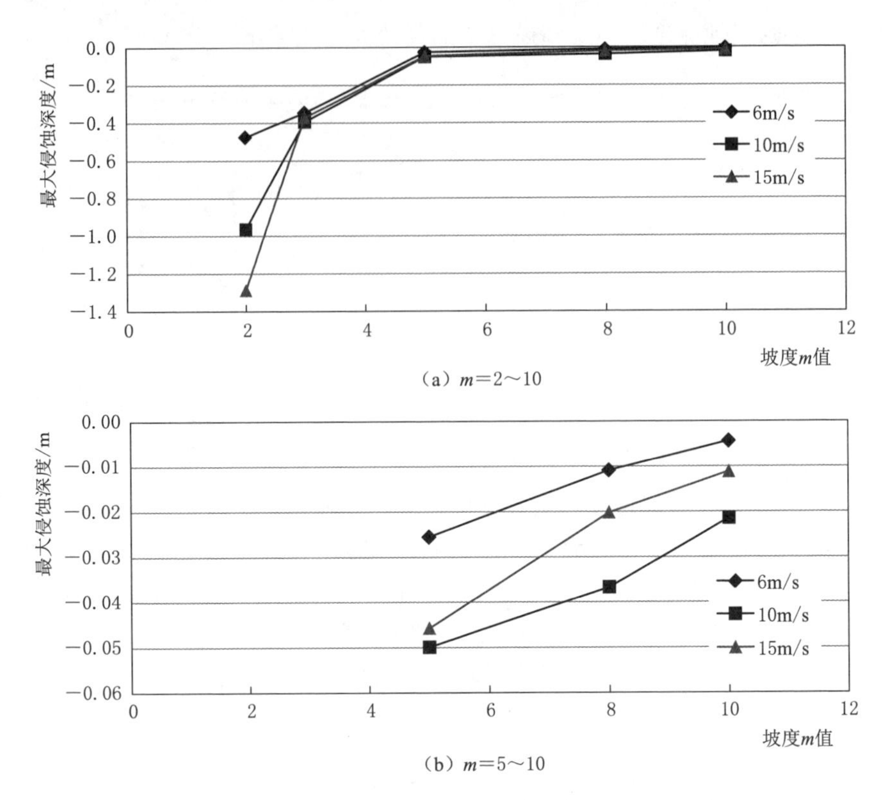

(a) $m=2\sim10$

(b) $m=5\sim10$

图 5.61 不同航速下的船行波对不同坡度砂质护岸的单次最大侵蚀深度影响比较图

航速为 10m/s 时的淤积厚度最大，其次是航速为 15m/s，航速为 6m/s 时的淤积厚度最小。

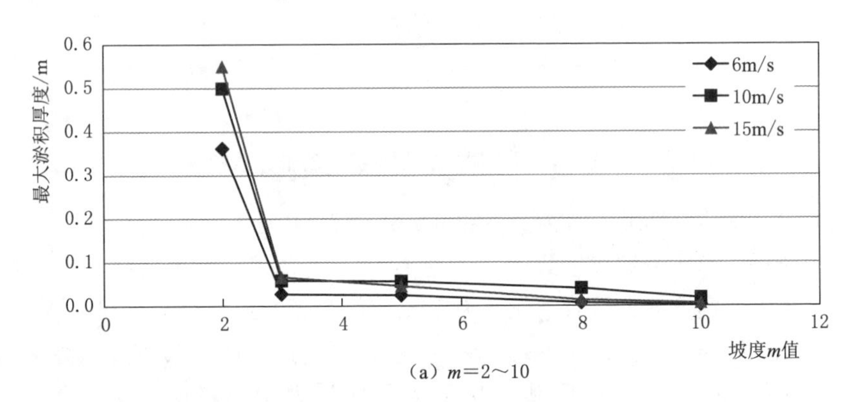

(a) $m=2\sim10$

图 5.62（一） 不同航速下的船行波对不同坡度砂质护岸的单次最大淤积厚度影响比较图

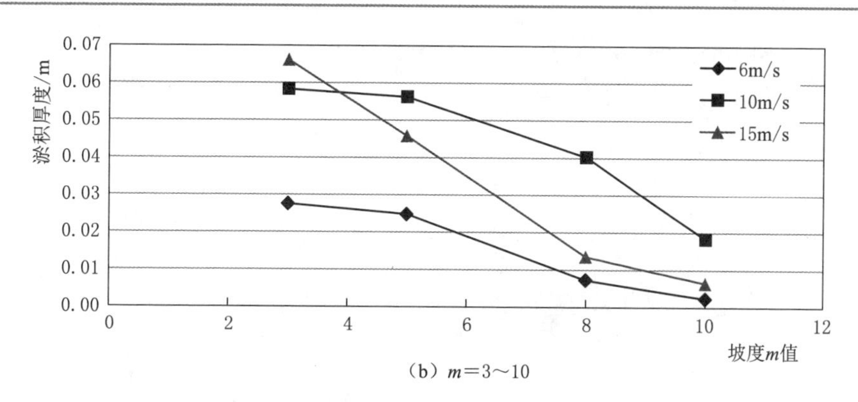

(b) m=3～10

图 5.62（二） 不同航速下的船行波对不同坡度砂质护岸的单次最大淤积厚度影响比较图

5.1.3.6 典型险段的船行波动力及冲淤特性研究

九江险段水深流急，河床质以细沙为主。险段内高速客船、海警船频繁经过，难免会对防洪工程产生不利影响，为此需研究和分析船行波对险段防洪工程的影响。研究中断面平均流速为1m/s，考虑了两个水深，深水险段的水深为浅水险段水深的2倍；考虑了2个丁坝长度，长丁坝是短丁坝长度的2倍。

1. 船行波对深水险段配置短丁坝时的局部冲刷影响

为分析船行波对短丁坝深水险段局部冲刷的影响，比较了纯水流作用（无船行波影响）和水流+船行波双重作用两种情况。图5.63为深水险段配置短丁坝计算工况的初始地形（x为堤岸长度，y为离岸距离，下同），图5.64为模型床沙级配中细沙所占比例，图5.65为深水险段配置短丁坝计算工况在纯水流冲刷100小时后的地形平面分布，图5.66为深水险段配置短丁坝计算工况在水流和船行波共同冲刷100小时后的地形平面分布。

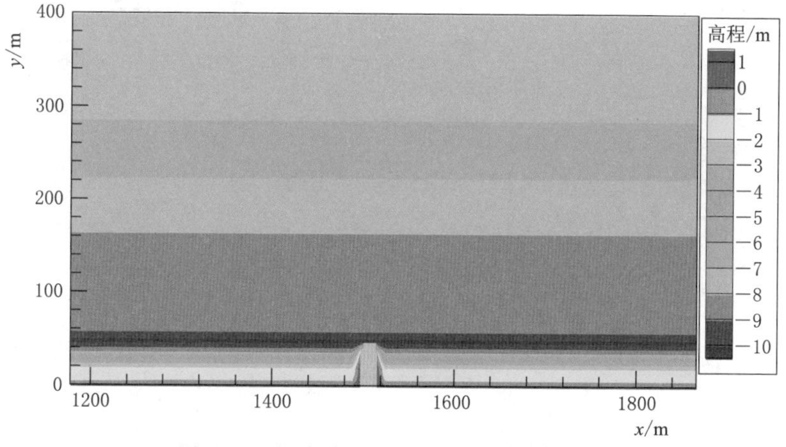

图 5.63 深水险段配置短丁坝的初始地形

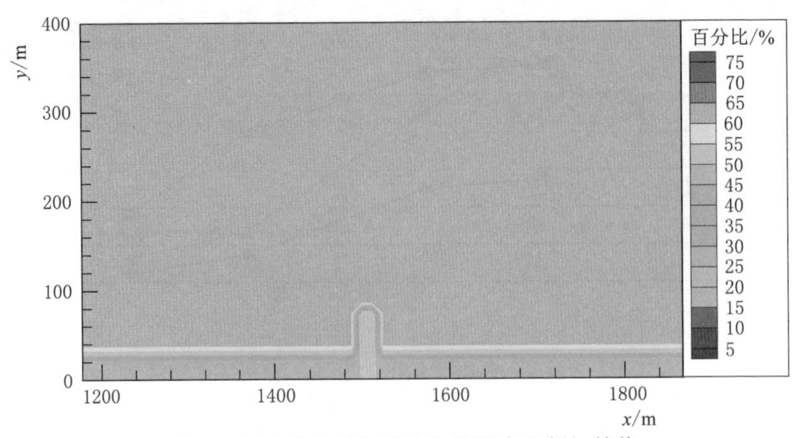

图 5.64 险段床沙级配中细沙所占比例初始值

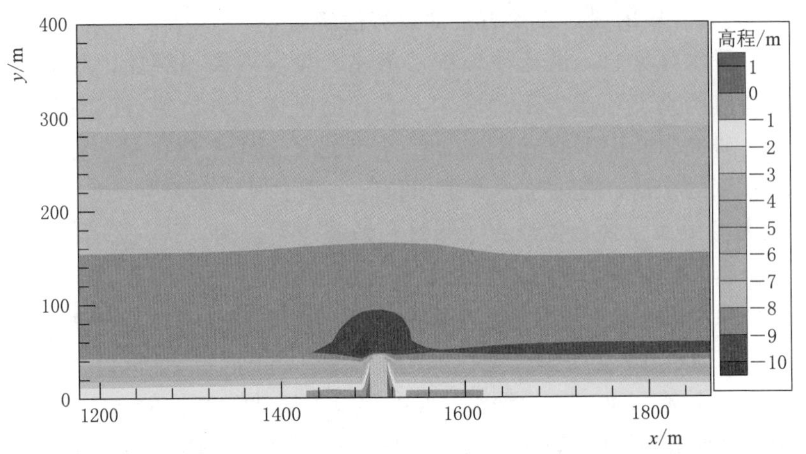

图 5.65 深水险段配置短丁坝在水流持续冲刷 100 小时后的地形

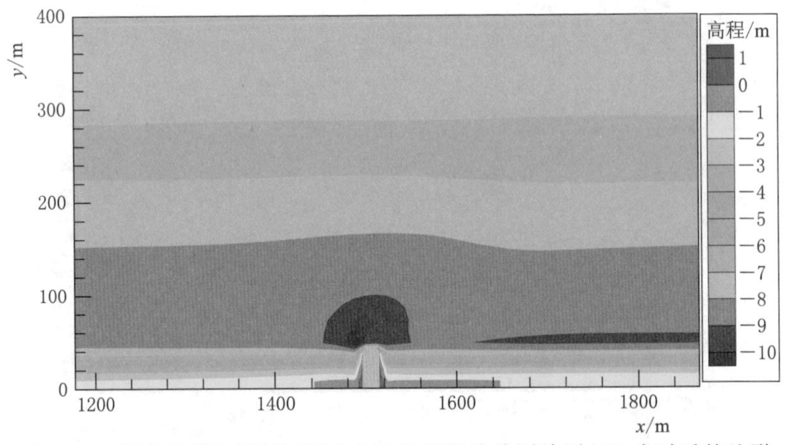

图 5.66 深水险段配置短丁坝在水流和船行波共同冲刷 100 小时后的地形

图 5.67 为深水险段配置短丁坝计算工况在纯水流冲刷 100 小时后的地形变化平面分布，图 5.68 为深水险段配置短丁坝计算工况在水流和船行波共同冲刷 100 小时后的地形变化平面分布。比较两图，可知船行波作用一方面会增大丁坝头部冲坑深度和范围，另一方面还会增加临水坡坡面的侵蚀深度。本算例中，船行波作用导致丁坝头部冲坑最大深度由－1.46m 增大至－1.67m，增大值为 0.2m，冲坑范围向外扩大 54m，临水坡坡面侵蚀带延长 160m。

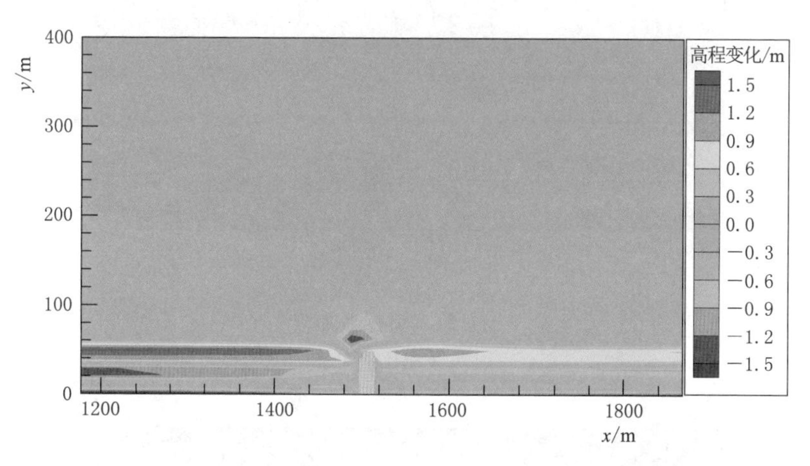

图 5.67　深水险段配置短丁坝在水流持续冲刷 100 小时后的地形变化

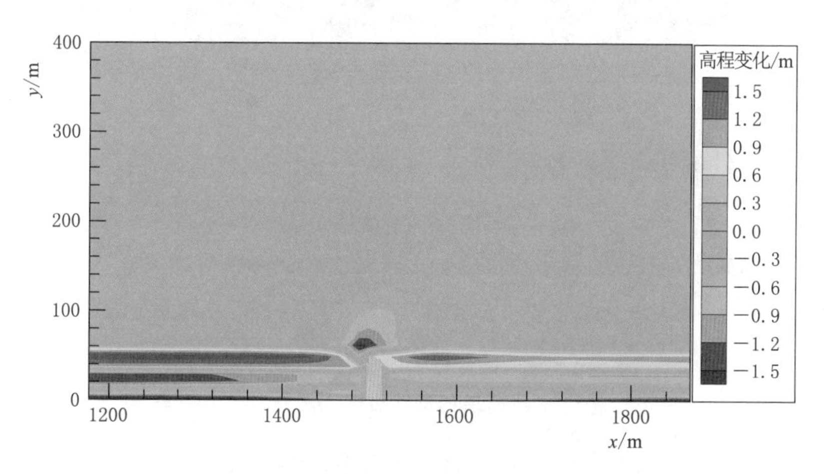

图 5.68　深水险段配置短丁坝在水流和船行波共同冲刷 100 小时后的地形变化

图 5.69 为深水险段配置短丁坝计算工况在纯水流冲刷 100 小时后细沙的级配比例平面分布，图 5.70 为深水险段配置短丁坝计算工况在水流和船行波共同冲刷 100 小时后细沙的级配比例平面分布。比较两图，可知船行波作用会减少

细沙在临水坡浅水区和丁坝冲刷坑内的比例。对应的，粗沙的比例会增大；也就是说丁坝头部和临水坡在船行波作用下会慢慢粗化。

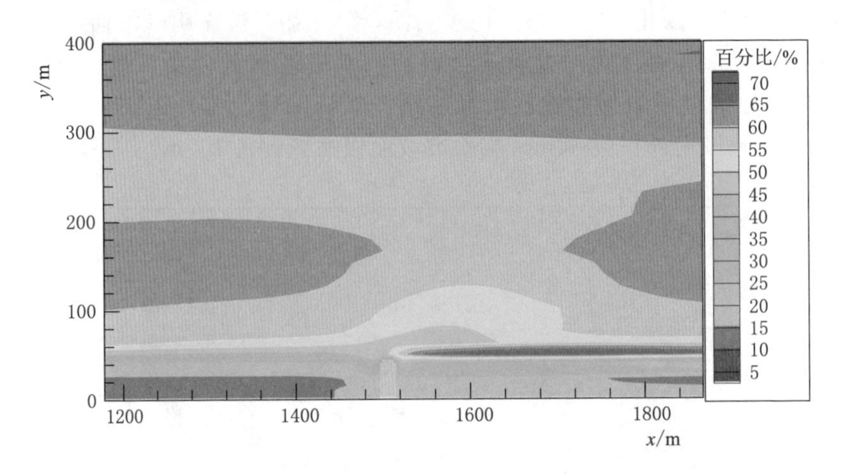

图 5.69　深水险段配置短丁坝在水流持续冲刷 100 小时后细沙级配比例分布

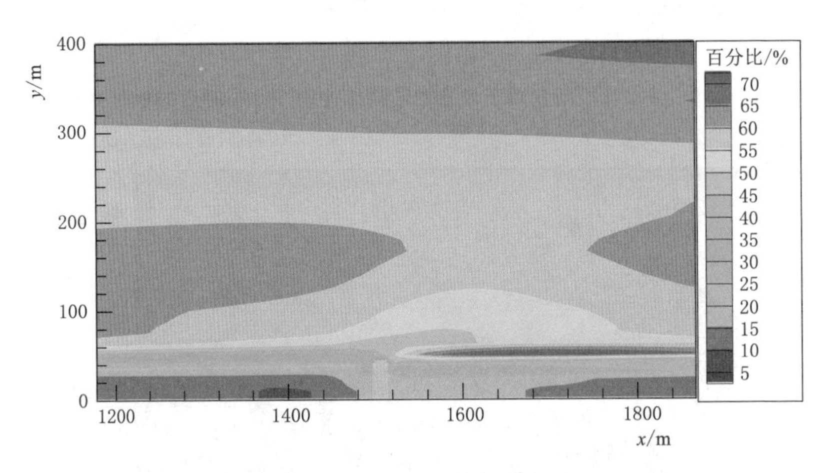

图 5.70　深水险段配置短丁坝在水流和船行波共同冲刷 100 小时后的细沙级配比例分布

2. 船行波对深水险段配置长丁坝时的局部冲刷影响

为分析船行波对长丁坝深水险段局部冲刷的影响，同样比较了纯水流作用（无船行波影响）和水流+船行波双重作用两种情况。图 5.71 为深水险段配置长丁坝计算工况的初始地形，图 5.72 为深水险段配置长丁坝计算工况在纯水流冲刷 100 小时后的地形平面分布，图 5.73 为深水险段配置长丁坝计算工况在水流和船行波共同冲刷 100 小时后的地形平面分布。

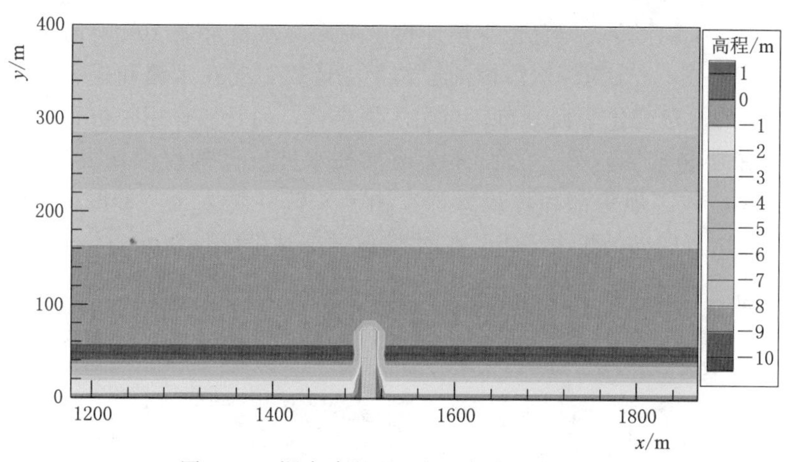

图 5.71 深水险段配置长丁坝的初始地形

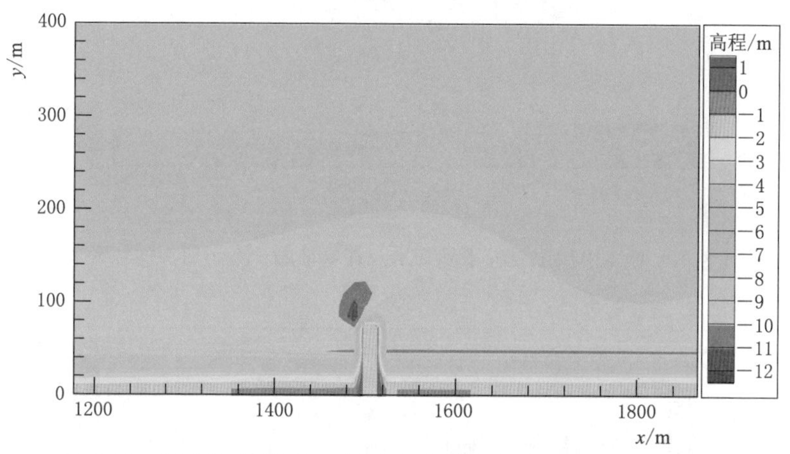

图 5.72 深水险段配置长丁坝在水流持续冲刷 100 小时后的地形

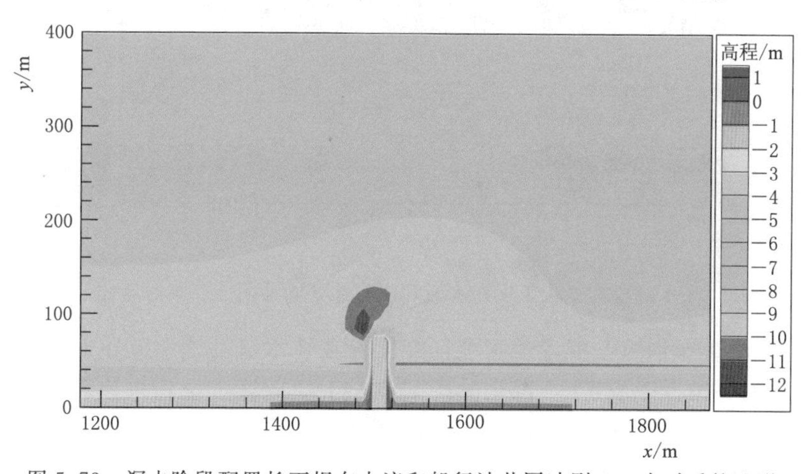

图 5.73 深水险段配置长丁坝在水流和船行波共同冲刷 100 小时后的地形

图 5.74 为深水险段配置长丁坝计算工况在纯水流冲刷 100 小时后的地形变化平面分布，图 5.75 为深水险段配置长丁坝计算工况在水流和船行波共同冲刷 100 小时后的地形变化平面分布。与短丁坝类似，船行波作用一方面会增大丁坝头部冲坑深度和范围，另一方面还会增加临水坡坡面的侵蚀深度。本算例中，船行波作用导致丁坝头部冲坑最大深度由 −3.67m 增大至 −3.82m，增大值为 0.15m，冲坑范围向外扩大 36m，临水坡坡面侵蚀带延长 90m。

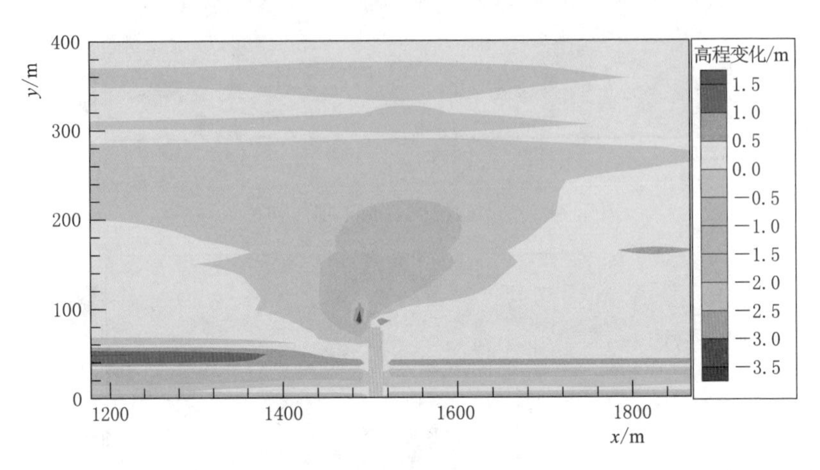

图 5.74 深水险段配置长丁坝在水流持续冲刷 100 小时后的地形变化

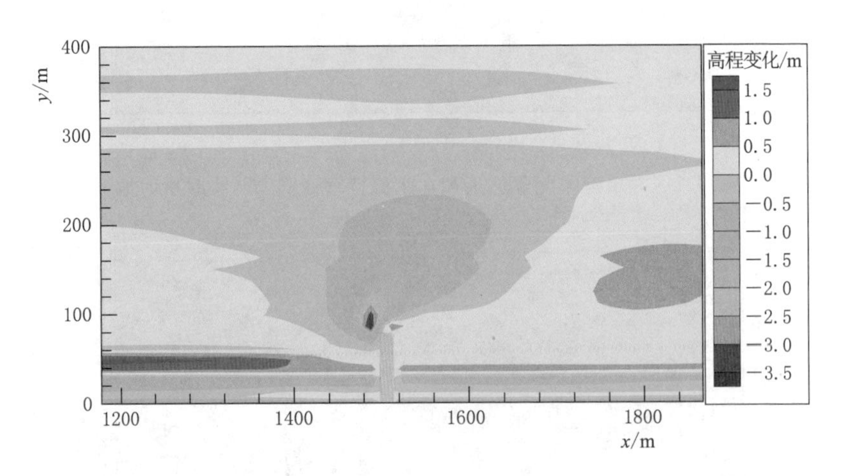

图 5.75 深水险段配置长丁坝在水流和船行波共同冲刷 100 小时后的地形变化

图 5.76 为深水险段配置长丁坝计算工况在纯水流冲刷 100 小时后细沙的级配比例平面分布，图 5.77 为深水险段配置长丁坝计算工况在水流和船行波共同冲刷 100 小时后细沙的级配比例平面分布。比较两图，同样可发现，丁坝头部和临水坡在船行波作用下会慢慢粗化。

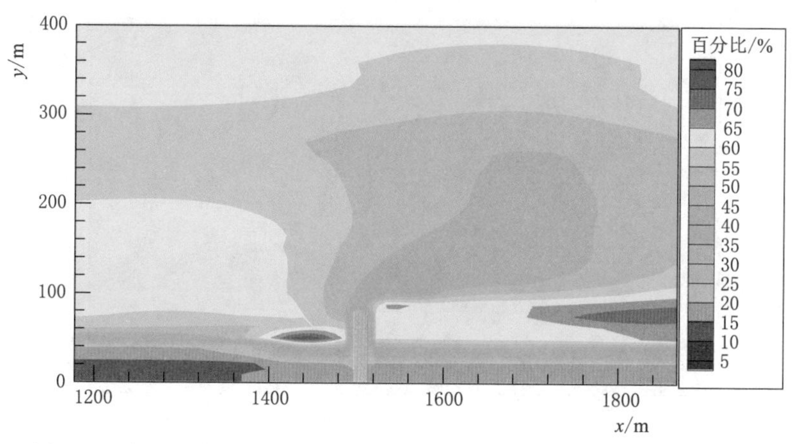

图 5.76 深水险段配置长丁坝在水流冲刷 100 小时后细沙级配比例分布

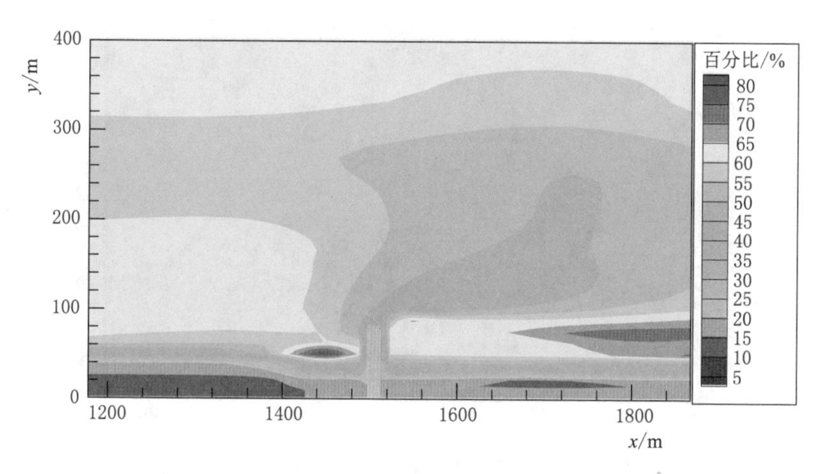

图 5.77 深水险段配置长丁坝在水流和船行波共同作用下的细沙级配比例分布

3. 船行波对浅水险段配置长丁坝时的局部冲刷影响

为分析船行波对长丁坝浅水险段局部冲刷的影响，也比较了纯水流作用（无船行波影响）和水流＋船行波双重作用两种情况。图 5.78 为浅水险段配置长丁坝计算工况的初始地形，图 5.79 为浅水险段配置长丁坝计算工况在纯水流冲刷 100 小时后的地形平面分布，图 5.80 为浅水险段配置长丁坝计算工况在水流和船行波共同冲刷 100 小时后的地形平面分布。

图 5.81 为浅水险段配置长丁坝计算工况在纯水流冲刷 100 小时后的地形变化平面分布，图 5.82 为浅水险段配置长丁坝计算工况在水流和船行波共同冲刷 100 小时后的地形变化平面分布。由图中结果可知，船行波作用导致丁坝头部冲坑最大深度由－1.85m 增大至－2.76m，增大值为 0.91m，冲坑范围向外扩大 67m，临水坡坡面侵蚀带延长 120m。

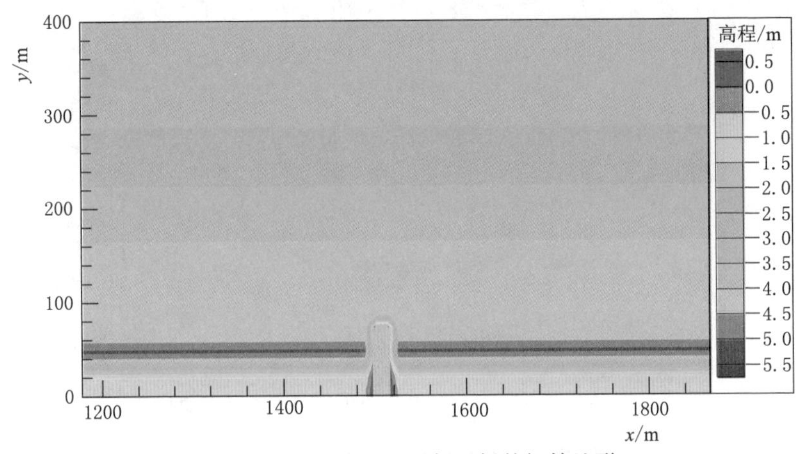

图 5.78　浅水险段配置长丁坝的初始地形

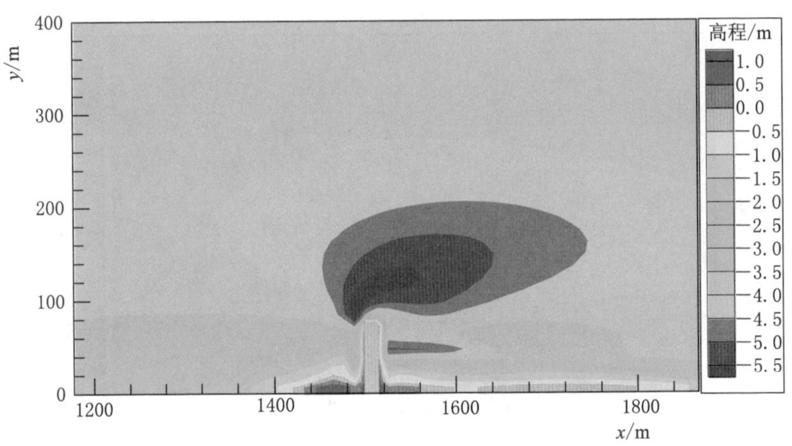

图 5.79　浅水险段配置长丁坝在水流持续冲刷 100 小时后的地形

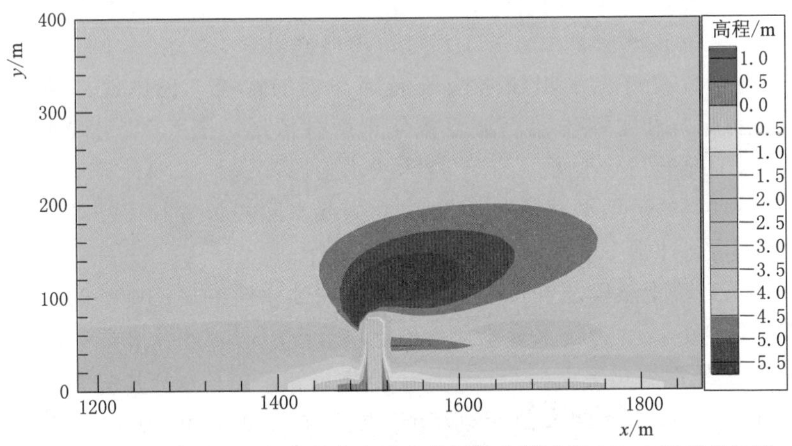

图 5.80　浅水险段配置长丁坝在水流和船行波共同冲刷 100 小时后的地形

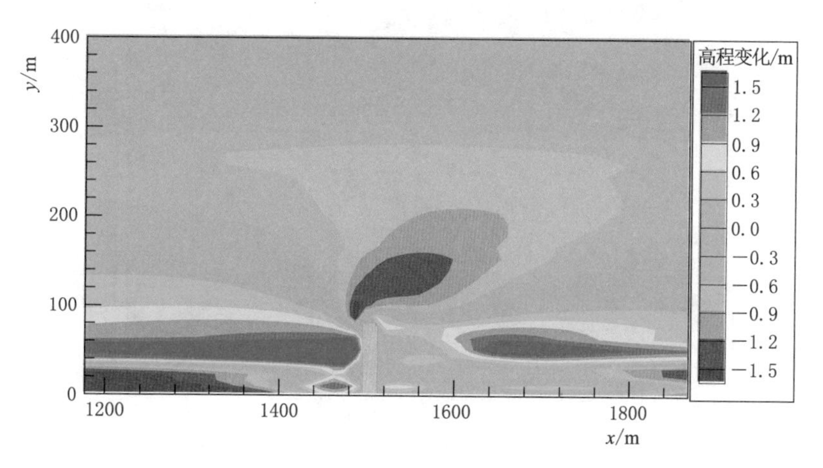

图 5.81　浅水险段配置长丁坝在水流冲刷 100 小时后的地形变化

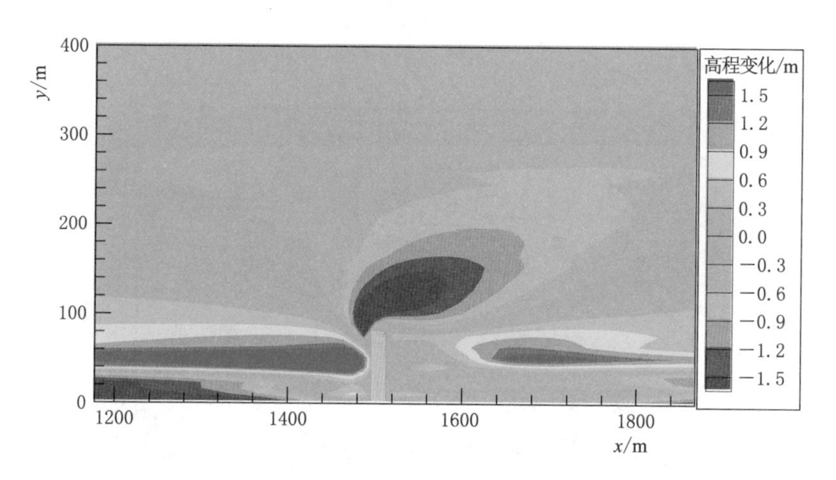

图 5.82　浅水险段配置长丁坝在水流和船行波共同冲刷 100 小时后的地形变化

图 5.83 为浅水险段配置长丁坝计算工况在纯水流冲刷 100 小时后细沙的级配比例平面分布，图 5.84 为浅水险段配置长丁坝计算工况在水流和船行波共同冲刷 100 小时后细沙的级配比例平面分布。两图同样的是，丁坝头部和临水坡在船行波作用下会慢慢粗化。

4. 小结

船行波对沿江防洪工程的影响破坏作用越来越为人们所重视，由于船行波具有破坏力强、难以消除等特性，有必要针对其动力与冲淤特性开展深入研究。本书分析了不同航段配置不同丁坝情况下的船行波冲刷作用，主要得到以下研究成果：

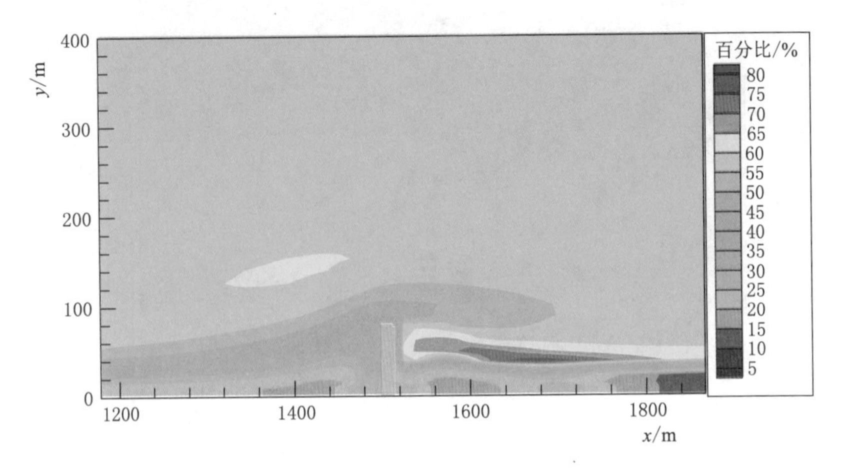

图 5.83　浅水险段配置长丁坝在水流持续冲刷100小时后的细沙级配比例分布

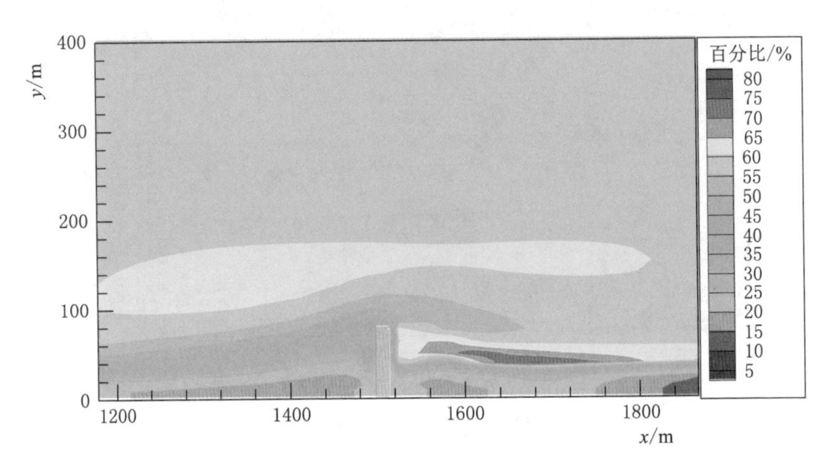

图 5.84　浅水险段配置长丁坝在水流和船行波共同冲刷100小时后的细沙级配比例分布

（1）为分析船行波对短丁坝深水险段局部冲刷的影响，比较了纯水流作用（无船行波影响）和水流＋船行波双重作用两种情况。船行波作用一方面会增大丁坝头部冲坑深度和范围，另一方面还会增加临水坡坡面的侵蚀深度；船行波作用会减少细沙在临水坡浅水区和丁坝冲刷坑内的比例。对应的，粗沙的比例会增大，也就是说丁坝头部和临水坡在船行波作用下会慢慢粗化。

（2）为分析船行波对长丁坝深水险段局部冲刷的影响，同样比较了纯水流作用（无船行波影响）和水流＋船行波双重作用两种情况。与短丁坝类似，船行波作用一方面会增大丁坝头部冲坑深度和范围，另一方面还会增加临水坡坡面的侵蚀深度；丁坝头部和临水坡在船行波作用下会慢慢粗化。

(3) 为分析船行波对长丁坝浅水险段局部冲刷的影响，也比较了纯水流作用（无船行波影响）和水流+船行波双重作用两种情况。与深水险段趋势一致，船行波作用会增大丁坝头部冲坑深度和范围，丁坝头部和临水坡在船行波作用下会慢慢粗化。

(4) 丁坝险段内的冲刷不可避免，船行波会增大丁坝坝头和临水坡坡面的侵蚀和掏刷，并导致侵蚀区域内的床沙级配粗化。和长丁坝相比，短丁坝防护范围窄，临水坡护岸侵蚀会更加严重，粗化更加严重。和深水险段比，浅水险段受船行波影响更加严重，侵蚀范围会明显增大，粗化更加严重。

5.2 船行波对岸坡稳定的影响分析

内河航道中，波浪作用是岸坡主要破坏因素之一。由于内河宽度有限，风浪一般比较小，所以内河航道的波浪破坏一般是由船行波引起的。船舶在航行中，船体周围的水体会受到排挤，使过水断面发生变化，引起水流流速和压力的变化，从而激起船行波。波浪传播到河岸时，在沿岸坡爬升中破碎，岸坡受到较大的动水压力。在高频次船行波的周期作用下，岸坡易被掏刷、崩裂和坍塌。船行波作用下河道岸坡的破坏类型主要包括以下几种：

(1) 渗透破坏。当船行波波峰到达岸坡时，波浪上爬，外水渗入岸坡，波浪以下土体达到暂态饱和；当波谷达到岸坡时，暂态饱和土体向外渗流出逸。波浪的涨落引起岸坡内非稳定渗流场的交替变化，往复循环，当渗流出逸水力坡降超过土体的允许坡降时就可能发生渗透破坏。

(2) 整体稳定。船行波在岸坡内引起非稳定渗流场，产生孔隙水压力和超孔隙水压力，降低了土体的有效强度，影响岸坡稳定性。

(3) 水力掏刷。波浪在爬坡、破碎和退坡时形成较大流速，因此岸坡土体颗粒受到重力、摩擦力和颗粒之间的嵌锁力的同时，还会受到浮力和水流冲刷力。当浮力和水流冲刷力克服了重力、摩擦力和颗粒之间的嵌锁力时，土颗粒发生运动，被带走。

(4) 波吸力作用。船行波在岸坡上爬升、跌落和破碎，对岸坡产生波浪力。波浪力分为波压力和波吸力：当波峰作用在防波堤上时为波压力，波谷作用在防波堤上时为波吸力。

波压力作用方向指向防波堤，而波吸力的作用方向背离岸坡，有带走土颗粒的趋势。已有大量相关研究表明，波高仅有数十厘米的船行波产生的波吸力对岸坡的破坏作用并不明显，船行波对岸坡作用力研究成果也表明船行波对岸坡产生的波吸力很小，故本书中不单独研究波吸力的破坏作用。本节重点利用有限元平台，分别建立波浪与岸坡流固耦合、岸坡非渗流场和岸坡土流固耦合数值仿真模型，模拟典型船行波的产生、传播、爬坡、消落以及船行波与岸坡的相互作用。选用0.1m、0.2m、0.3m、0.4m、0.5m五种不同波高，从渗透破坏、整体抗滑稳定和水动力掏刷等方面分别研究船形波对黏性土岸坡和非黏性土岸坡的破坏作用。通过敏感性分析，确定黏性土岸坡和非黏性土岸坡破坏的主要因素，为不同地质条件的岸坡防护提供依据。

5.2.1 有限元计算模型

5.2.1.1 计算断面的选取

根据2004年珠江流域（西江段）航道岸坡地形、地质和水文条件，选取典型断面河底高程−5.0m，内河水位1.0m，堤后地下水位3.0m。黏性土岸坡地层从上到下依次为素填土、黏土、粉质黏土，内河水位与岸坡接触部位为黏土，见图5.85。砂性土岸坡地层从上到下依次为素填土、中细砂、粉质黏土，内河水位与岸坡接触部位为中细砂，见图5.86。

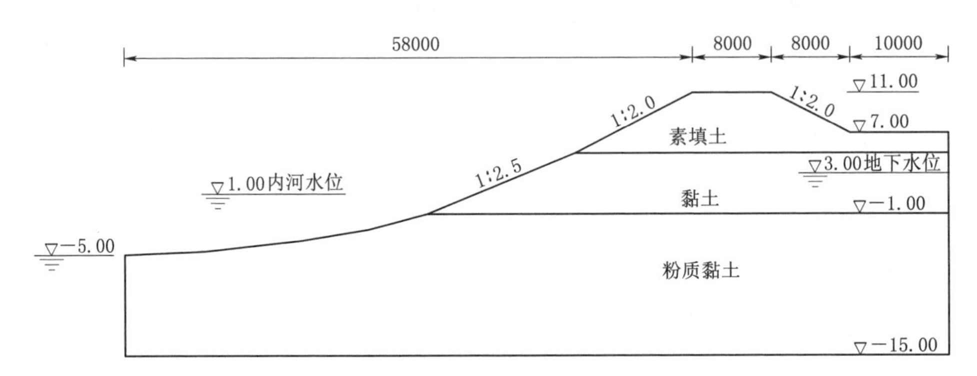

图5.85 黏性土岸坡典型断面图（单位：高程为m，尺寸为mm）

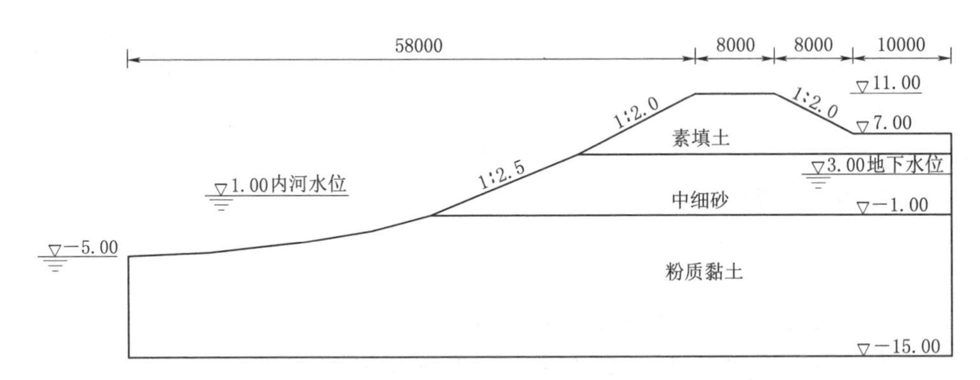

图5.86 砂性土岸坡典型断面图（单位：高程为m，尺寸为mm）

5.2.1.2 典型船行波的选取

根据船行波资料，飞翼船的船行波周期大多为0.5～0.7s，波高大多为0.2～0.4m。选取典型船行波的波要素为：波高0.3m，波周期5s。

为了后面敏感性分析需要，在典型波波高上下附近再分别选取两个波高，波周期保持不变，即计算过程中选取了五个波高，分别为0.1m、0.2m、0.3m、0.4m和0.5m。

5.2.1.3 计算工况及荷载组合

（1）计算参数。典型岸坡断面各土层莫尔-库仑本构模型计算参数见表5.16。

表5.16 边坡土体强度参数

岸坡类型	土层	黏聚力 C/kPa	内摩擦角 φ/(°)	渗透系数 k/(cm/s)
黏性土岸坡	素填土	27.8	10.3	4.8×10^{-5}
	黏土	19.9	11.6	2.8×10^{-5}
	粉质黏土	13.7	11.7	3.15×10^{-5}
砂性土岸坡	素填土	27.8	10.3	4.8×10^{-5}
	含泥中细砂	3.0	25	2.8×10^{-3}
	粉质黏土	13.7	11.7	3.15×10^{-5}

（2）计算工况与荷载组合。计算工况与荷载组合见表5.17。

表5.17 计算工况与荷载组合

主要考虑工况	船行波波高/m	荷载				
		自重	静水压力	孔隙水压力	动水压力	地震作用
工况1	0.1	√	√	√		
工况2	0.2	√	√	√		
工况3	0.3	√	√	√		
工况4	0.4	√	√	√		
工况5	0.5	√	√	√		

（3）荷载：

1）自重。考虑坝体各区的重力，重力加速度 g 取 $9.81m/s^2$。

2）孔隙水压力。孔隙水压力由渗流计算确定。

5.2.1.4 计算模型

1. 船行波与岸坡耦合网格模型

（1）模型规模与尺寸。将水槽长度方向网格密度设置为波长的1/100，垂直方向在液面附近将网格加密，静水位上下一个波高之间设置20个网格，以精确捕捉波面变化（图 5.87），沿坡面设置 300 个监测点。

图 5.87 模型网格示意图

（2）边界条件。实际波面是水和空气的交界面，在只描述流体运动的单相流计算时，需要将空气对水的作用放映到自由表面的边界条件中；因此，自由表面处的动力学边界条件为水面上的压力，为常数（大气压），同时自由表面处的各速度分量沿法向的梯度均为 0，即自由表面上的切应力为 0。

用壁面边界条件来模拟模型中流体与底面的接触面。采用的数值波浪水槽的底部均设置为壁面边界，壁边界上流体法向速度为 0，且采用滑移边界条件。波浪左右方向对称边界条件，在此边界上流体无通量、无剪切，左右两侧壁面均设置为对称边界条件，模拟时假设边界两侧均存在流体。

为了准确模拟自由表面，采用 VOF 法进行自由表面的追踪，即在计算区域每个单元内都定义一个流体体积函数 F。F 表示单元内流体所占有的体积与该单元可容纳流体体积之比：若单元被流体占满 F 值为 1；空单元的 F 值为 0；单元体的 F 值在 0 与 1 之间为含有表面的单元体，这种单元体或是与自由表面相交，或是含有比单元尺度小的气泡。

（3）计算方法。在对控制方程进行求解前，需将计算区域离散化。即把空间上连续的计算区域分成许多个子区域，并确定每个区域中的节点，从而生成网格。将控制方程在网格上离散，则原来的偏微分方程及其定解条件转化为各个网格节点上变量之间关系的代数方程组，通过求解代数方程组获得物理量的近似值。

模型采用有限差分法对控制方程进行离散，空间离散成三维的矩形交错网格，标量定义在控制体的中心上，如压强 P、流体体积函数 F、密度 ρ、可流动的体积分数 V_F 等，而速度和面积分数定义在网格边界面的中心点上。采用交错网格后，对于三维问题，需采用四个不同的控制体，来分别存储标量和三个方向的速度。标量方程和三个方向的动量方程在各个控制体上进行离散。

为了避免采用守恒形式的对流项在非均匀网格中离散出现的不准确，对流项采用非守恒形式 $u \nabla u$ 进行离散，采用中心差分格式和迎风格式相结合的离散方法，通过参数 α 的值来判断选取的差分格式，从而保证计算结果的精度和稳定性。

黏滞项时间上选用显格式。动量对流离散选用二阶的格式，能够很好维持计算的稳定，计算精度较高。

2. 岸坡渗流与应力耦合网格模型

根据选取的典型断面和地质资料，建立了堤防有限元网格模型。模型反映结构的主要几何特征和力学特征。

(1) 模型规模与尺寸。模型主要采用常应力实体单元，坝体各分区单元尺寸为0.16～2m，左侧临水坡面水面线附近单元尺寸为0.16m，其他单元尺寸为0.2～2m。网络模型的规模见表5.18。

表5.18　网格模型的规模

土　层	单元/个	节点/个
素填土	767	847
黏土或中细砂	1515	1630
粉质黏土	746	809
合计	3028	3286

模型宽130m，其中堤外边界距堤轴线90m，堤内边界距堤轴线40m；x 轴正向指向右侧背水面，y 的正向为竖直向上。堤防有限元模型见图5.88。

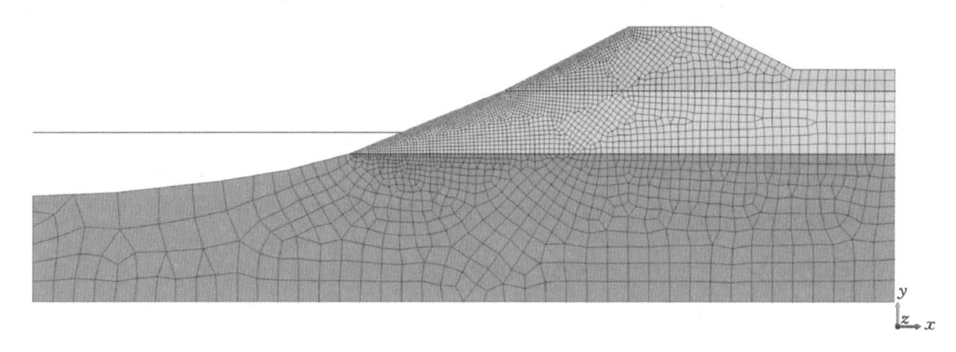

图5.88　堤防有限元模型

(2) 边界条件：

结构边界：模型周侧和底部法向约束。

渗流边界：堤内渗流边界由地下水位确定，堤外渗流边界由波浪爬升计算确定。

5.2.2　船行波与岸坡的相互作用

5.2.2.1　船行波传播过程模拟

波浪属于不可压缩黏性流体运动，以液体运动的连续性方程和不可压缩黏性流体运动的Navier-Stokes方程作为流体运动的控制方程，选用RNG $k-\varepsilon$ 紊流模型，采用边界造波法、椭圆余弦波理论对船行波进行三维仿真。

坡前水深远小于波长，符合浅水情况；堤顶设置为不越浪，岸坡为固定实体材料。模型末端边界条件设置为壁面边界条件，水槽造波端为自定义的主动吸收式椭圆余弦波造波边界，水槽顶部为空气出流边界，水槽底部为壁面边界，水槽宽度方向两侧均为对称边界。波浪示意图见图 5.89。

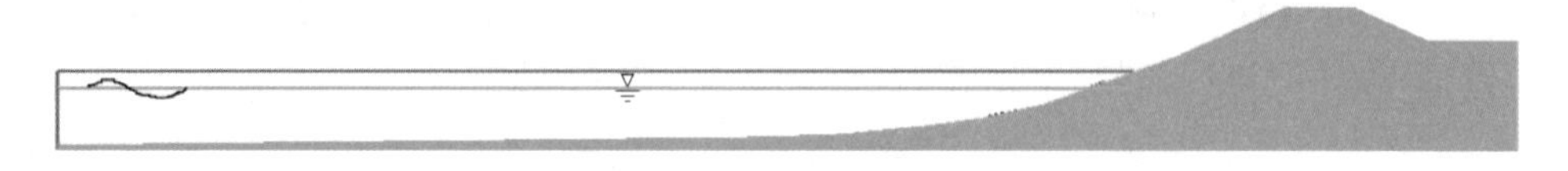

图 5.89　波浪示意图

左侧边界造波后，波浪向右侧传播，约 22s 传播到岸坡。以 0.5m 波高为例说明 10s 内的波浪压力变化过程，详见图 5.90。

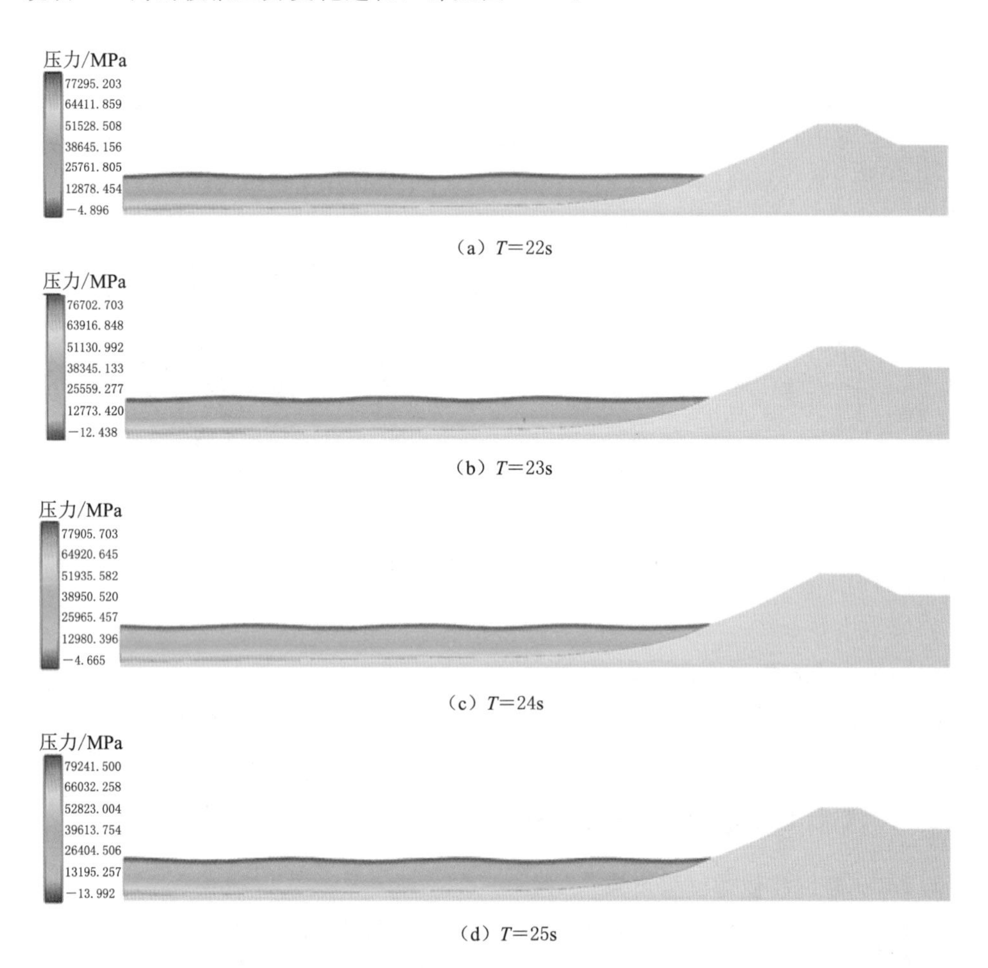

图 5.90（一）　波浪压力分布图

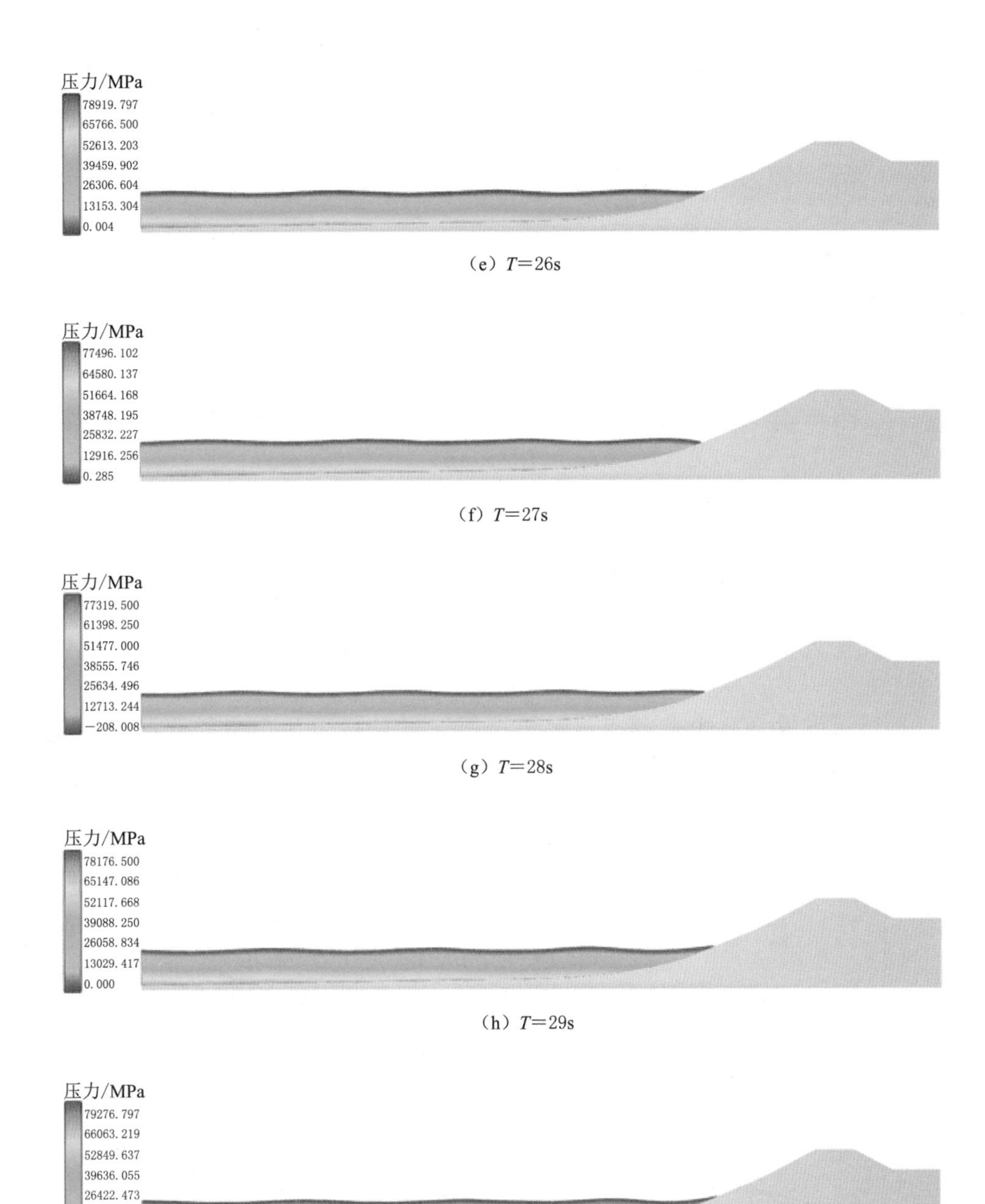

(e) T=26s

(f) T=27s

(g) T=28s

(h) T=29s

(i) T=30s

图 5.90（二） 波浪压力分布图

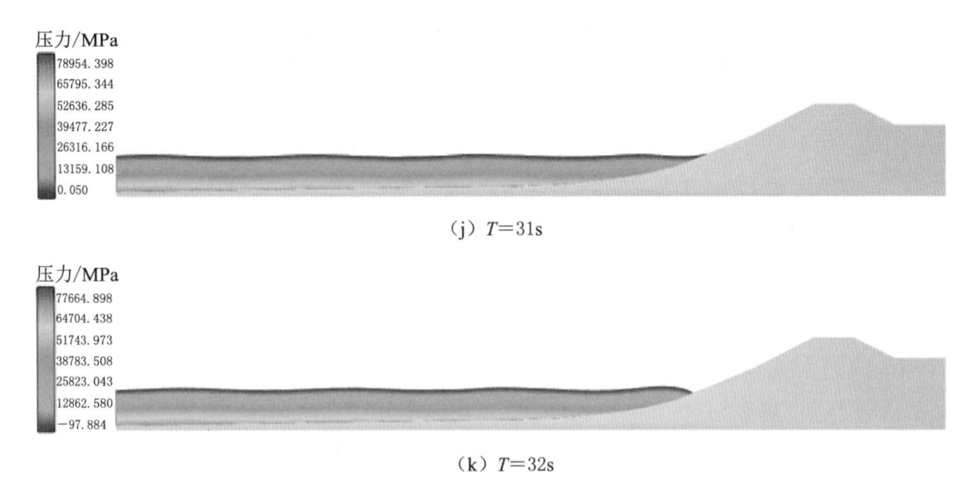

(j) $T=31s$

(k) $T=32s$

图 5.90（三） 波浪压力分布图

5.2.2.2 船行波对岸坡的作用

利用建立的数值模型分析波浪作用下岸坡受力。不同波高对应监测点压力时程变化图表明，波高与波压力紧密相关，且波高大时，波压力的波动就越大。

沿坡面设置 300 个监测点，限于篇幅这里只列述几个主要监测点（图 5.91）：监测点 point11 在静水面上方 18.1cm 处，point12～point15 在静水面下方，垂向间距为 18.5cm。

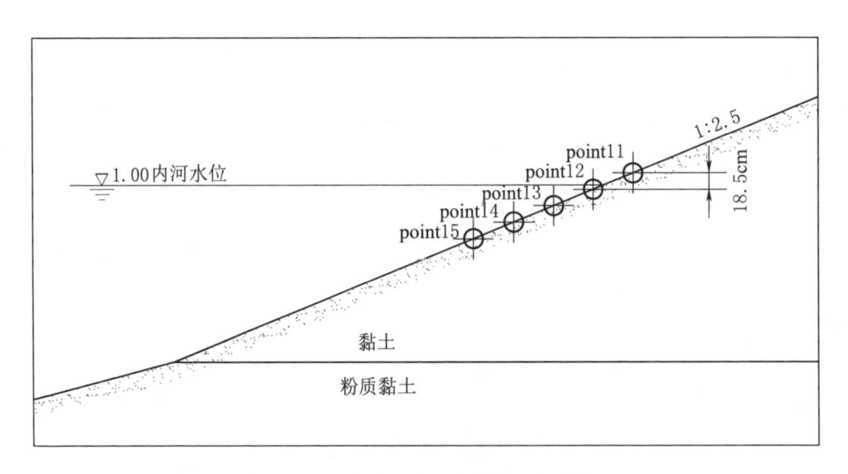

图 5.91 静水面附近监测点布置图

坡面静水面位置附近的部分监测点在不同波高时的压力计算结果见图 5.92，压力单位为 Pa。波浪压力最大点位于静水面下方附近，即 point12 监测点。

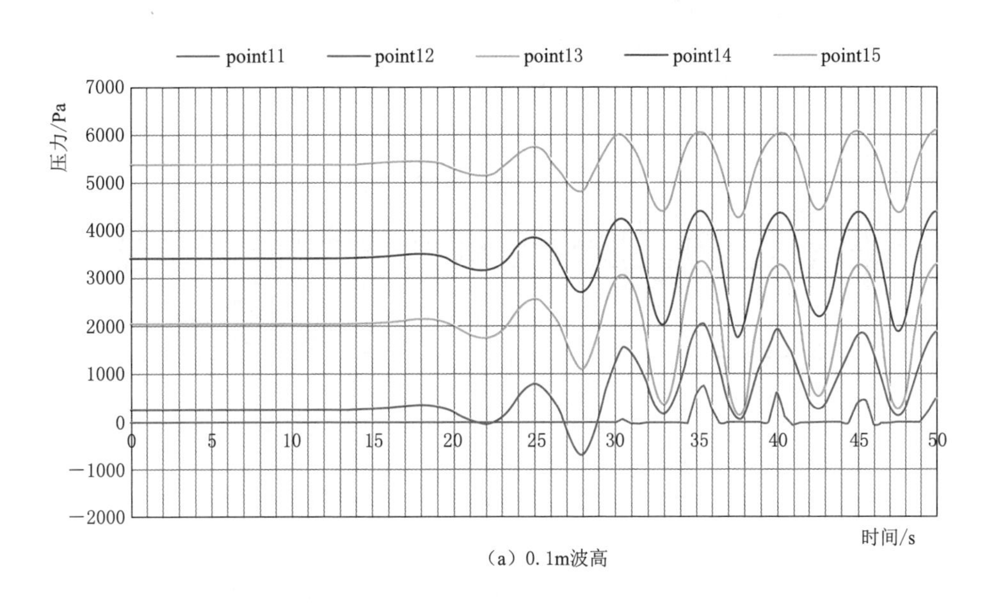

（a）0.1m波高

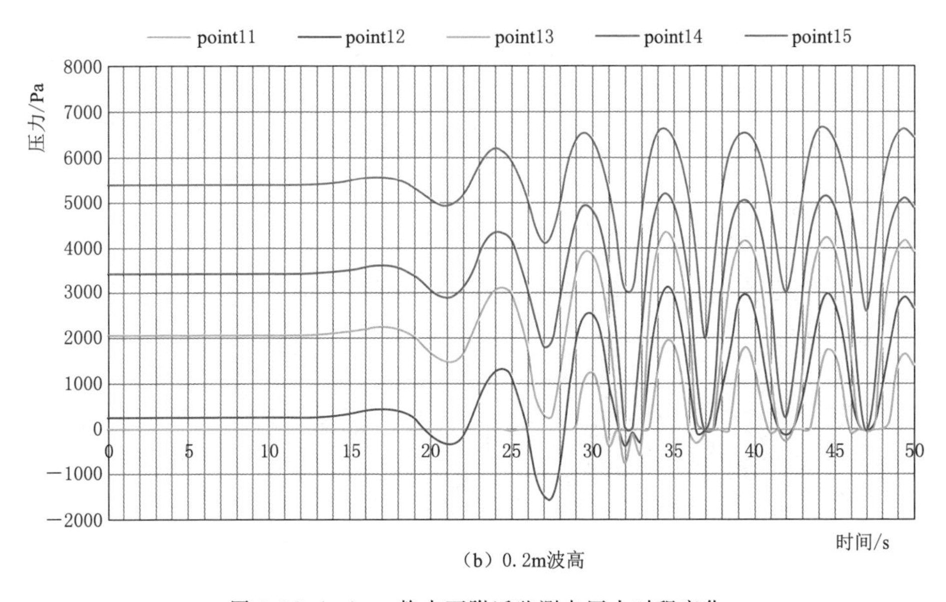

（b）0.2m波高

图 5.92（一） 静水面附近监测点压力时程变化

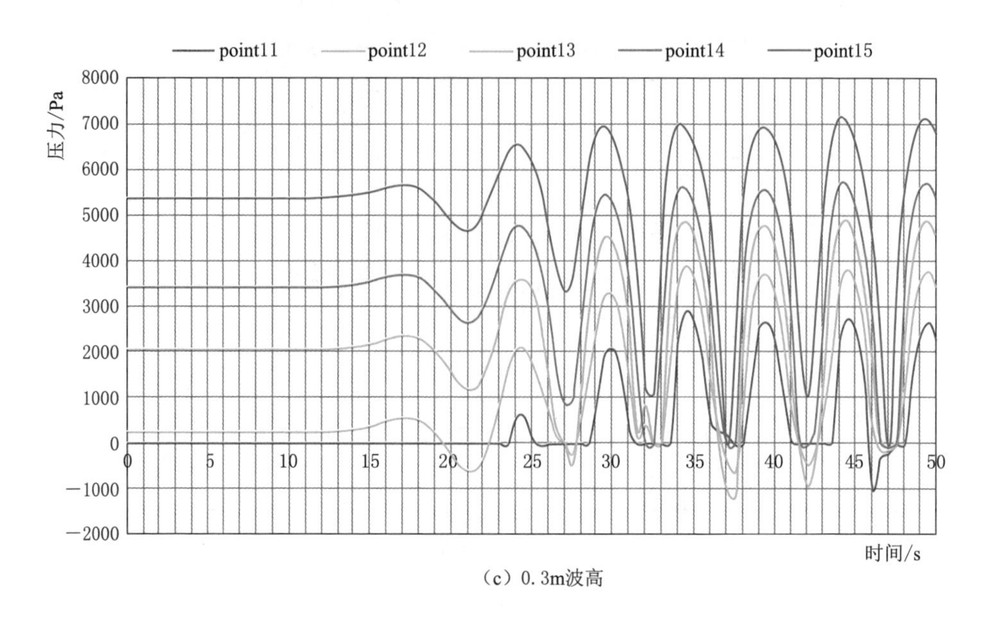

（c）0.3m波高

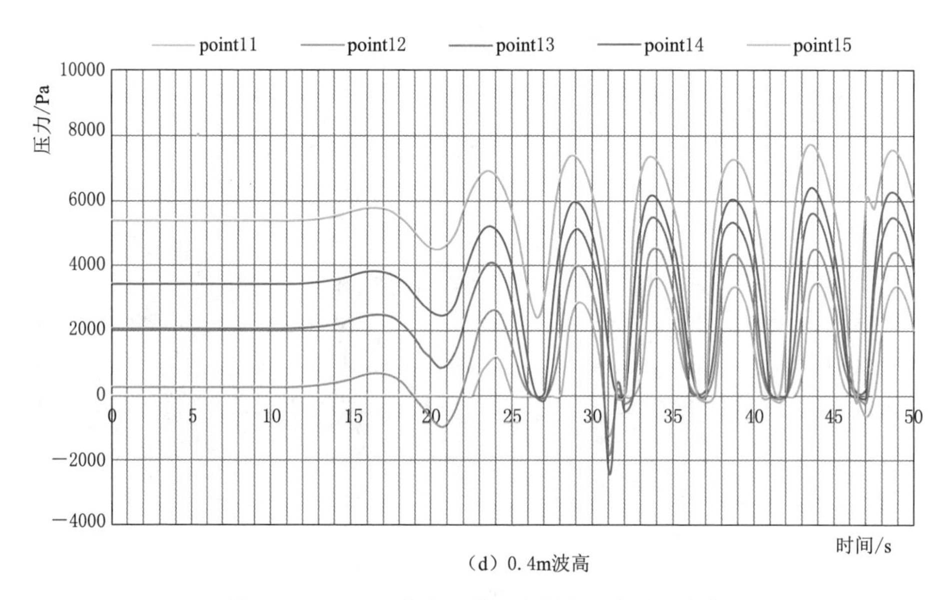

（d）0.4m波高

图 5.92（二） 静水面附近监测点压力时程变化

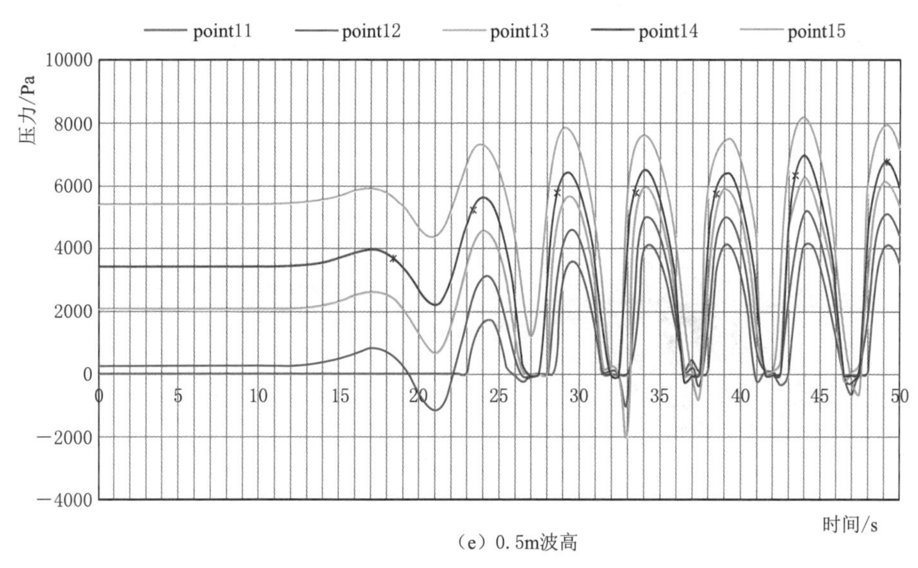

(e) 0.5m波高

图 5.92（三） 静水面附近监测点压力时程变化

5.2.3 船行波对砂性土岸坡稳定的影响

主要从渗透破坏、整体稳定和波浪掏刷来研究船行波对砂性土岸坡稳定的影响。

5.2.3.1 船行波对岸坡渗流坡降的影响

(1) 波高 $H=0.3\text{m}$。船行波波高 $H=0.3\text{m}$ 时，砂性土岸坡渗流坡降峰值时程见图 5.93，岸坡渗流坡降分布云图见图 5.94。

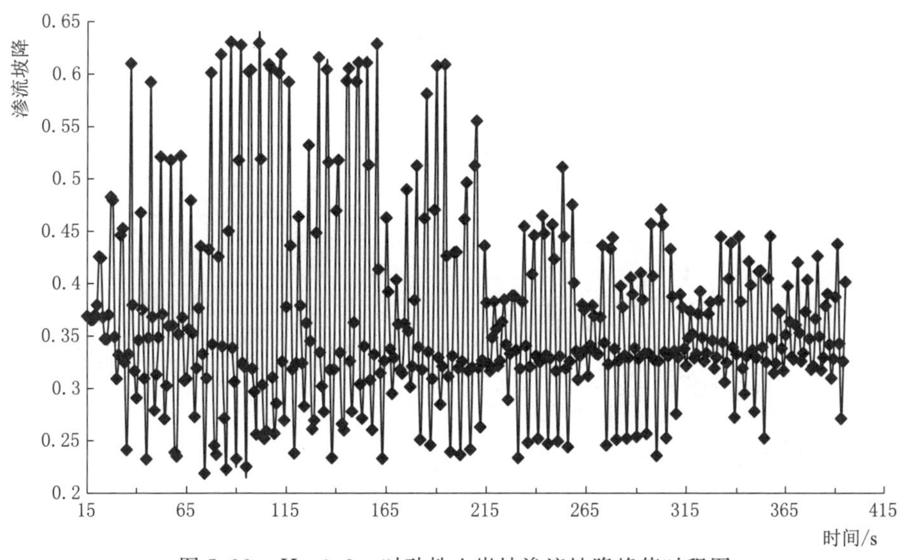

图 5.93 $H=0.3\text{m}$ 时砂性土岸坡渗流坡降峰值时程图

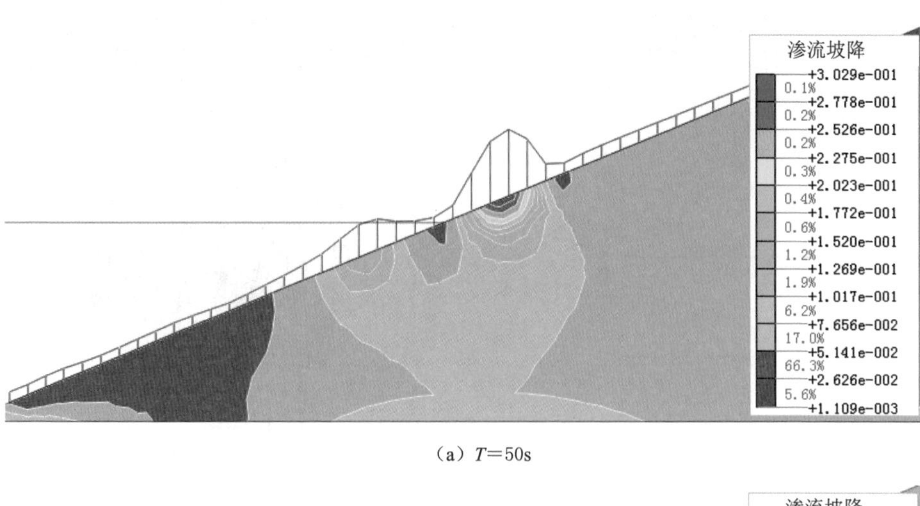

（a）T=50s

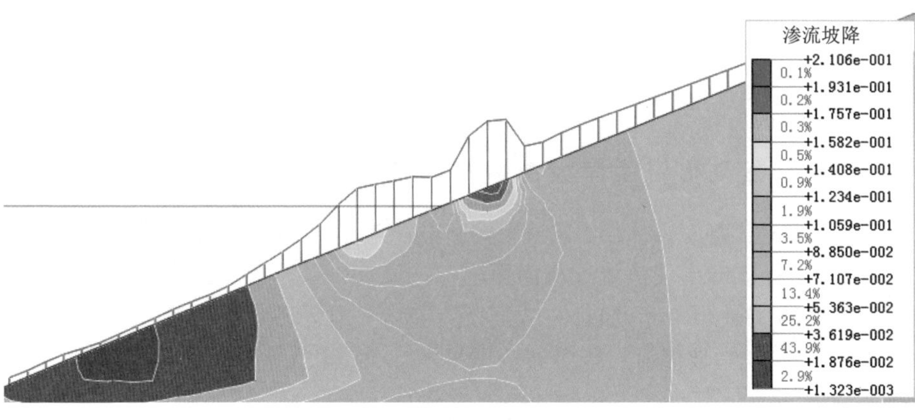

（b）T=100s

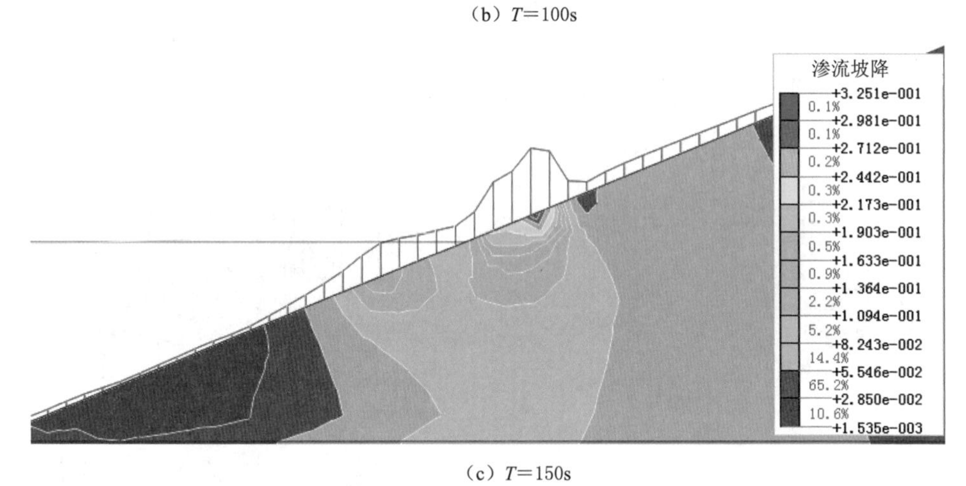

（c）T=150s

图 5.94（一）　H=0.3m 时砂性土岸坡渗流坡降分布云图

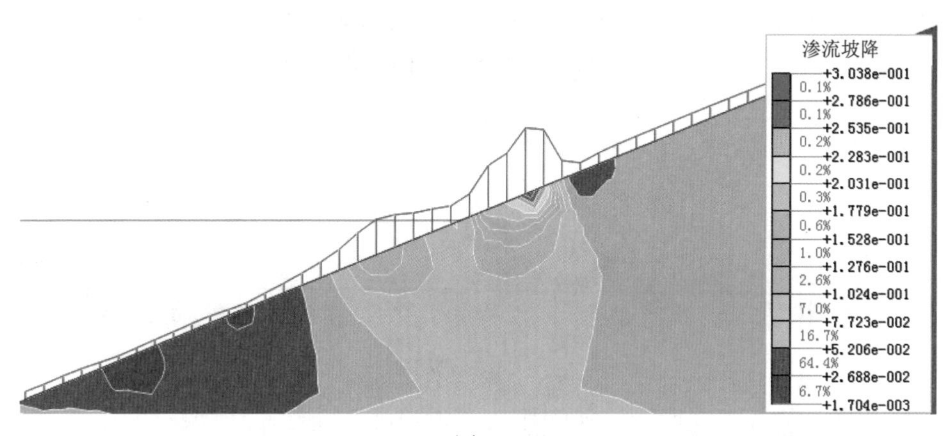

(d) T=200s

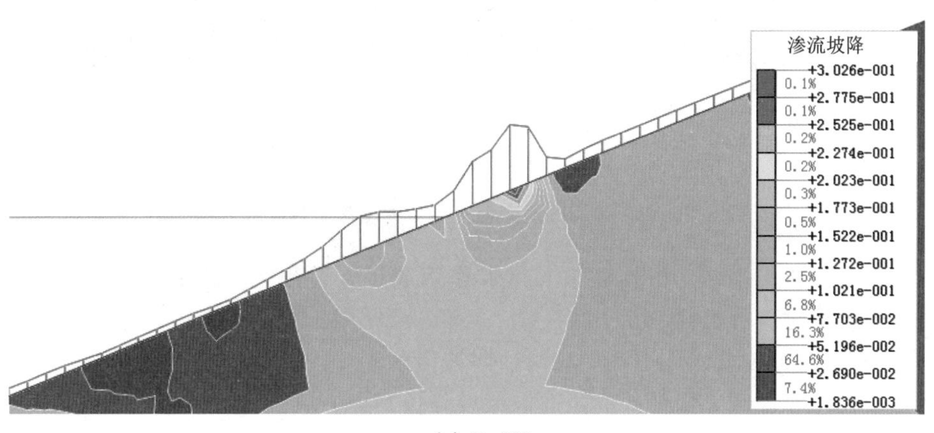

(e) T=250s

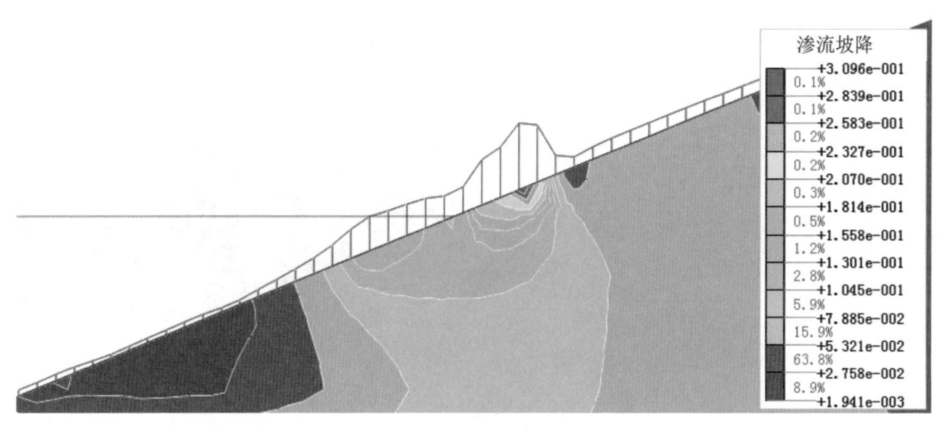

(f) T=300s

图 5.94（二） H=0.3m 时砂性土岸坡渗流坡降分布云图

(2) 波高 $H=0.5\text{m}$。船行波波高 $H=0.5\text{m}$ 时，砂性土岸坡渗流坡降峰值时程变化见图 5.95，岸坡渗流坡降分布云图见图 5.96。

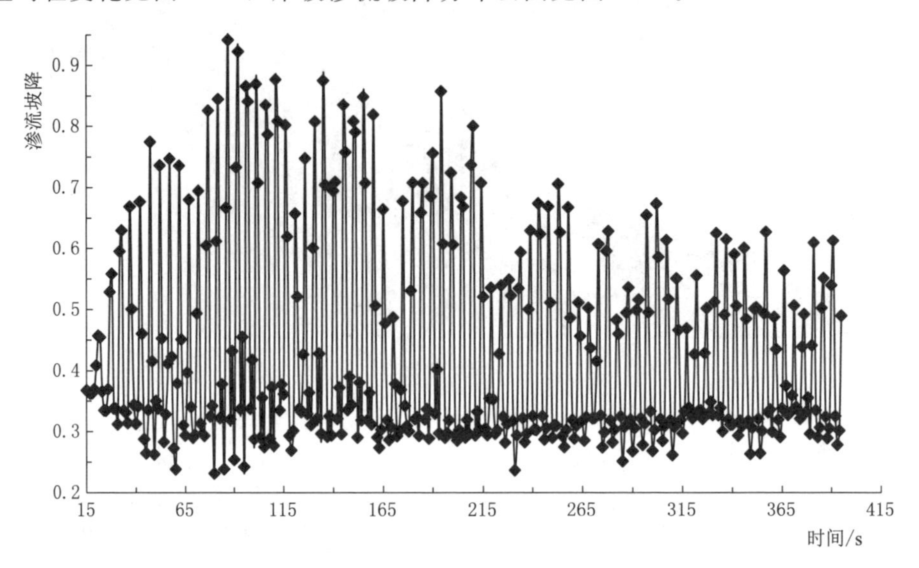

图 5.95 $H=0.5\text{m}$ 时砂性土岸坡渗流坡降峰值时程图

(3) 分析与小结。根据波浪与岸坡作用成果，进行岸坡非稳定渗流场的出逸渗流坡降时程分析：

1) 当船行波波峰作用在岸坡时，向坡内的渗流坡降达到极大值；当船行波波谷作用在岸坡时，向坡外的出逸渗流坡降达到极大值。

2) 不同波高时，向坡内、外的渗流坡降极大值见表 5.19。

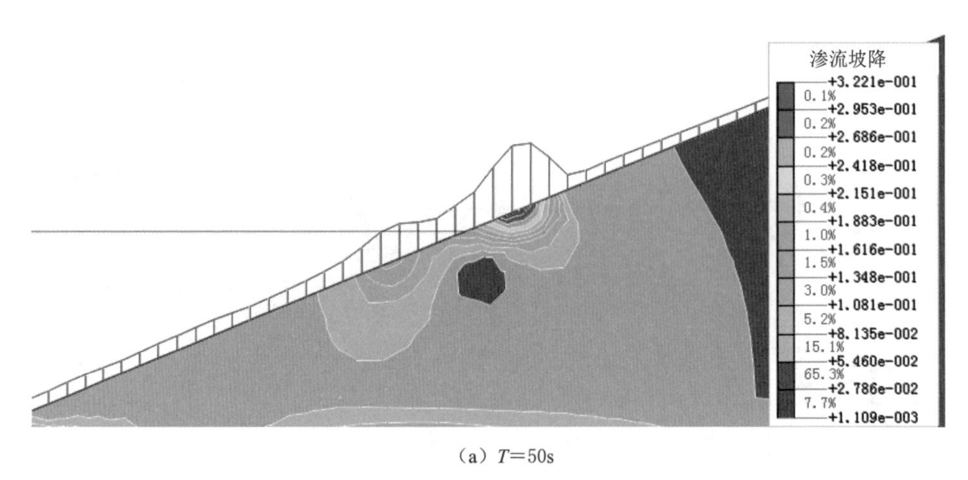

(a) $T=50\text{s}$

图 5.96 (一) $H=0.5\text{m}$ 时砂性土岸坡渗流坡降分布云图

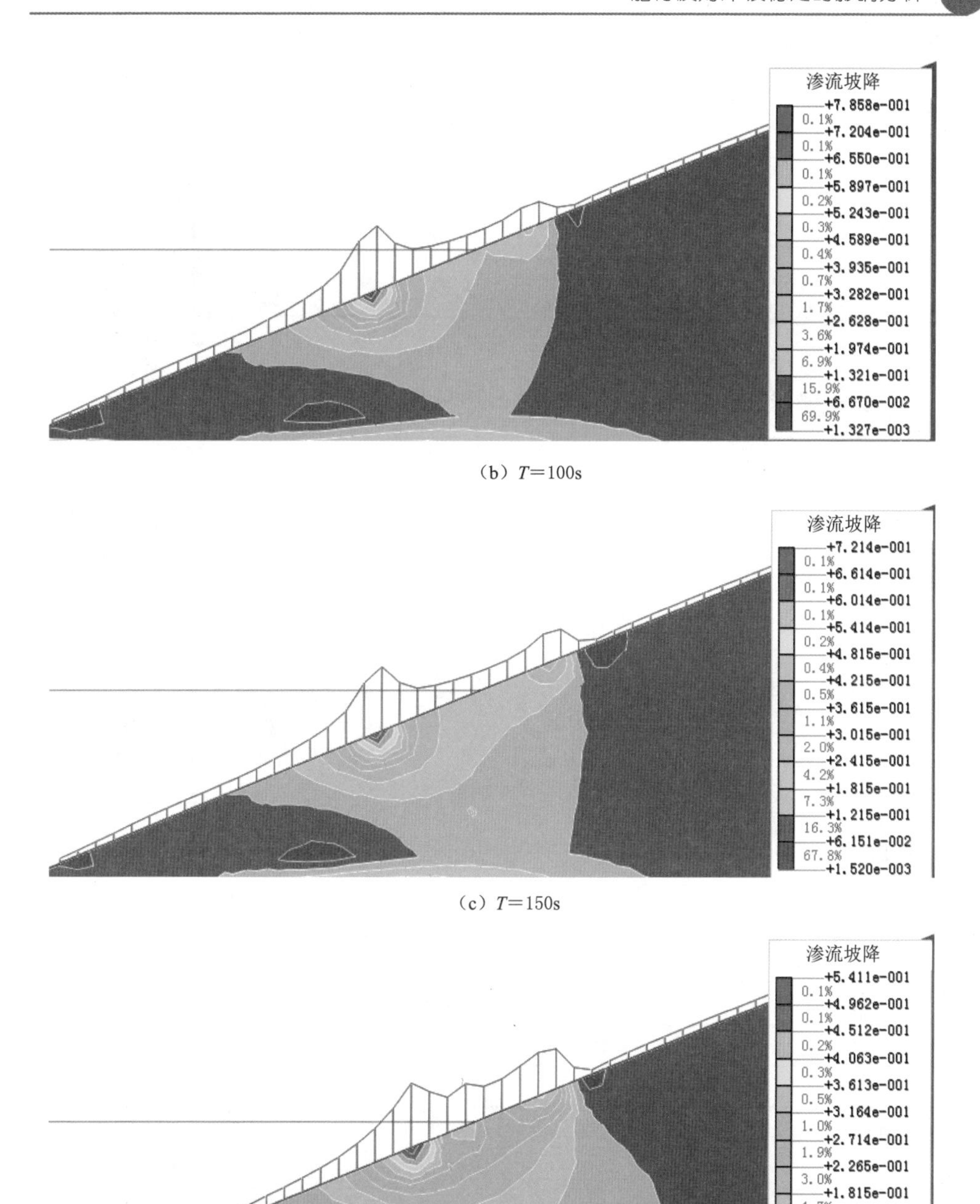

（b）T=100s

（c）T=150s

（d）T=200s

图 5.96（二） H=0.5m 时砂性土岸坡渗流坡降分布云图

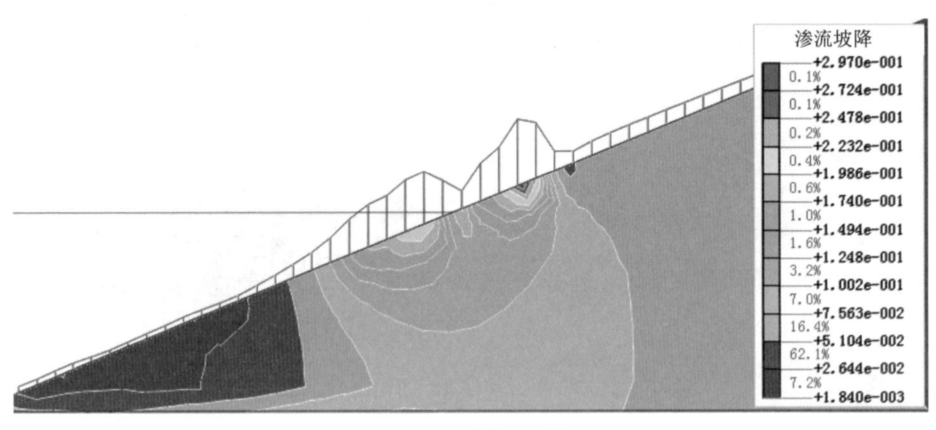

(e) T=250s

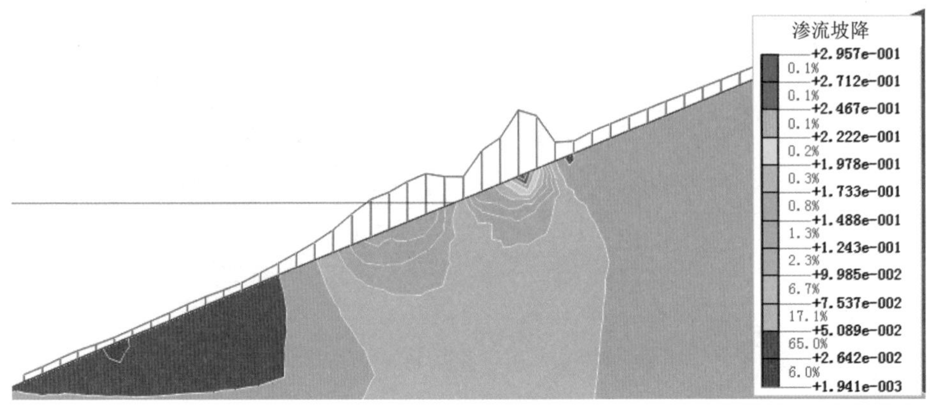

(f) T=300s

图 5.96（三）　H=0.5m 时砂性土岸坡渗流坡降分布云图

表 5.19　　最大瞬时渗流坡降表

波高 H/m	瞬时最大渗流坡降 i（向坡内渗流）	瞬时最大渗流坡降 i（向坡外渗流）
0.1	0.42	0.35
0.2	0.44	0.36
0.3	0.63	0.37
0.4	0.83	0.40
0.5	0.94	0.45

3）向坡内渗流时，岸坡不发生渗透破坏。

4）波高在 0.1～0.5m 时，向坡外出逸渗流坡降为 0.35～0.45，且波高越大时出逸渗流坡降越大；砂性土岸坡允许渗流坡降为 0.25～0.45，因此，船行波可能会引起岸坡的渗透破坏。

5.2.3.2 船行波对砂性土岸坡整体稳定性影响作用

(1) 波高 $H=0.3$m。船行波波高 $H=0.3$m 时，砂性土岸坡整体稳定最小安全系数时程变化见图 5.97，岸坡整体稳定最小安全系数时的相对位移分布图见图 5.98。

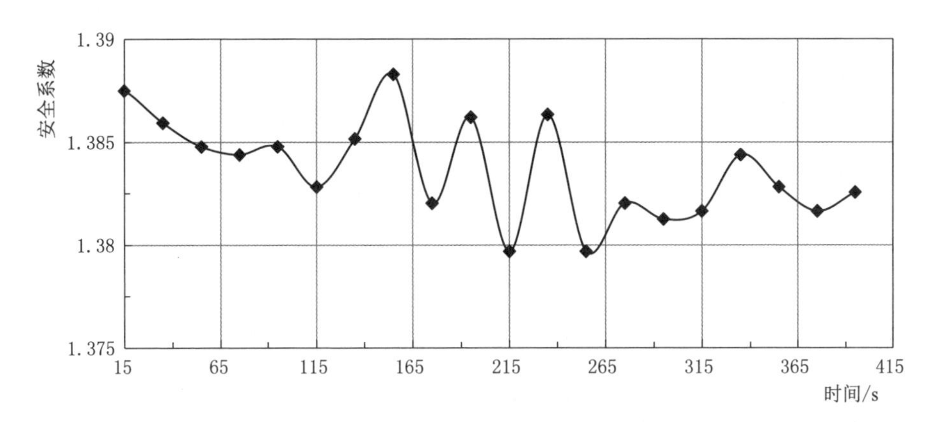

图 5.97 $H=0.3$m 时砂性土岸坡整体稳定最小安全系数时程图

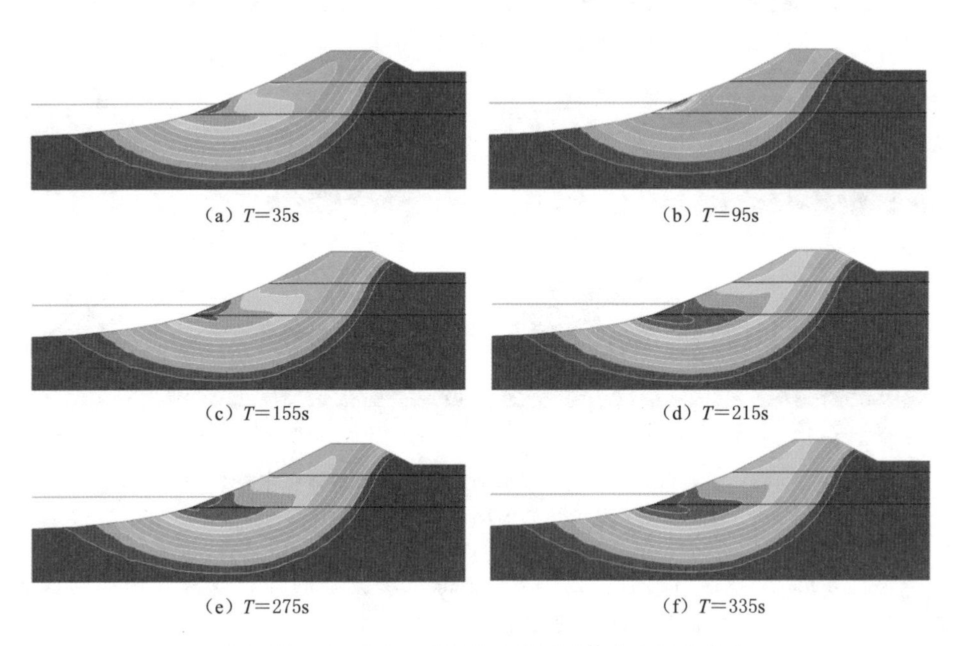

图 5.98 $H=0.3$m 时砂性土岸坡整体稳定最小安全系数时的相对位移分布图

(2) 波高 $H=0.5$m。船行波波高 $H=0.5$m 时，砂性土岸坡整体稳定最小安全系数时程变化见图 5.99，岸坡整体稳定最小安全系数时的相对位移分布图见图 5.100。

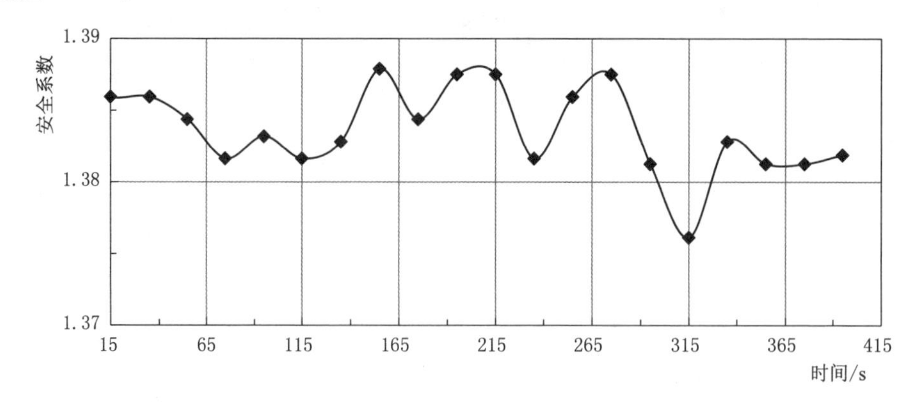

图 5.99 $H=0.5$m 时砂性土岸坡整体稳定最小安全系数时程图

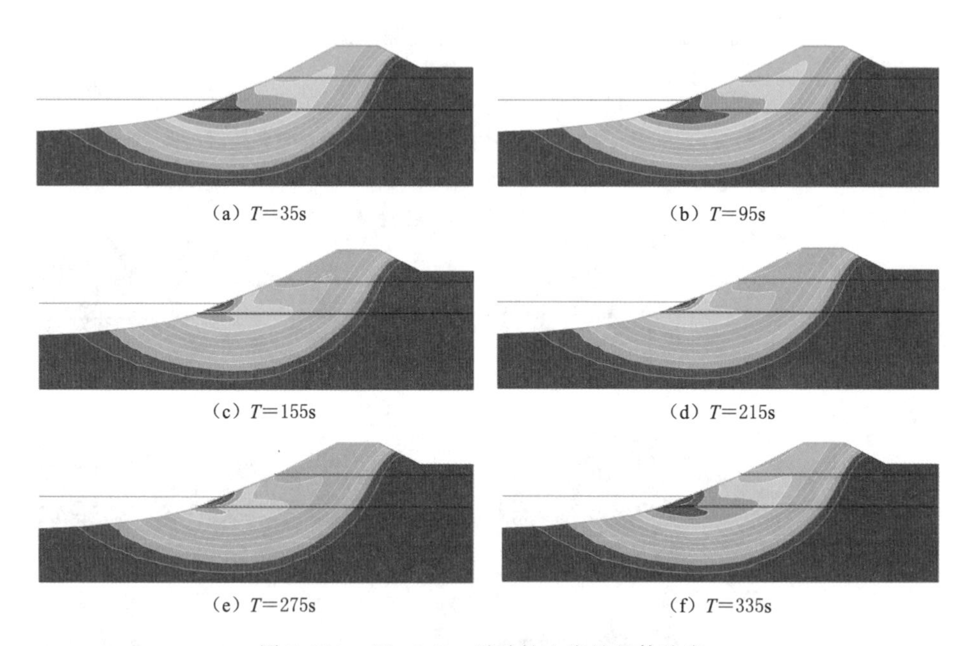

图 5.100 $H=0.5$m 时砂性土岸坡整体稳定最小安全系数时的相对位移分布图

(3) 分析与小结。根据砂性土岸坡非稳定渗流场的计算成果和渗流与应力的耦合分析，运用强度折减法计算岸坡稳定安全系数，得到以下结论：

1) 船行波对岸坡地下水的变动和浸润线的影响较小。

2) 船行波波高 $H=0.1\sim0.5$m 时，波高越大，岸坡稳定最小安全系数越小（表 5.20），岸坡整体稳定最小安全系数为 1.36～1.39（图 5.101），变化范围很小，表明岸坡整体稳定最小安全系数对船行波波高并不敏感。

表 5.20　　砂性土岸坡整体稳定最小安全系数

波高 H/m	最小安全系数 K	波高 H/m	最小安全系数 K
0.1	1.379	0.4	1.376
0.2	1.378	0.5	1.376
0.3	1.377		

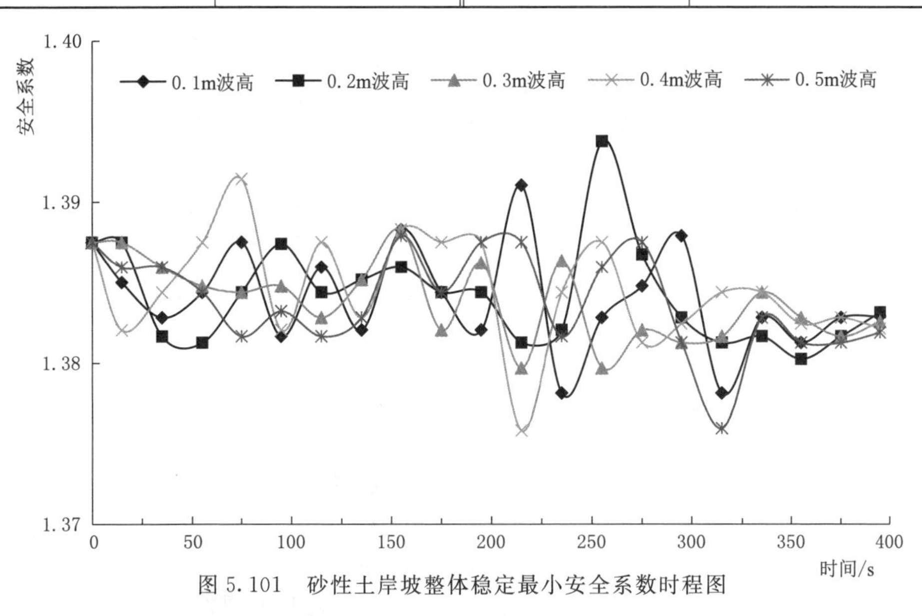

图 5.101　砂性土岸坡整体稳定最小安全系数时程图

5.2.3.3　船行波对砂性土岸坡的水力掏刷作用

岸坡最大流速点位于静水面附近，分别取静水面上方 A 点、静水面位置 B 点和静水面下方附近 C 点，分析三个点的流速随时间变化，以确定岸坡最容易产生掏刷破坏的位置，监测点位置见图 5.102。

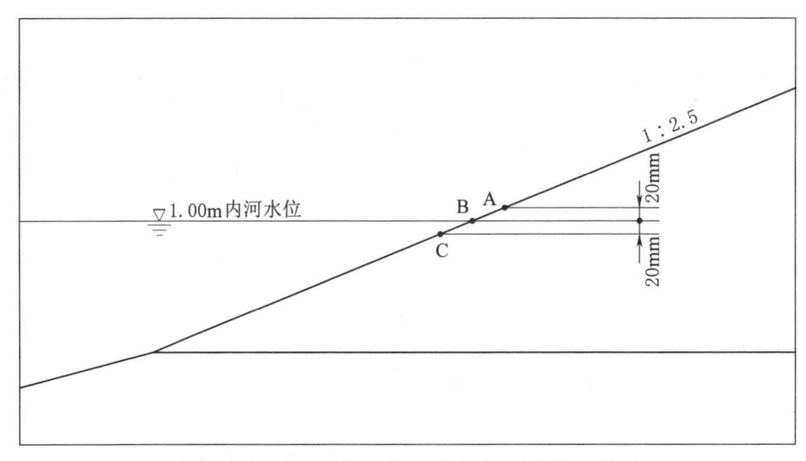

图 5.102　流速监测点位置布置图（砂性土岸坡）

(1) 波高 $H=0.3$m。船行波波高 $H=0.3$m 时，岸坡监测点流速变化见图5.103。

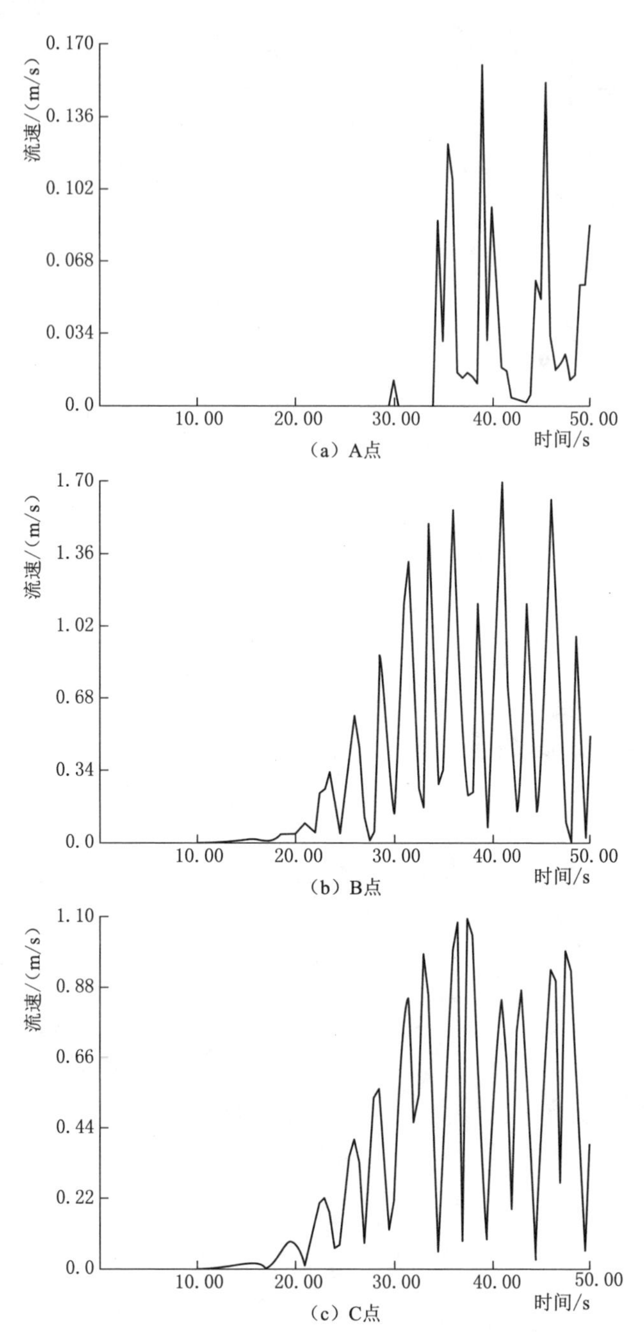

图5.103 $H=0.3$m 时砂性土岸坡监测点流速变化

（2）波高 $H=0.5\text{m}$。船行波波高 $H=0.5\text{m}$ 时，岸坡监测点流速变化见图 5.104。

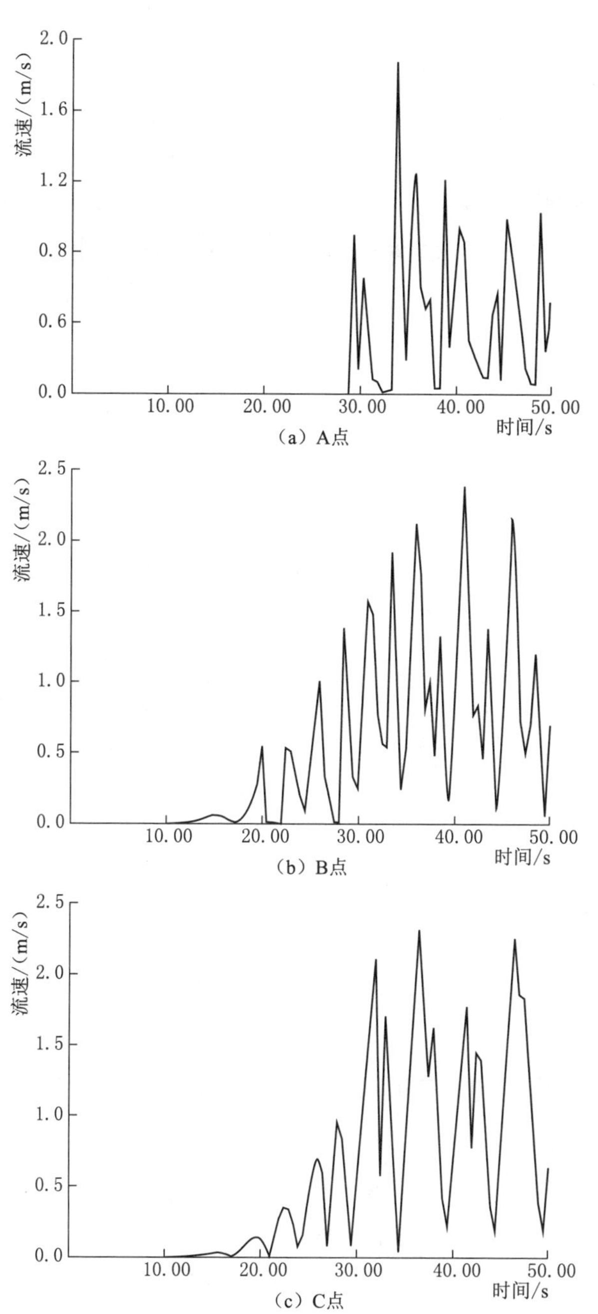

图 5.104　$H=0.5\text{m}$ 时砂性土岸坡监测点流速变化

(3) 分析与小结。轮船的船行波爬上或退下堤坡时，水流都是直接冲刷堤坡面的，静水面附近岸坡代表监测点 A、B、C 点的最大流速见表 5.21 和图 5.105。从图表中可以看出：

1) 波高越大，各监测点的流速越大。

2) 静水面附近 B 点流速最大，最容易产生水力掏刷破坏。

3) 若砂性土的起动流速 V_0 取为 0.4m/s，当船行波 $H \geqslant 0.1$m，在岸坡上可能会产生水力掏刷破坏。

表 5.21 砂性土岸坡波高与静水面附近监测点最大流速的关系

波高/m	A 点最大流速/(m/s)	B 点最大流速/(m/s)	C 点最大流速/(m/s)	最大流速/(m/s)
0.1	0	0.78	0.32	0.78
0.2	0.24	1.34	0.72	1.34
0.3	0.39	1.7	1.09	1.7
0.4	0.43	2.08	1.78	2.08
0.5	0.48	2.46	2.23	2.46

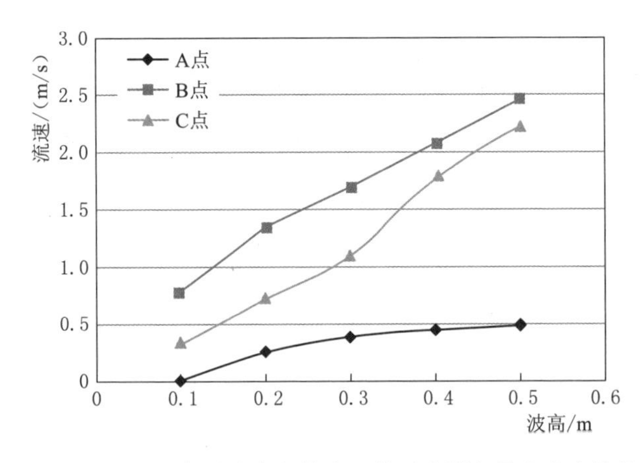

图 5.105 砂性土岸坡波高与静水面附近监测点最大流速的关系

5.2.3.4 主要破坏因素分析

主要从渗透破坏、整体稳定和波浪掏刷几个方面来研究船行波对砂性土岸坡稳定的影响。不同波高作用下，三种影响因素对岸坡稳定计算结果见表 5.22 和图 5.106。根据相关规范资料，砂性土的允许渗流坡降 J_0 参考值取 0.40，起动流速 V_0 参考值取 0.4m/s。

从表 5.22 和图 5.106 可得以下结论：

表 5.22　　砂性土岸坡稳定影响因素计算结果

波高 H/m	安全系数 K	渗流坡降 J	流速 V/(m/s)	J/J_0	V/V_0
0.1	1.379	0.35	0.78	0.88	1.95
0.2	1.378	0.36	1.34	0.90	3.35
0.3	1.377	0.37	1.7	0.93	4.25
0.4	1.376	0.4	2.08	1.00	5.20
0.5	1.372	0.45	2.46	1.13	6.15

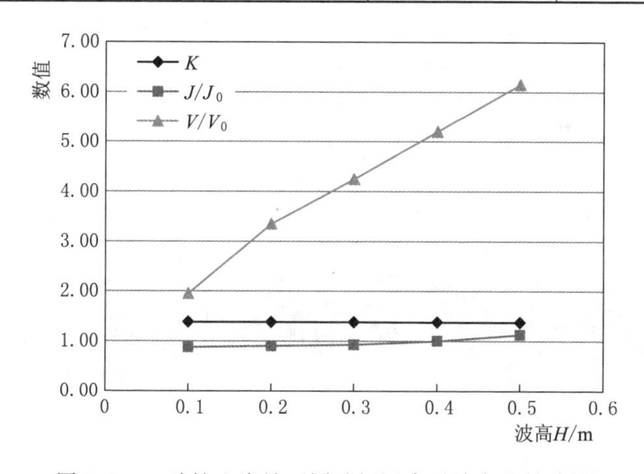

图 5.106　砂性土岸坡不同破坏因素对波高的敏感性

（1）船行波波高越大时，V/V_0 的值和 J/J_0 的值越大，表明岸坡越容易受到破坏；整体稳定最小安全系数随波高增加而减少，但变化甚微，表明船行波波高几乎不影响岸坡整体稳定性。

（2）对不同船行波波高，V/V_0 变幅最大，表明岸坡破坏对波浪流速最敏感；K 值变幅最小，表明岸坡破坏对整体稳定性最不敏感；出逸渗流坡降介于两者中间。

（3）不同波高时，V/V_0 均大于 1，且大于 J/J_0，表明波浪流速均大于砂性土的起动流速，砂性土主要受水力掏刷破坏，即波浪水力掏刷是砂性土岸坡破坏的主要原因。

（4）波高 0.1～0.4m 范围内，岸坡的渗流坡降均小于允许渗流坡降，不发生渗透破坏；波高为 0.5m 时岸坡的渗流坡降稍微大于允许渗流坡降，可能发生渗透破坏。

5.2.4　船行波对黏性土岸坡稳定的影响

砂性土和黏性土物理特性存在较大差异，因此船行波对岸坡破坏效果也存在较大差异。从渗透破坏、整体稳定和波浪淘刷来研究船行波对黏性土岸坡稳定的影响。

5.2.4.1 船行波对岸坡渗流水力坡降的影响

(1) 波高 $H=0.3\text{m}$。船行波波高 $H=0.3\text{m}$ 时，黏性土岸坡渗流坡降峰值时程变化见图 5.107，第 50s、100s、150s、200s、250s 和 300s 岸坡渗流坡降分布云图见图 5.108。

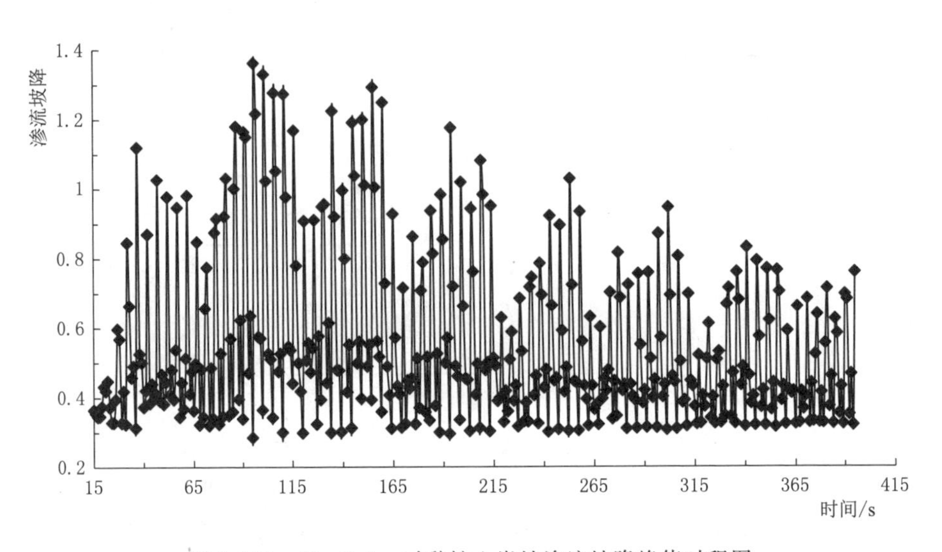

图 5.107 $H=0.3\text{m}$ 时黏性土岸坡渗流坡降峰值时程图

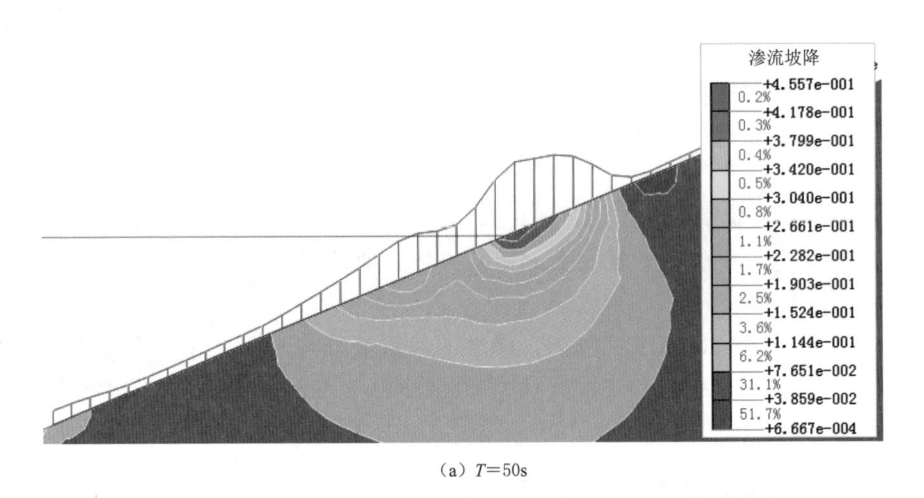

(a) $T=50\text{s}$

图 5.108（一） $H=0.3\text{m}$ 时黏性土岸坡渗流坡降分布云图

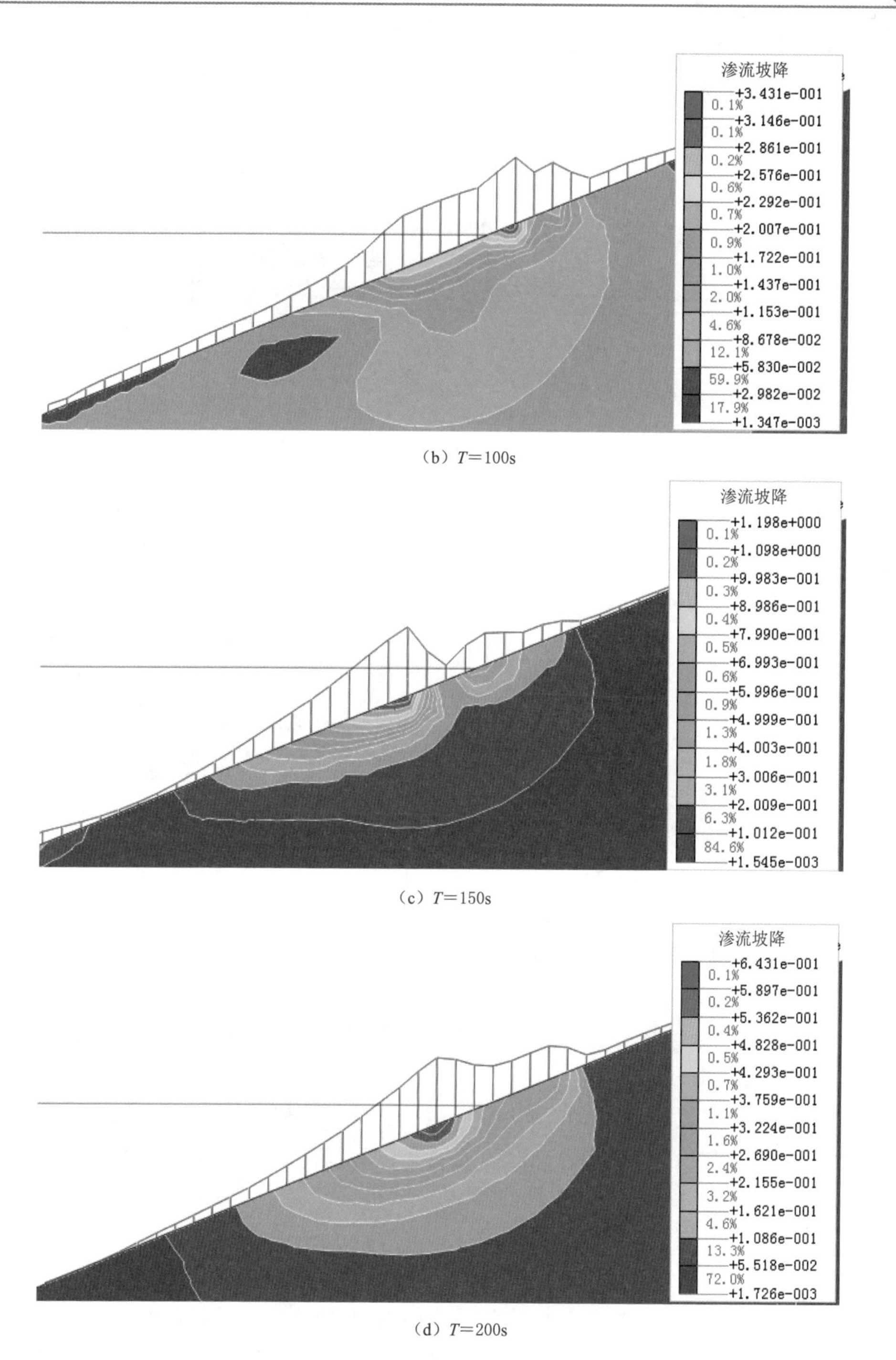

（b）T=100s

（c）T=150s

（d）T=200s

图 5.108（二） H=0.3m 时黏性土岸坡渗流坡降分布云图

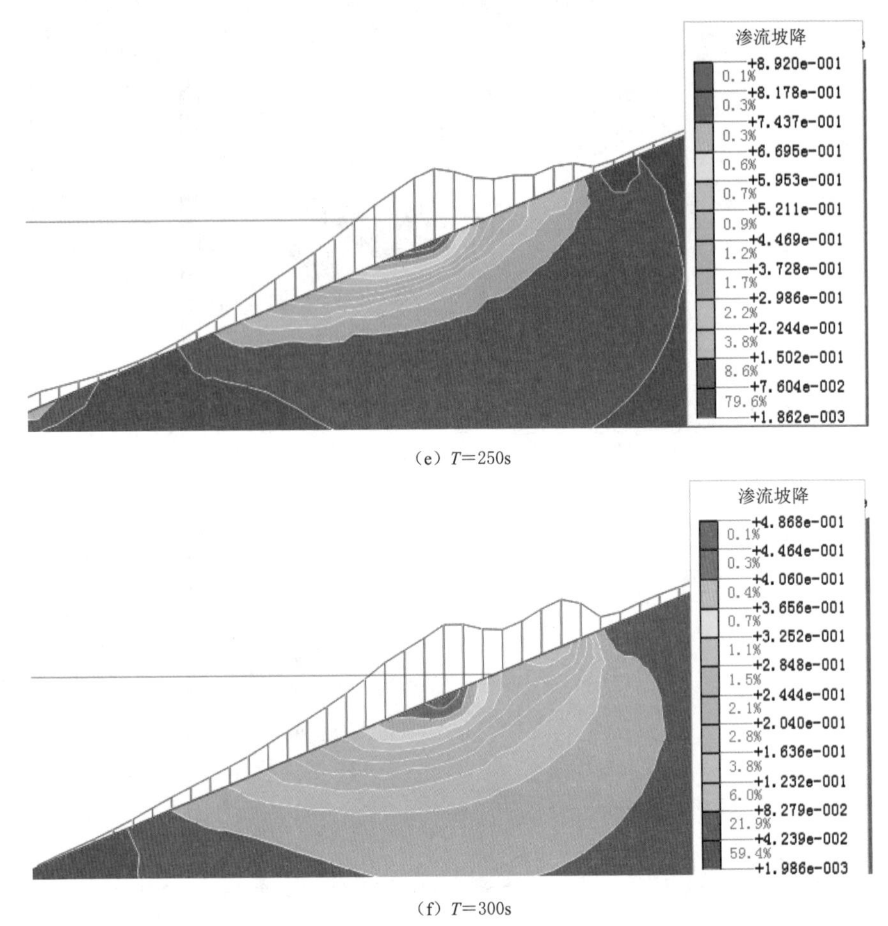

(e) T=250s

(f) T=300s

图 5.108（三） H=0.3m 时黏性土岸坡渗流坡降分布云图

（2）波高 H=0.5m。船行波波高 H=0.5m 时，黏性土岸坡渗流坡降峰值时程变化见图 5.109，岸坡渗流坡降分布云图见图 5.110。

（3）分析与小结。根据波浪与岸坡作用成果，进行岸坡非稳定渗流场的出逸渗流坡降时程分析：

1）当船行波波峰作用在岸坡时，向坡内的渗流坡降达到极大值；当船行波波谷作用在岸坡时，向坡外的出逸渗流坡降达到极大值。

2）不同波高时，向坡内、外的渗流坡降极大值见表 5.23。

3）向坡内渗流时，岸坡不发生渗透破坏。

4）波高在 0.1～0.5m 时，向坡外出逸渗流坡降为 0.40～0.85，且波高越大时，出逸渗流坡降越大；黏性土岸坡允许渗流坡降为 0.60～0.90，即向坡外出逸渗流坡降区间与允许渗流坡降区间存在交叉。因此，当船行波波高较大时，可能会引起黏性土岸坡的渗透破坏。

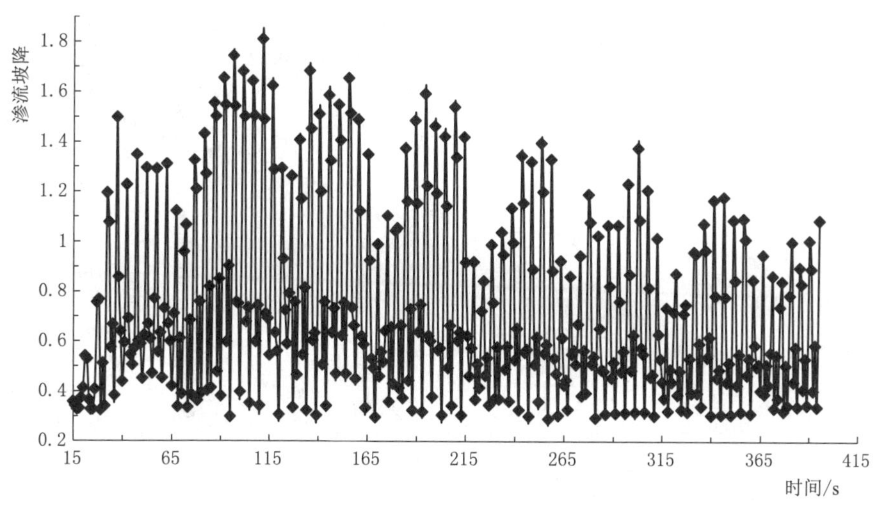

图 5.109　H=0.5m 时黏性土岸坡渗流坡降峰值时程图

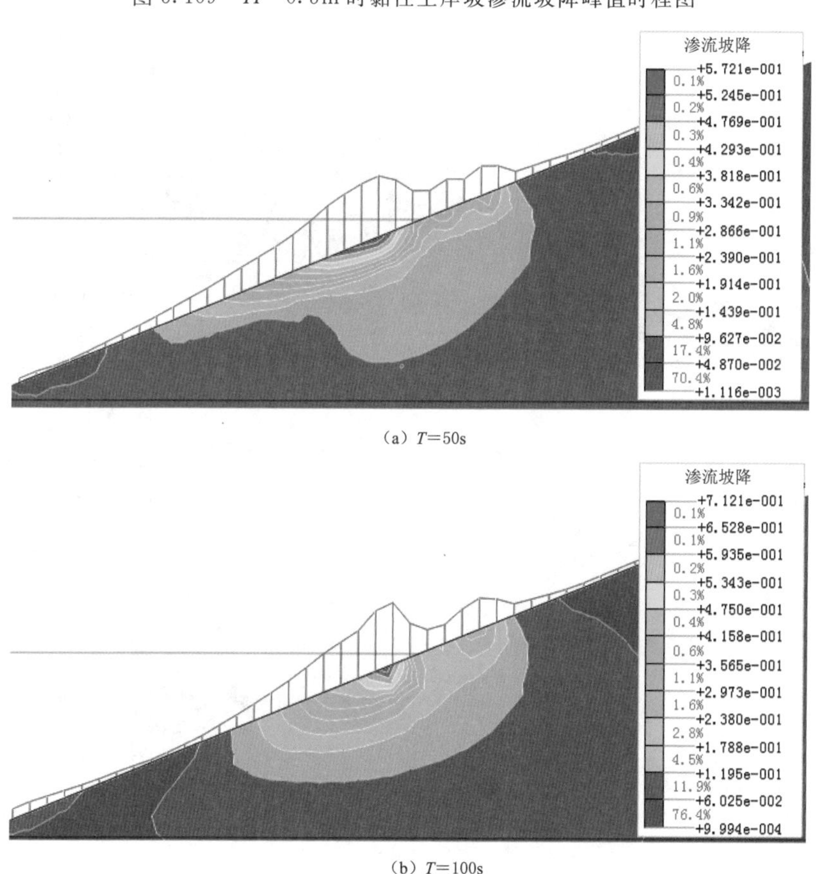

(a) T=50s

(b) T=100s

图 5.110（一）　H=0.5m 时黏性土岸坡渗流坡降分布云图

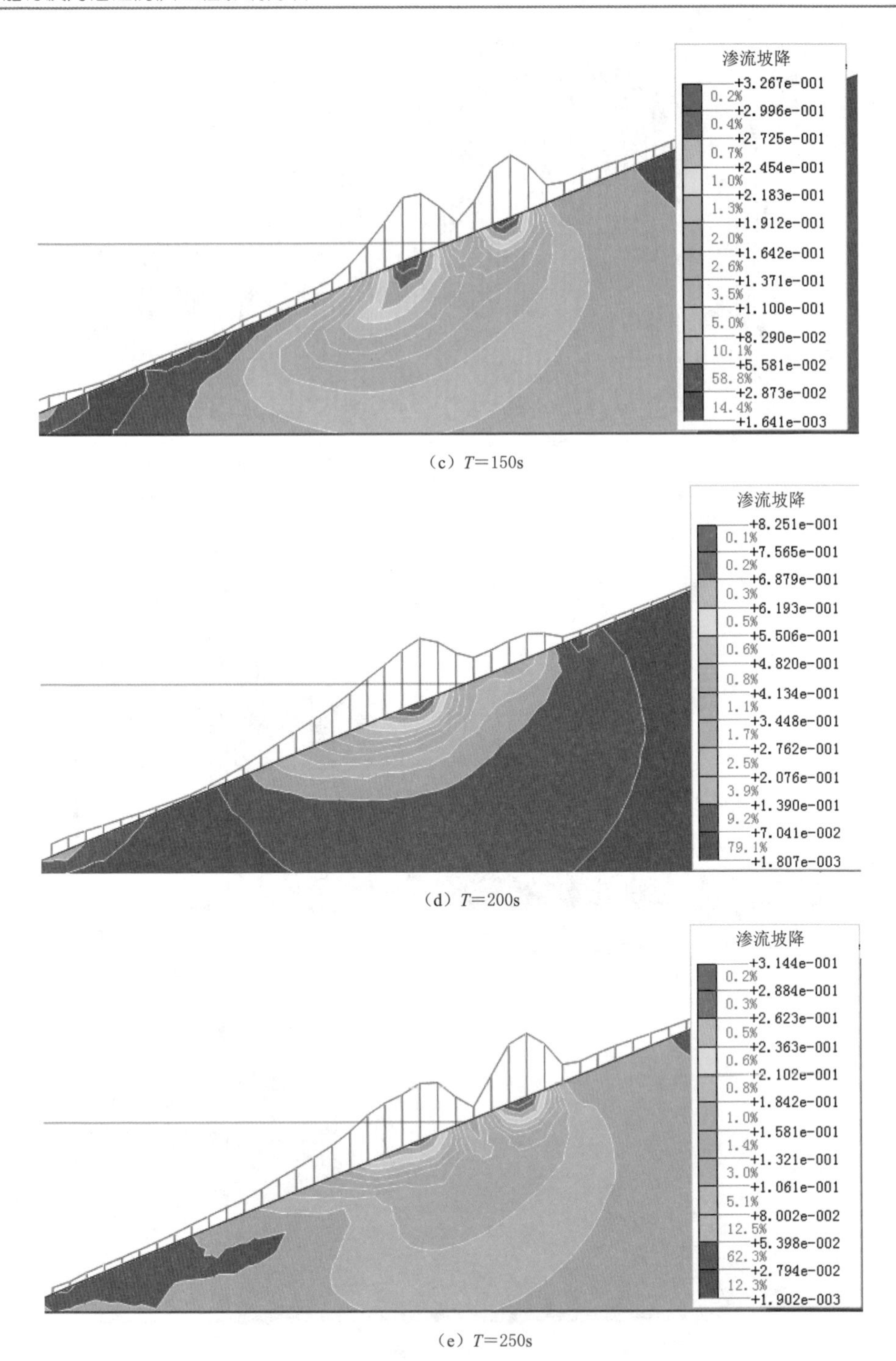

(c) T=150s

(d) T=200s

(e) T=250s

图 5.110（二）　H=0.5m 时黏性土岸坡渗流坡降分布云图

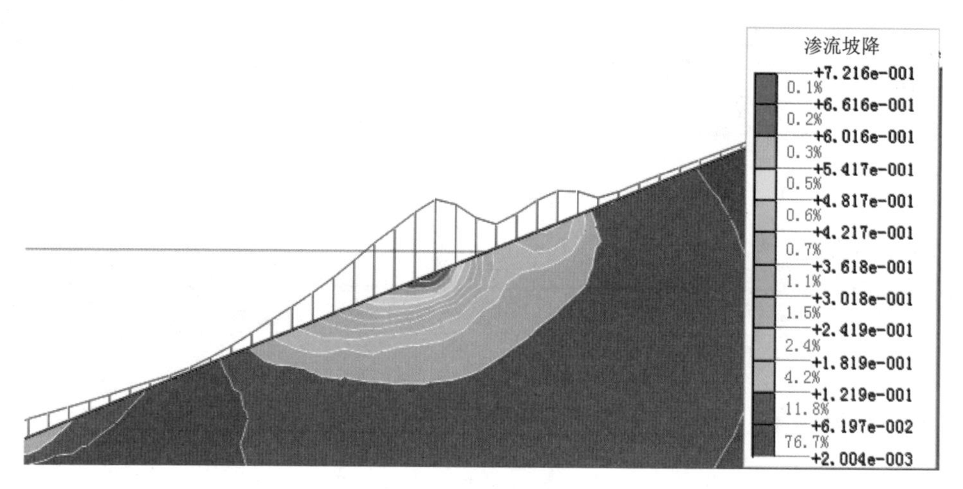

(f) T=300s

图 5.110（三） H=0.5m 时黏性土岸坡渗流坡降分布云图

表 5.23　　最大瞬时渗流坡降表

波高 H/m	瞬时最大渗流坡降 i（向坡内渗流）	瞬时最大渗流坡降 i（向坡外渗流）	波高 H/m	瞬时最大渗流坡降 i（向坡内渗流）	瞬时最大渗流坡降 i（向坡外渗流）
0.1	0.64	0.40	0.4	1.62	0.65
0.2	0.90	0.55	0.5	1.81	0.85
0.3	1.37	0.60			

5.2.4.2 船行波对黏性土岸坡整体稳定性影响作用

（1）波高 H=0.3m。船行波波高 H=0.3m 时，黏性土岸坡整体稳定最小安全系数时程变化见图 5.111，岸坡整体稳定最小安全系数时的相对位移分布图见图 5.112。

（2）波高 H=0.5m。船行波波高 H=0.5m 时，黏性土岸坡整体稳定最小安全系数时程变化见图 5.113，岸坡整体稳定最小安全系数时的相对位移分布图见图 5.114。

（3）分析与小结。根据黏性土岸坡非稳定渗流场的计算成果和渗流与应力的耦合分析，运用强度折减法计算岸坡稳定安全系数，得到以下结论：

1）船行波对岸坡地下水的变动和浸润线的影响较小。

2）船行波波高 H=0.1～0.5m 时，波高越大，岸坡稳定最小安全系数越小（表 5.24），岸坡整体稳定最小安全系数为 1.30～1.32（图 5.115），变化范围很小，表明岸坡整体稳定最小安全系数对船行波波高并不敏感。

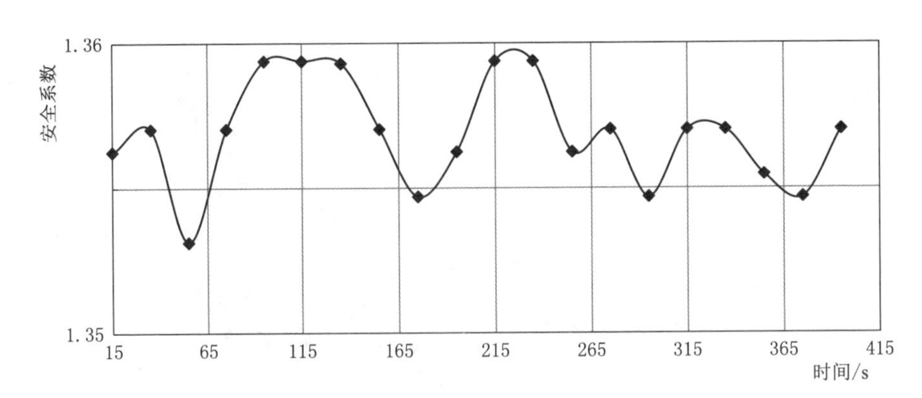

图 5.111　$H=0.3$m 时黏性土岸坡整体稳定最小安全系数时程图

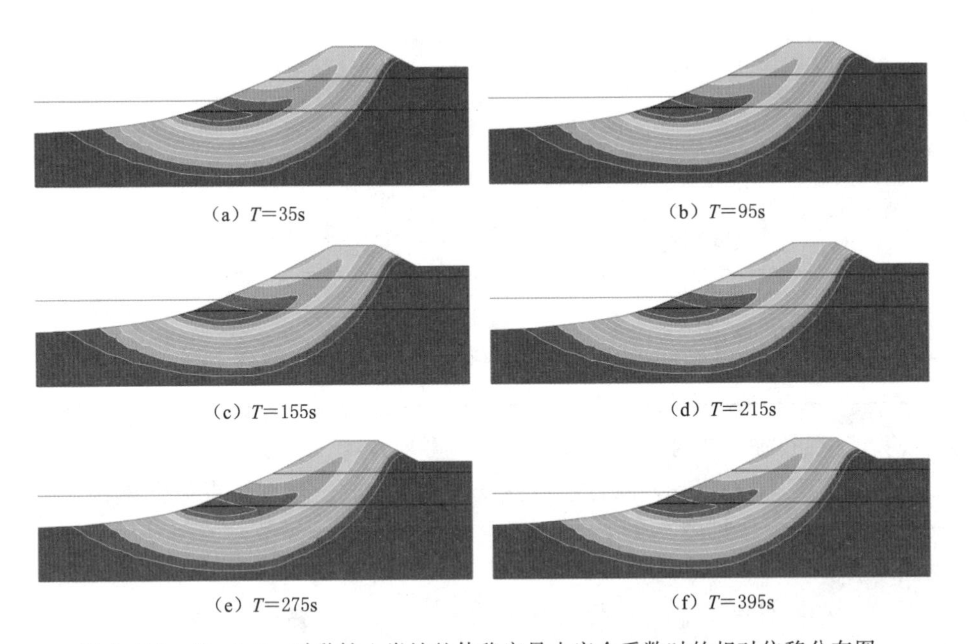

图 5.112　$H=0.3$m 时黏性土岸坡整体稳定最小安全系数时的相对位移分布图

表 5.24　　黏性土岸坡整体稳定最小安全系数

波高 H/m	最小安全系数 K	波高 H/m	最小安全系数 K
0.1	1.318	0.4	1.310
0.2	1.315	0.5	1.304
0.3	1.313		

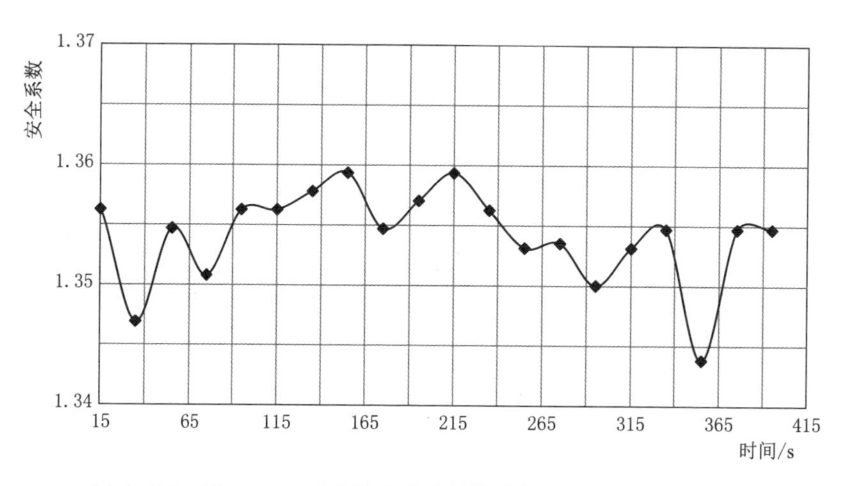

图 5.113 H=0.5m 时黏性土岸坡整体稳定最小安全系数时程图

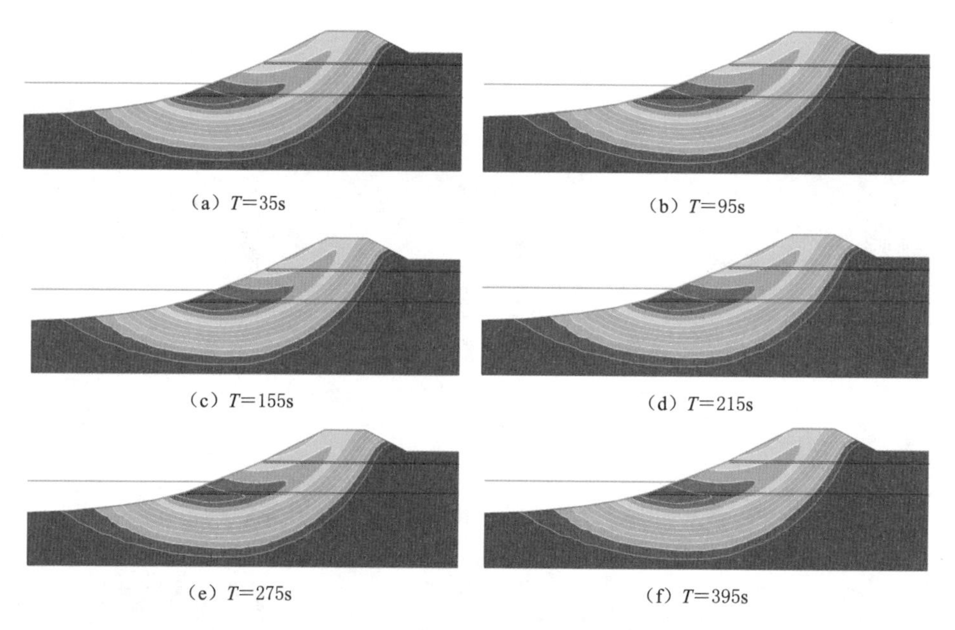

图 5.114 H=0.5m 时黏性土岸坡整体稳定最小安全系数时的相对位移分布图

5.2.4.3 船行波对黏性土岸坡的水力掏刷作用

岸坡最大流速点位于静水面附近，分别取静水面上方 A 点，静水面位置 B 点，静水面下方附近 C 点，分析三个点的流速随时间变化，以确定岸坡最容易产生掏刷破坏的位置，监测点位置见图 5.116。

(1) 波高 H=0.3m。船行波波高 H=0.3m，岸坡监测点流速变化见

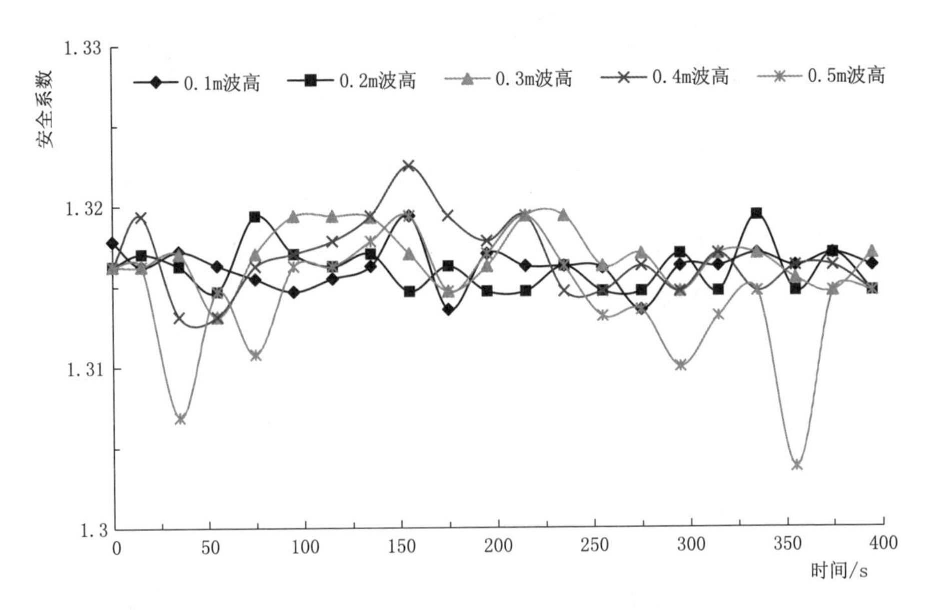

图 5.115 黏性土岸坡整体稳定安全系数时程图

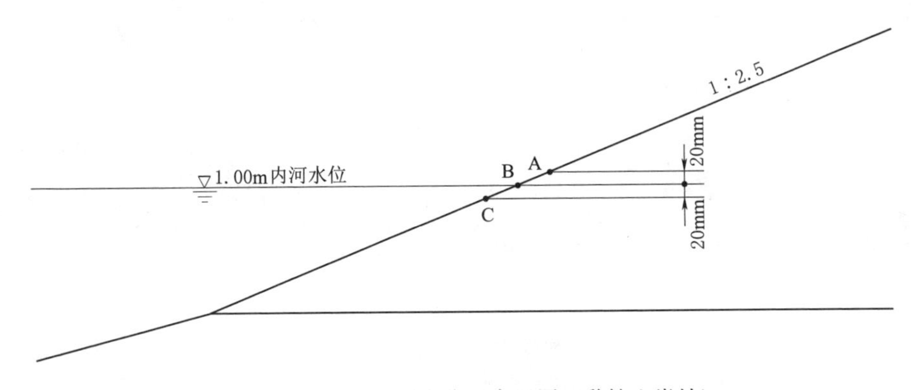

图 5.116 流速监测点位置布置图（黏性土岸坡）

图 5.117。

(2) 波高 $H=0.5$m。船行波波高 $H=0.5$m，岸坡监测点流速变化见图 5.118。

(3) 分析与小结。船行波与岸坡相互作用时，静水面附近岸坡代表监测点 A、B、C 点的最大流速见表 5.25 和图 5.119。从图表中可以看出：

1) 波高越大，各监测点的流速越大。

2) 静水面附近 B 点流速最大，最容易产生水力掏刷破坏。

3) 若黏性土的起动流速 V_0 取为 0.8m/s，当船行波波高 $H \geqslant 0.2$m 时，在岸坡上可能会产生水力掏刷破坏。

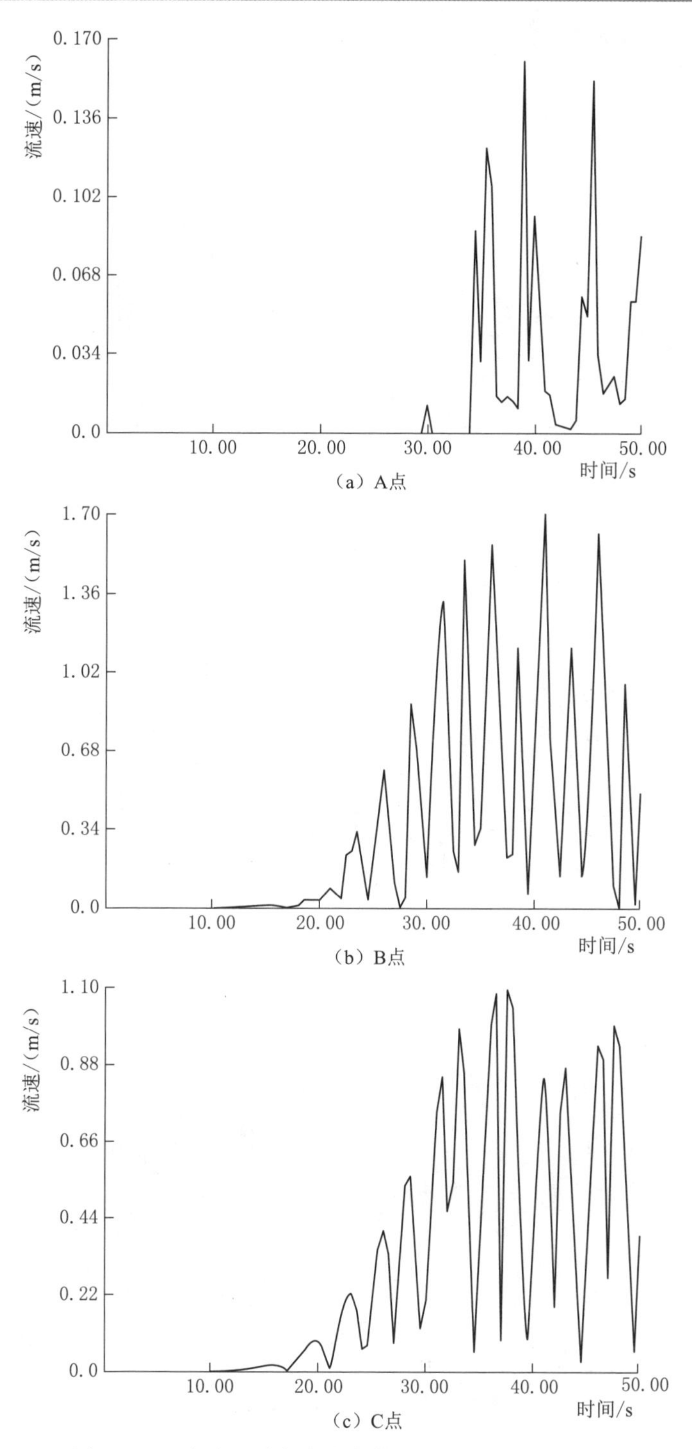

(a) A点

(b) B点

(c) C点

图 5.117　岸坡监测点流速变化（H=0.3m，黏性土）

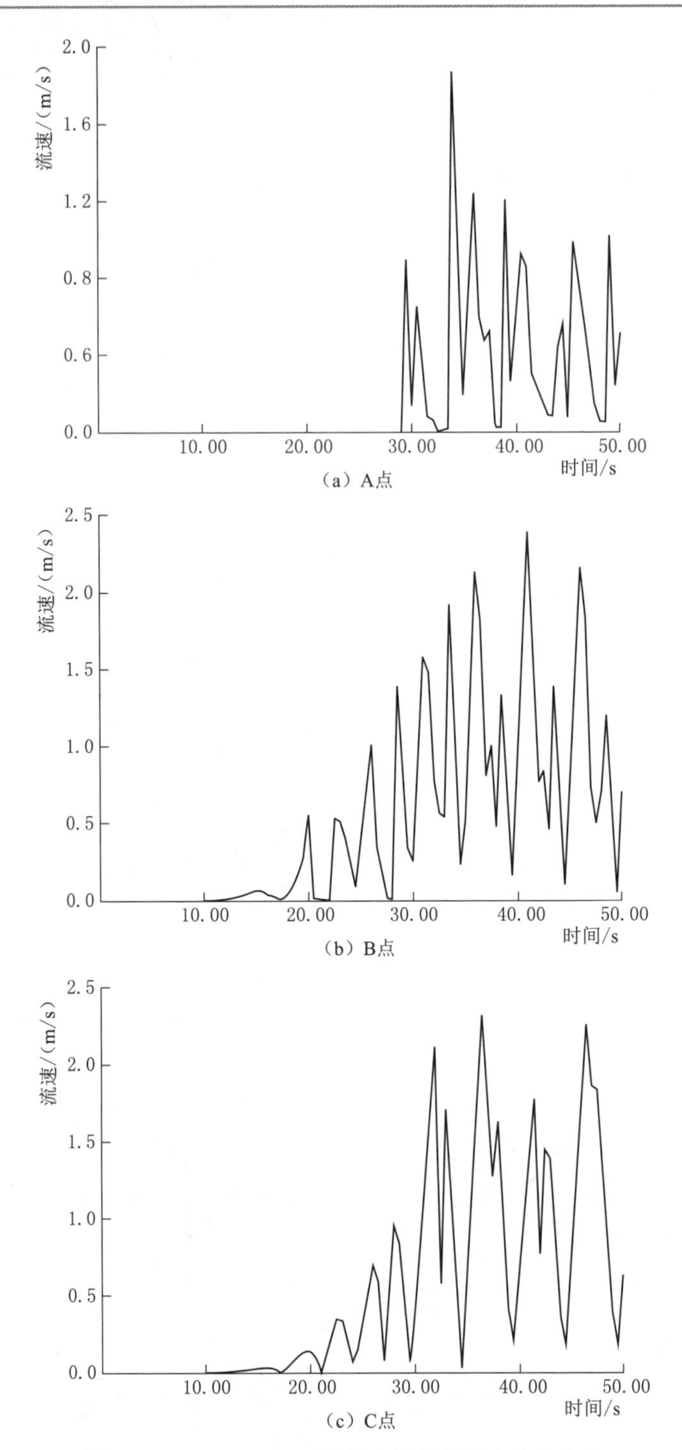

(a) A点

(b) B点

(c) C点

图5.118 $H=0.5\mathrm{m}$时黏性土岸坡监测点流速变化

表 5.25　　黏性土岸坡波高与静水面附近监测点最大流速的关系

波高/m	A 点最大流速/(m/s)	B 点最大流速/(m/s)	C 点最大流速/(m/s)	最大流速/(m/s)
0.1	0	0.78	0.33	0.78
0.2	0.24	1.34	0.73	1.34
0.3	0.39	1.7	1.09	1.7
0.4	0.43	2.08	1.79	2.08
0.5	0.48	2.46	2.23	2.46

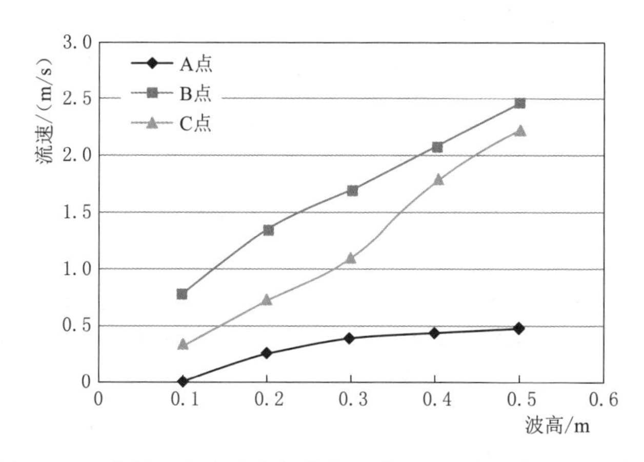

图 5.119　黏性土岸坡波高与静水面附近监测点最大流速的关系

5.2.4.4　主要破坏因素分析

主要从渗透破坏、整体稳定和波浪掏刷几个方面研究船行波对黏性土岸坡稳定的影响。不同波高作用下，三种影响因素对岸坡稳定计算结果见表 5.26 和图 5.120。根据相关规范资料，黏性土的允许渗流坡降 J_0 参考值取 0.45，起动流速 V_0 参考值取 0.8m/s。

表 5.26　　黏性土岸坡稳定影响因素计算结果

波高 H/m	安全系数 K	渗流坡降 J	流速 V/(m/s)	J/J_0	V/V_0
0.1	1.318	0.4	0.78	0.889	0.975
0.2	1.315	0.55	1.34	1.222	1.675
0.3	1.313	0.6	1.7	1.333	2.125
0.4	1.31	0.65	2.08	1.444	2.600
0.5	1.304	0.85	2.46	1.889	3.075

综合表 5.26 和图 5.120 中的结果，可得出以下结论：

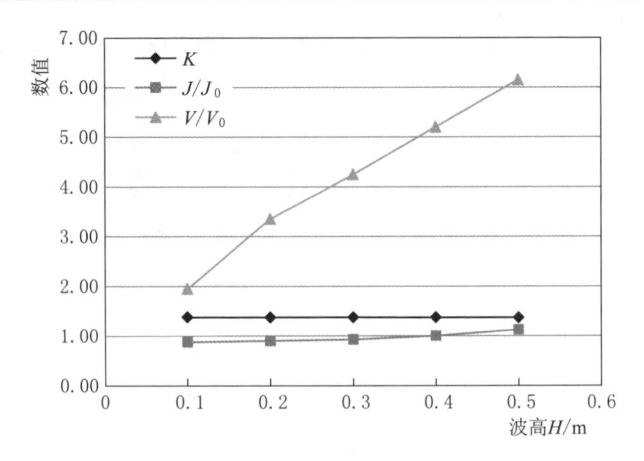

图 5.120 黏性土岸坡不同破坏因素对波高的敏感性

(1) 船行波波高越大时，岸坡的流速和最大出逸渗流坡降越大，表明岸坡越容易受到破坏；整体稳定最小安全系数随波高增加而减少，但变化甚微，表明船行波波高几乎不影响岸坡整体稳定性。

(2) 对不同船行波波高，V/V_0 变幅最大，表明岸坡破坏对波浪流速最敏感；K 值变幅最小，表明岸坡破坏对整体稳定性最不敏感；出逸渗流坡降介于两者中间。

(3) 波高 $H=0.1$m 时，$V/V_0<1$，表明波浪流速均小于岸坡土的起动流速，岸坡不受水力掏刷破坏；$J/J_0<1$，表明岸坡的渗流坡降均小于允许渗流坡降，岸坡不发生渗透破坏。

(4) 波高 $H>0.1$m 时，$V/V_0>1$，且大于 J/J_0，表明波浪流速均大于岸坡土的起动流速，黏性土主要受水力掏刷破坏，即波浪水力掏刷是黏性土岸坡破坏的第一主要原因；波高 $H>0.1$m 时，$J/J_0>1$，表明岸坡的渗流坡降大于允许渗流坡降，可能发生渗透破坏，由于 $J/J_0<V/V_0$，因此，渗透破坏是黏性土岸坡破坏的第二主要原因。

5.3 本章小结

根据《珠江流域重点堤防普查报告（西江段）》中黄金水道两岸岸坡地形、地质和水文条件，选取砂性土、黏性土等两种典型航道岸坡为研究对象。根据珠江水利科学研究院船形波实测成果，利用有限元平台，分别建立波浪与岸坡流固耦合数学模型、岸坡非稳定渗流场和岸坡土体流固耦合数学模型，分别模拟典型船行波的产生、传播、爬坡、消落以及船行波与岸坡的相互作用。

设定 0.1m、0.2m、0.3m、0.4m、0.5m 五种不同波高条件，分别从渗透破坏、整体抗滑稳定和水力掏刷等方面研究船形波对黏性土岸坡和非黏性土岸坡的破坏作用。通过敏感性分析，分别确定黏性土岸坡和非黏性土岸坡破坏的主要因素，为不同地质条件的岸坡防护提供依据，并得到如下成果：

（1）船行波对岸坡的破坏范围主要集中静水面附近的波谷到波峰所涉及的区域内，水面以下的其他范围影响非常小。

（2）船行波波高越大时，岸坡的流速和最大出逸渗流坡降越大，表明岸坡越容易受到破坏；整体稳定最小安全系数随波高增加而减少，但变化甚微，表明船行波波高几乎不影响岸坡整体稳定性。

（3）对不同船行波波高，V/V_0 变幅最大，表明岸坡破坏对波浪流速最敏感；K 值变幅最小，表明岸坡破坏对整体稳定性最不敏感；出逸渗流坡降介于两者中间。

（4）对于砂性土岸坡，船行波波浪水力掏刷是岸坡破坏的主要原因，岸坡防护主要以抗冲保护为主。

（5）对于黏性土岸坡，船行波波浪水力掏刷是岸坡破坏的第一主要原因，渗透破坏是第二主要原因，岸坡防护主要以抗冲和反滤保护为主。

第6章

防洪工程保护应对策略研究

在珠江-西江经济带国家战略实施及西江黄金水道建设发展的新形势下，为实现西江航道的全面升级改造，针对西江航道干线部分航段需要开展一系列扩能改造工作，以改善通航条件。上述工程势必将导致河流动力特性、河床演变形势、水沙关系等发生显著变化，同时还需叠加考虑大吨位船只航行的船行波、上游水库建设运行导致的清水下泄等影响，总体看来，西江黄金水道沿江防洪工程安全面临大量不确定因素。本章结合前述各章研究结果，针对新形势下的西江防洪工程保护问题提出应对策略，主要包括典型河段防洪工程的加固、整治方案，重点航道及相应通航约束条件分析，以及建设管理制度方面的一些建议，以尽可能消除或减弱黄金水道建设过程中对沿江防洪工程的不利影响，为确保黄金水道建设的顺利推进和流域防洪工程安全提供技术支撑。

6.1 典型河段防洪工程加固、整治方案

6.1.1 典型河段整治方案

6.1.1.1 航道整治对典型河段的不利影响

通过分析西江黄金水道河段历史演变及近期演变规律，并结合本书一维、二维水沙模型、三维船行波数学模型研究成果，典型河段存在的不利影响主要有以下方面：

(1) 从清水下泄对重点河段河势影响来看，顺直河段内演变主要表现为河床总体冲刷，浅滩冲刷后退，河型向窄深化发展，浅滩冲刷后退可能对堤岸等防洪工程造成不利影响；弯曲河段内演变主要表现为凹岸冲刷加强，水流坐弯

顶冲，凹岸边滩冲刷下移，顶冲点下挫，易造成弯段出口崩岸展宽，河道向宽浅方向发展；结合河床演变分析成果看，对于具有江心洲的分汊河段，江心洲演变主要表现为滩头冲刷、滩尾淤积的态势，江心洲面积有萎缩的趋势。

(2) 从西江黄金航道布置方案与航道整治对典型河段河势影响分析成果来看，西江黄金水道航槽布置基本沿着河道深泓布置，对水力条件影响总体不大。局部河段受转弯半径不够、宽度不够等因素影响，航槽布置引起局部水位、水流动力轴线以及河道贴岸流速的变化，特别是弯曲河段，易加剧深槽迫岸、坐弯顶冲。贴岸流速增加、深槽迫岸及坐弯顶冲易造成淘刷侵蚀护坡，形成崩岸坍塌，对沿岸防洪工程造成不利影响。

(3) 从船行波对典型险段的影响分析成果来看，船行波携带着强大的能量传播，在堤岸和丁坝处变形和破碎，船行波在与堤岸和丁坝的相互作用过程中，波浪对结构存在较强的冲击力，波浪破碎时产生较强的紊动流速，波浪起伏运动还产生较强的正压和负压交替压力场；这些因素造成了堤岸和丁坝受损。船行波作用下河道岸坡的破坏主要体现在渗透破坏、整体稳定、水力掏刷等方面，对于砂性土岸坡，船行波波浪水力掏刷是岸坡破坏的主要原因，对于黏性土岸坡，船行波波浪水力掏刷是岸坡破坏的第一主要原因，渗透破坏是第二主要原因。

6.1.1.2 典型河段整治方案

在综合考虑对防洪安全、河势稳定、航道安全影响这三方面主要因素的基础上，西江黄金水道典型河段防洪工程整治措施主要包括：

(1) 对边滩切割可能影响岸坡稳定、深泓及主流顶冲的险工险段采用护岸守护，包括对已建护岸工程的加固及未护段的新护。

(2) 根据河势调整趋势，对局部洲滩进行守护，以稳定目前较为有利的河势格局或阻止其向不利河势方向转化。

(3) 在船行波影响较为严重的河段，一方面增加消浪措施减小波浪的掏刷，另一方面堤防增加防冲、反滤等防护措施。

6.1.2 典型河段工程加固措施

6.1.2.1 广西郁江南宁—贵港段

(1) 存在问题。郁江南宁段为南宁—贵港航运枢纽，该河段长 275.1km。该航段存在的问题主要包括：

1) 南宁段石埠圩—陈村段、陈村以下直河段、豹子头—南宁大桥等顺直河段表现为浅滩冲刷后退，河型向窄深化发展；石埠圩、邕宁等弯曲段内演变主要表现为凹岸冲刷加强，水流坐弯顶冲，凹岸边滩有冲刷下移趋势。陈村—邕江一桥河段左岸堤防有江北西堤、江北中堤、江北东堤险段，右岸有江南东堤险段，顺直段浅滩冲刷后退、弯曲段凹岸边滩冲刷下移可能对护岸产生不利影响。

2）邕宁段仁福村、福建村、美逸村段等顺直河段表现为浅滩冲刷后退，河型向窄深化发展。该段河岸为石灰岩、花岗岩组成，河岸大多基岩裸露，抗冲能力较强。

3）横县段辜屋、白沙村等弯曲河段凸岸受到主流顶冲影响，冲刷稍大于凹岸。

4）该段为山区性河流，两岸多为丘陵性岸坡，部分河段岸坡土质为砂质黏土，局部砂质土岸坡容易受到船行波的掏刷作用，影响堤防安全，需进行防护。

（2）加固措施。

1）堤防工程加固措施。根据工程普查成果，南宁段部分堤围如江北东堤、江北中堤、江北西堤、白沙堤、江南东堤等险工险段存在的主要问题是堤脚漏水和堤身渗水（表 6.1）。

表 6.1　　南宁—贵港河段险工险段主要问题

堤（围）名	险段长度/km	存在问题	堤（围）名	险段长度/km	存在问题
江北东堤	1.00	堤脚漏水	白沙堤	0.11	堤身渗水
江北中堤	4.65	堤身渗水	江南东堤	1.32	堤脚漏水
江北西堤	5.56	堤身渗水			

对于堤脚漏水、堤身渗水问题，可以采用防渗墙对堤身进行处理。防渗墙的形式可采用射水造墙或者高压旋喷灌浆，其中射水造墙厚 22cm，高压旋喷灌浆桩直径 60cm、孔距 0.5m。堤防垂直防渗典型剖面见图 6.1。

2）险段防护措施。对边滩切割可能影响岸坡稳定、深泓及主流顶冲的险工险段采用护岸守护，包括对已建护岸工程的加固及未护段的新护。对于顺直河段，浅滩冲刷后退可能影响岸坡稳定，建议采用抛石护岸防护。对于弯曲河段凹岸冲刷严重或主流顶冲的河段，考虑到水流顶冲可能造成抛石坍塌滑入深槽，建议采用坡脚锚固、钢筋石笼与抛石护岸相结合的方案；对于局部冲刷较严重的河段，建议采用混凝土护坡或者模袋混凝土护坡。船行波对砂质土岸坡的破坏主要是冲刷破坏，当流速超过抗冲流速时，岸坡就需要防护，主要防护措施建议采用抛石护岸。

6.1.2.2　广西贵港—梧州段

（1）存在问题。该段为贵港航运枢纽至梧州两广交界处的界首，共约 290.5km，存在的主要问题包括：

1）贵港段右岸有江南大堤险段，位于顺直河段，主要隐患为贴岸冲刷，易造成塌岸等隐患。

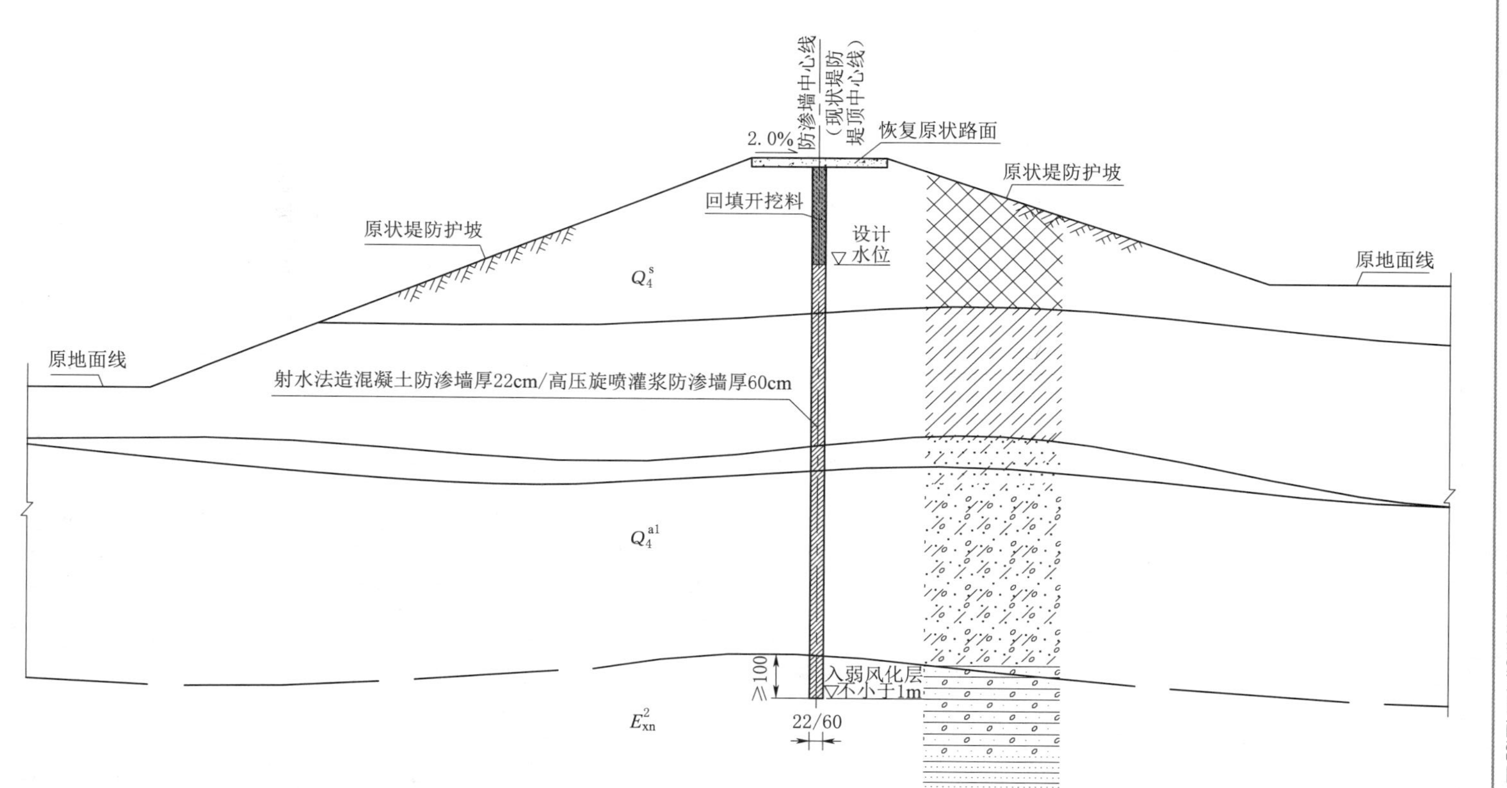

图 6.1　堤防垂直防渗典型剖面图（单位：cm）

2）平南段冲刷较为剧烈的河段位于上渡村—平南西江大桥段，平南县城段河岸为土质或石灰质，河床冲刷有可能造成岸坡坡脚失稳，县城上游分布有思丹堤，近年有小规模的岸坡坍塌。

3）藤县段表现为浅滩冲刷后退，河型向窄深化发展。该段岸坡多为土质岸坡，浅滩冲刷后退可能对护岸产生不利影响。

4）梧州段右支流长洲坝址—二顶河段、左支流文埇段表现为浅滩冲刷后退，河型向窄深化发展。左支流左岸有河西堤险段、长洲岛右侧长洲堤险段，该段贴岸流速较大，存在冲刷堤脚、掏刷冲蚀的风险。

5）该段岸坡局部为砂性土岸坡，易受到船行波的掏刷作用，影响岸坡稳定。

（2）加固措施。根据工程普查成果，江南大堤、郁江西堤、郁浔东堤、思丹堤、芳岭堤、长洲堤、河西堤等地段存在局部险工险段。主要问题为部分堤身单薄、部分岸坡出现滑坡、坍塌现象以及坡脚遭受冲刷等（表6.2）。

表6.2 贵港—梧州河段险工险段主要问题

堤（围）名	险段长度/km	存在问题
贵港市城区江南大堤	0.40	塌岸
郁江西堤（永江堤段）	2.53	堤身单薄
郁江西堤（老城区防洪堤）	2.47	堤开裂、崩塌、渗漏
郁浔东堤	1.90	堤身单薄
思丹堤	1.55	小规模坍塌
芳岭堤	0.50	坍塌严重
长洲堤	0.80	滑坡
河西堤	5.20	大部分坡脚受冲刷，淘蚀严重

对各险工险段根据具体情况选择不同的应对措施，对于堤身比较单薄的堤段应进行培厚加固处理；对岸坡出现滑坡、坍塌以及坡脚出现冲刷的地段，采用抛石护脚和干砌石护坡的措施进行防护。抛石护脚＋干砌石护坡标准断面见图6.2。

该段航道存在的主要问题是浅滩冲刷后退可能影响岸坡稳定以及船行波破坏作用带来的不利影响，实践中对于上述问题多采用护岸工程予以应对。同时，考虑到抛石护岸具有经济实用、就地取材、岸坡基础适应性强、对枯水位要求低、施工简易、可分期施工逐年加固等优点，针对上述航道险段的主要防护措施建议采用抛石护岸进行。

6.1.2.3 广东西江肇庆（梧州—肇庆）段

（1）存在问题。本段航道为界首大源冲口至肇庆大桥，全长171km，存在

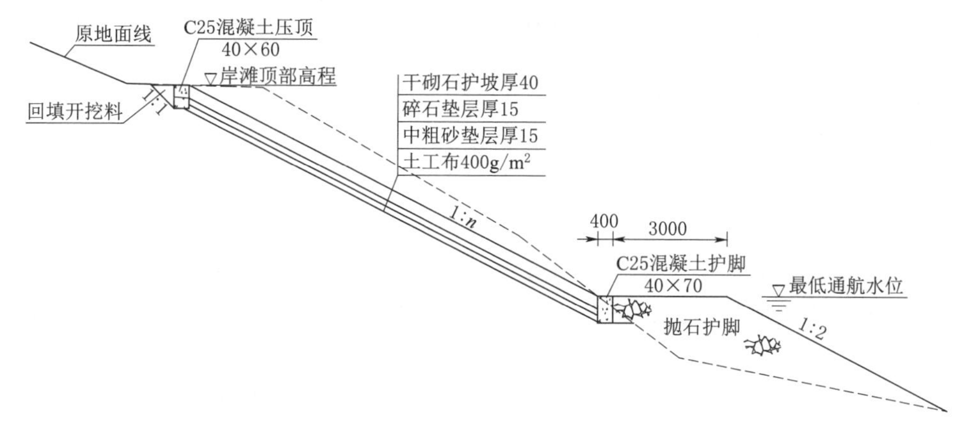

图 6.2　抛石护脚＋干砌石护坡标准断面图（单位：cm）

问题包括：

1）封开段江口镇弯曲段内演变主要表现为凹岸冲刷加强，凹岸边滩有冲刷下移趋势。

2）郁南段古靖弯曲河段凸岸受主流顶冲影响，冲刷稍大于右岸，右岸光明码头段坐弯顶冲，凹岸冲刷强于左岸，具有冲刷坡脚、掏刷冲蚀护坡的风险。

3）德庆段边滩冲刷后退，河道向窄深型发展，该段局部贴岸流速较大，具有冲刷坡脚、掏刷冲蚀护坡的风险。

4）云安段边滩冲刷后退，河道向窄深型发展。该段右岸有蓬远围黄湾段险段，大堤填压土不均匀造成部分下沉，边滩冲刷后退后容易造成岸坡失稳。

5）该航段主要为黏土性岸坡，航道升级之后，船行波破坏作用加强，会加速岸坡的冲刷。船行波对黏性土的破坏主要是冲刷作用，其次是渗透破坏。

（2）加固措施。

1）堤防工程加固措施。根据工程普查成果，都城大堤、罗旁围、蓬远围、悦城堤等堤段存在局部险工险段，主要问题为部分堤身不均匀沉降、坡脚遭受冲刷、堤岸局部坍塌等（表 6.3）。

表 6.3　　　　梧州—肇庆河段险工险段主要问题

堤（围）名	险段长度/km	存在问题
都城大堤（光明码头段）	1.0	水深流急，坐弯顶冲
罗旁围	2.3	水深流急，坐弯顶冲
蓬远围（黄湾段）	2.6	大堤填压土不均匀造成部分下沉，出现裂缝
悦城堤（金辉码头—悦城河口）	2.0	迎流冲顶，深槽逼岸，个别地方有塌方

对各险工险段根据具体情况选择不同的应对措施：对于堤身不均匀沉降堤段，采取开挖回填、灌浆等措施进行加固；对岸坡出现滑坡、坍塌以及坡脚出现冲刷的堤段，采用抛石护脚和干砌石护坡的措施进行防护。

2）险段防护措施。对边滩切割可能影响岸坡稳定、深泓及主流顶冲的险工险段，采用护岸守护，包括对已建护岸工程的加固及未护段的新护。对于顺直河段，浅滩冲刷后退可能影响岸坡稳定的，建议采用抛石护岸防护；对于弯曲河段凹岸冲刷严重或主流顶冲的河段，考虑到水流顶冲可能造成抛石坍塌滑入深槽，建议采用坡脚锚固、钢筋石笼与抛石护岸相结合的方案；对于局部冲刷较为严重的河段，建议采用混凝土护坡或者模袋混凝土护坡。

根据地质资料，该航段主要为黏土性岸坡，船行波对黏性土的破坏主要是冲刷作用，其次是渗透破坏。当流速超过抗冲流速时，岸坡就需要防护，主要防护措施建议采用抛石护岸、增设反滤层等措施。

6.1.2.4 广东西江下游（肇庆—百顷头）段

西江下游段为肇庆大桥—百顷头，航道总长 123km，目前已经达到Ⅰ级航道标准，无需进行整治。该段重点分析险工险段治理措施。

根据工程普查成果，该航段两侧主要堤防景丰联围和樵桑联围均存在不同程度的险工险段，主要问题为：有些堤段为历史险段，迎水坡深槽迫岸严重，外坡崩塌；有些堤段坐弯顶冲，深槽割脚，堤段冲刷，出现渗漏，整治后仍有险情隐患；有些堤段抛石处理之后仍未根治。肇庆—百顷头河段险工险段主要问题见表 6.4。

表 6.4　　肇庆—百顷头河段险工险段主要问题

堤（围）名	险段长度/km	存在问题
景丰联围（三丫塘险段）	0.60	高水位时堤身渗漏
景丰联围（张良险段）	1.10	历史险段，迎水坡深槽迫岸严重，外坡崩塌，堤后临塘，存在渗水现象
景丰联围（广利街险段）	0.40	历史险段，迎水坡深槽迫岸严重，外坡崩塌，堤后临塘，渗漏严重
景丰联围（平坦险段）	0.20	历史险段，坐弯顶冲，深槽迫岸，岸坡陡峭，存在外坡崩塌
景丰联围（塘口险段）	1.00	迎水坡深槽迫岸严重，堤后临塘，岸坡陡峭，外坡崩塌
景丰联围（赤顶险段）	0.35	回流冲刷，深槽迫岸，出现塌方，新堤修筑已完成，目前堤段基本稳定
景丰联围（菠萝窦险段）	1.10	迎流顶冲，深槽迫岸，内坡临塘，堤身渗漏大，牛皮涨、沙喷现象经常出现

堤（围）名	险段长度/km	存在问题
景丰联围（锅耳湾险段）	1.00	历史险段，堤后临塘，西江岸坡浪损，深槽迫岸座岸顶冲，汛期有沙喷；经压渗处理，暂时稳定
樵桑联围（江根险段）	0.31	坐弯顶冲，深槽割脚，堤段冲刷，出现渗漏，整治后仍有险情隐患
樵桑联围（河洲岗险段）	0.37	坐弯顶冲，深槽迫岸，出现渗漏，整治后仍有险情隐患
樵桑联围（大路淀险段）	0.70	河床低，堤前水深，堤身位于透水地基，整治后仍有险情隐患
樵桑联围（洲石头险段）	0.25	堤段外坡受冲，坡土流失，已做抛石护岸，但险段未根治
樵桑联围（龙池险段）	0.60	河床水深，深槽迫岸，水流急，抛石处理后仍不稳定
樵桑联围（文兰书院险段）	0.98	坐弯顶冲，堤前受冲刷，已做抛石护岸，但险段未根治
樵桑联围（铁牛坦险段）	0.75	坐弯顶冲，堤前受冲刷，已做抛石护岸，但险段未根治
樵桑联围（铜鼓滩险段）	1.37	坐弯顶冲，深槽迫岸，堤外坡陡，水流冲刷致堤坡严重崩塌，抛石和丁坝处理后仍有险情

对各险工险段的应对措施如下：

（1）对三丫塘险段采用防渗墙的措施进行处理。

（2）对张良险段、广利街险段、菠萝窦险段、锅耳湾险段、大路淀险段等采用抛石护脚＋干砌石护坡＋防渗墙的措施进行防护。

（3）对洲石头险段、龙池险段、文兰书院险段、铁牛坦险段和铜鼓滩险段等采用抛石护脚＋格宾石笼护坡的措施进行防护（图 6.3）。

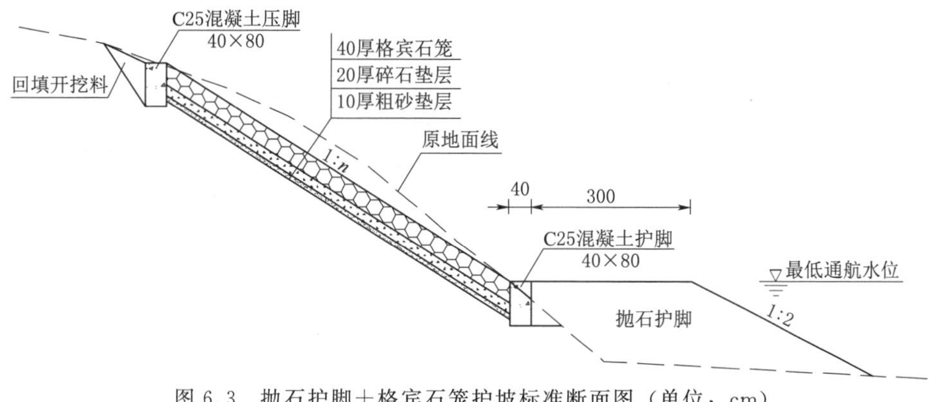

图 6.3　抛石护脚＋格宾石笼护坡标准断面图（单位：cm）

（4）对其他险段采用抛石护脚＋干砌石护岸的措施进行防护。结合河床演变分析成果看，砚洲岛演变主要表现为滩头冲刷、滩尾淤积的态势，面积有萎缩的趋势，建议采取抛石护脚＋格宾石笼护坡的防冲措施进行防护。

该航段主要为黏性土岸坡，船行波对黏性土的破坏主要是冲刷作用，其次是渗透破坏。针对船行波的破坏作用，一般采用抛石护岸，因该航段河床主要为淤泥质土，为了保持护坡的稳定，在对受船行波影响的堤段进行抛石防护的同时，还要采取抛石护脚的措施。

6.1.2.5 广东西江磨刀门（百顷头—灯笼山）段

该航段为百顷头至珠海大桥，长约44km，该航段主要整治措施为疏浚。根据堤防普查成果，该航段两侧主要堤防中顺大围存在不同程度的险工险段，存在的主要问题：有些堤段主航道靠近堤岸，水下部分有轻度冲深；有些堤段岸坡陡，河面窄，水流急，冲刷严重；有些堤段为历史险段，经整治，水下部分仍被冲深。百顷头—灯笼山河段险工险段主要问题见表6.5。

表6.5 百顷头—灯笼山河段险工险段主要问题

堤（围）名	险段长度/km	存在问题
中顺大围（七滘险段）	3.65	历史险段，现状稳定
中顺大围（麦家围险段）	0.60	主航道靠近堤岸，水下部分有轻度冲深
中顺大围（新宁险段）	1.71	主航道靠近堤岸，水下部分逐年被冲深
中顺大围（福兴险段）	1.20	历史险段，现状稳定
中顺大围（沙口险段）	0.65	岸坡陡，河面窄，水流急，冲刷严重
中顺大围（裕安险段）	0.60	历史险段，现状稳定
中顺大围（新沙险段）	0.25	深槽迫岸
中顺大围（外村险段）	1.40	历史险段，经整治，水下部分仍被冲深
中顺大围（土地涌险段）	0.35	历史险段，现状稳定
中顺大围（铁塔脚险段）	0.65	深槽迫岸
中顺大围（航标闪灯险段）	0.45	中顺大围最深河段，深槽迫岸
中顺大围（细沙险段）	0.50	历史险段，现状稳定
中顺大围（新围险段）	0.44	历史险段，现状稳定
中顺大围（二顷四险段）	1.21	历史险段，现状稳定
中顺大围（沙头险段）	0.25	深槽迫岸
中顺大围（永祥围险段）	0.80	历史险段，现状稳定

对于现状稳定的历史险段，航道升级后，将遭受更强的船行波的掏刷作用，因此也应该进行防护。对各险工险段的应对措施如下：

（1）对以上险段均采用抛石护脚＋干砌石护坡的措施进行防护。因该航段河床为淤泥质土，属于软基，为了保持抛石护脚的稳定，抛石应抛至深泓处。

（2）对于一些岸坡较陡的堤段，且无河滩地的堤段，可以采用混凝土排桩进行防护。

该航段主要为黏性土岸坡，船行波对黏性土的破坏主要是冲刷作用，其次是渗透破坏。因该航段河床为淤泥质土，为了保持护坡的稳定，在对受船行波影响的堤段进行抛石防护的同时，还要采取抛石护脚的措施。

6.1.3 典型河段应对船行波防护措施物理模型试验研究

6.1.3.1 试验目的

（1）实现船行波的物理模拟，在波浪水槽中得到与实测船行波相同的水面波动过程，为后续研究打下基础。

（2）研究船行波在斜坡上的传播过程，观测并分析波形的沿程演化，分析不同地形对船行波形态及特征参数的影响。

（3）针对西江黄金水道船行波的特点提出一种简单有效的消浪措施，通过试验，分析其消浪效果，并设法改进其性能。

6.1.3.2 试验方案

1. 船行波试验方案及验证

船行波是一种水波运动。在实验室中，通过摇板或推板在水体边界（水池或水槽）中作往复运动，可形成类似的向前运动的水波。当摇板或推板的运动符合一定规律时，水池（或水槽）的水波过程可与实测波浪相吻合。随着海岸动力学研究的发展，水波的物理模拟早在20世纪五六十年代就已经开始，发展至今已有较为成熟的理论和广泛的应用。采用波浪物理模型手段，模拟和研究波浪对海岸泥沙与港口工程的作用，已成为海岸工程研究的重要方法之一。

对海岸波浪的模拟往往将海岸波浪抽象为规则波和不规则波两种特征波形。规则波序列中的波浪特征稳定，波高周期均为恒定值，是一种理想的波形，往往用于定性研究。不规则波序列中波高、周期均不断变化，波列中大、小波交替出现，与真实海浪的特征更为接近。

尽管船行波生成的机理与海浪有所不同，但当船行波逐渐远离船舶、向岸传播过程中，运动特征与一般水波并无本质区别。因此，船行波的物理模拟可借鉴海浪中不规则波的模拟方法。

（1）相似准则。船行波是一种重力波，模拟需遵循重力相似准则。当波浪传播过程以折射为主时，满足：

$$\lambda_H = \lambda_h \tag{6.1}$$

$$\lambda_T = \lambda_h^{0.5} \tag{6.2}$$

$$\lambda_L = \lambda_h \tag{6.3}$$

式中：λ_h 为垂向比尺；λ_H、λ_T、λ_L 分别为波高、周期与周长比尺。

(2) 线性叠加法。在海浪不规则波的模拟过程中，多将海浪看作平稳随机过程，可由多个（理论上应为无限多个）不同周期和不同随机初相位的余弦波叠加：

$$\eta(t)=\sum_{i=1}^{M}a_i\cos(k_ix-\omega_it+\xi_i) \tag{6.4}$$

其中 $$k_i=2\pi/L_i \quad \omega_i=2\pi/T_i$$

式中：$\eta(t)$ 为水面波动相对于静水面的瞬时高度；M 为余弦波的个数；a_i 为第 i 个组成波的振幅；k_i、ω_i 为第 i 个组成波的波数和圆频率；L_i、T_i 为第 i 个组成波的波长和周期；x、t 分别为位置和时间；ξ_i 为第 i 个组成波的初相位。

运用傅里叶变换，将实测不规则波动过程离散为不同频率的规则波（余弦波）的组合，可得到 a_i、k_i、ω_i 的值。

(3) 相位调整。不规则波海浪模拟频谱特征为主，各组分频率为随机分布，而船行波中对各频率组分的相位关系更为敏感。波幅值相同的情况下，不同相位组合得到的船行波有明显差别。因此，要模拟实测船行波过程，还必须考虑各组分的相位关系。

为了模拟序列的相位，将式（6.4）写为

$$\eta(t)=\sum_{i=0}^{M}a_i\cos(\omega_it+\theta_i) \tag{6.5}$$

改写为

$$\eta(t)=\sum_{i=0}^{M}(a_i\cos\theta_i\cos\omega_it-a_i\sin\theta_i\sin\omega_it)=\sum_{i=0}^{M}(A_i\cos\omega_it+B_i\sin\omega_it) \tag{6.6}$$

其中
$$\left.\begin{aligned}A_i&=a_i\cos\theta_i\\B_i&=-a_i\sin\theta_i\end{aligned}\right\} \tag{6.7}$$

由此有

$$a_i=\sqrt{A_i+B_i} \tag{6.8}$$

$$\theta_i=\arctan\left(-\frac{-B_i}{A_i}\right) \tag{6.9}$$

求得 a_i、θ_i 后，代入式（6.5）中即可模拟波形。因此，问题归结为求 A_i、B_i。这可由傅里叶级数法或最小二乘法推求。二者给出的计算公式是相同的，前者较为简单，因为式（6.6）即是把 $\eta(t)$ 展开成傅里叶级数，其系数为

$$\left.\begin{aligned}A_i&=\frac{2}{T}\int_0^T\eta(t)\cos\omega_it\,dt=\frac{2}{N}\sum_{n=1}^{N}\eta(t_n)\cos\omega_it_n\\B_i&=\frac{2}{T}\int_0^T\eta(t)\sin\omega_it\,dt=\frac{2}{N}\sum_{n=1}^{N}\eta(t_n)\sin\omega_it_n\end{aligned}\right\}$$

$$i=0,1,2,\cdots,M;\ B_0=0 \tag{6.10}$$

式中：$\omega_i = i\dfrac{2\pi}{N\Delta t}$； N 为总的样本个数；Δt 为采样时距；$M=N/2$。

在求得 A_i、B_i 后，可按式计算各组成波的振幅 a_i 和相位角 θ_i，然后代入式（6.6）中，模拟得到所需的波列。

显然，各组成波的振幅 a_i 和相位角 θ_i 都是频率 ω_i 的函数，故通常把 $a(\omega)$、$\theta(\omega)$ 分别叫作振幅谱和相位谱。因此，为了模拟船行波波形，不仅要模拟振幅谱，还要同时模拟相位谱。

（4）试验布置。试验在珠江水利科学研究院水试验基地的风浪流水槽进行。水槽长 76m，宽 1.2m，高 1.5m，一端配有推板式造波机，由伺服电机驱动，通过网络与中控机相连，另一端为由多孔材料制成的消浪斜坡。

采用正态模型，考虑到船行波波动幅度不大，故采用较大的比尺，$\lambda_h=4$。试验在平底水槽进行，水深 0.8m，相当于原型水深 3.2m，与中山船行波测量时水深接近。目标波浪选择中山 3 号测点的实测船行波，验波点距离造波板 28m。

（1）工况 1：船行波在规则地形上的传播特征。在实验室模拟得到与实测相符的船行波后，通过一系列实验，研究地形（水深）变化对船行波传播过程的影响。

（2）工况 2：单一水深。当水槽内未有建筑物时，各段水深均保持一致，沿程布置 7 个浪高仪，测得的波浪特征相当于船行波在平底地形上传播的过程。模型布置如图 6.4 所示，浪高仪间距为 4m，测量区间长 24m，其中 1 号浪高仪距离造波板中心位置最近，距离为 24m。试验水深 0.85m。试验共重复 3 次，分析其重复性，并取平均值作为最终结果。

（3）工况 3：斜坡＋护岸。在实际河道中，河道地形通常从航道向两岸逐渐减小，至岸边最小。为了模拟地形变浅以及两岸堤防对船行波传播的影响，设计了“斜坡＋近岸堤防”的试验方案，试验布置如图 6.4 所示。斜坡坡比为 1∶10，长 4.5m，坡底距离造波板中心 18m，坡顶有一平底地形过渡至护岸，长为 3m。护岸为均匀斜坡堤，坡度为 1∶1.5，采用抛石结构。

试验段共布置 8 个浪高仪，其中斜坡前沿 3 个浪高仪与单一地形相同，其余 5 个浪高仪布置在斜坡及护岸前沿。

试验时深水水深 0.85m，护岸前平台水深为 0.40m。试验共重复 3 次，分析其重复性，并取平均值作为最终结果。

2. 船行波消浪措施研究

船行波引起的水面变化及水流振荡，作用于航道两侧堤防时，既能改变堤角附近泥沙冲淤变化趋势，也可对堤防护面形成长期掏刷，从而对堤防的稳定性和安全造成不利影响。当航道经过港口区时，较大的船行波有时会超过港内船

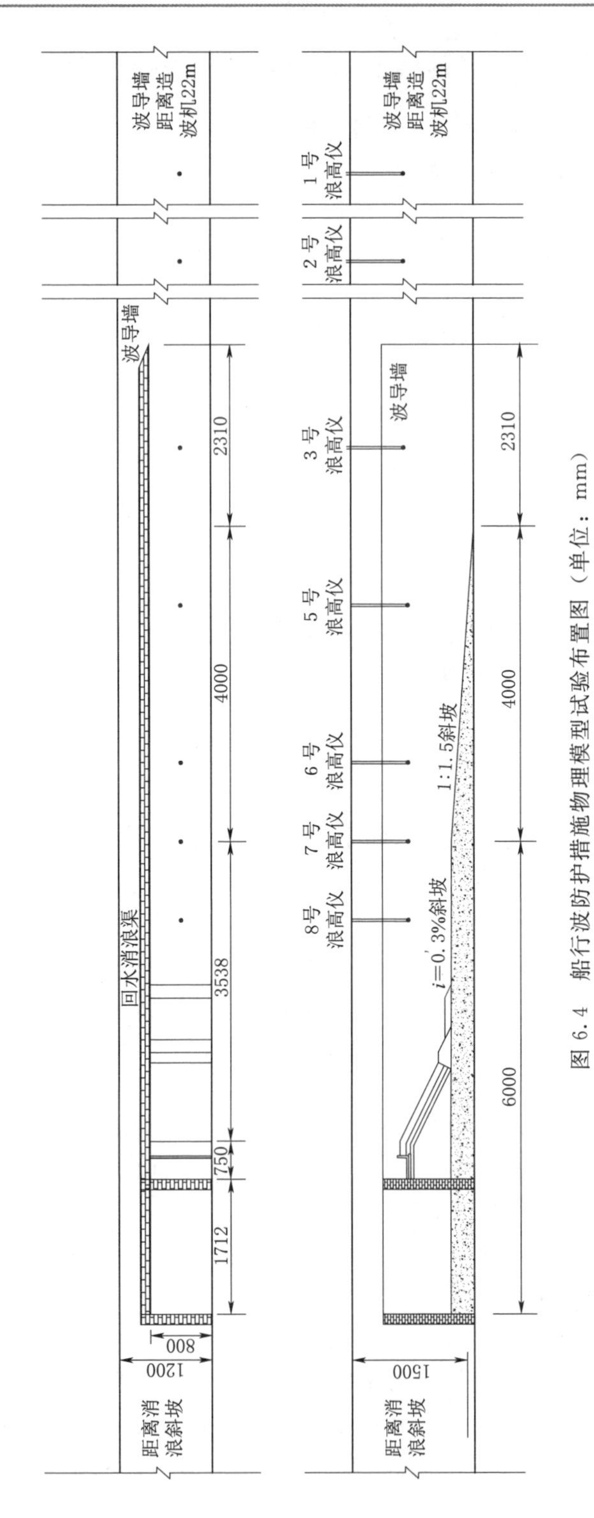

图 6.4 船行波防护措施物理模型试验布置图（单位：mm）

舶系泊的要求，引起系泊不稳以及港内进行渡运的船舶舒适性下降，而在进行港口设计时，一般很少考虑船行波的影响。

为了减弱或消除船行波的不利影响，往往需要采取一定的消浪措施，降低传播至岸边的波动幅度。本书提出一种浮式消浪结构。浮式防波堤通常是由金属、钢筋混凝土和塑料等材料制造的浮式构件和锚泊系统组成的防浪设施，其主要优点有：可防止海水污染，因为它有较强的海水交换功能；随着水深的增加，其造价比固定式要便宜得多；可以很容易地应用于软土海床水域，不需要进行地基处理；安放位置可以很容易地改变；浮体、缆绳和锚具都很容易制造。

从应用来说，目前世界各国提出的浮式防波堤结构型式有十几种之多，但大都还处于室内试验原体试验研究阶段，比较成熟和可以使用的型式还很少。长期困扰浮式防波堤作为永久性建筑物的主要原因是，目前的浮式防波堤结构型式对短波的掩护效果尚好，但对长波的透过率仍然很好。一般来讲，对于通常结构的浮式防波堤，要使得透射系数小于0.5，浮堤自身的宽度（W）与波长（L）的比值要不小于0.3。这就对堤身的宽度提出了很高的要求，增加了浮堤的造价及安装和控制的难度。尤其是当长周期的灾害性海浪发生时，这些防波堤结构不但不能起到防浪的作用，由于锚固系统的可靠性差，其自身的安全也受到很大的威胁。

鉴于上述特点，浮式防波堤在相对波浪能量较低而没有必要修建坐底式防波堤和水深及基床条件差而使修建坐底式防波堤十分困难的水域，在所掩护的水域要求有良好的水质交换条件的情况下不失是一种较好的结构型式。而目前浮式防波堤的消浪效果研究多见于近岸工程，对于船行波的关注较少。实际上，船行波波浪能量相对较低，对航道沿程两岸堤防均有不同程度的影响，且极少有台风大浪威胁到防波堤的稳定性，因此可以尝试采用浮式防波堤作为船行波消浪措施。但考虑到船行波的周期相对较长，对浮式防波堤的结构型式和设计尺寸提出了较高的要求，本书在参考已有浮式防波堤结构型式的基础上，提出一种简单、可行的消浪结构，并通过试验，优化结构方案。

（1）浮式防波堤结构型式。浮式防波堤依据消波机理可以分为反射性结构（诸如浮箱式、浮筒式防波堤）、反射与波浪破碎型结构（诸如栅栏式浮防波堤）与摩擦型结构（诸如浮筏式防波堤）。依据结构的弹性性能，又可分为刚性浮式防波堤和柔性浮式防波堤。几种目前常见的浮式防波堤结构型式如下。

1）浮箱式防波堤。浮箱式防波堤（箱式浮堤）一般由钢筋混凝土、钢板焊成或利用废驳船等制成，其几何形状多为长方形结构［图6.5（a）］，宽度一般在8m左右，入水深度变化范围为1.5～4.0m。箱式结构的浮堤，主要通过反射作用，实现对透射波的衰减。

1991年，Mani提出一种在倒梯形浮箱底部安装一排圆柱体的Y字形浮式防波堤［图 6.5（b)］。这种浮堤的不同之处是利用下部的一排圆柱体，干扰其附近的水体运动，使得波浪的能量衰减，这种结构的浮式防波堤，当 W/L 在 0.15 附近时，可使透射系数小于 0.5，因而降低了在长波条件下对浮堤宽度的要求。

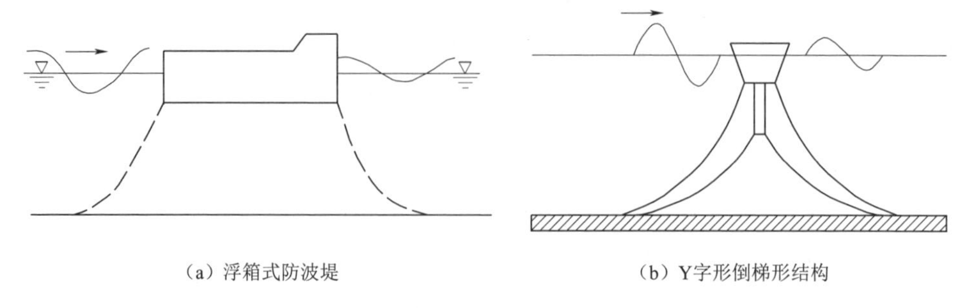

（a）浮箱式防波堤　　（b）Y字形倒梯形结构

图 6.5　浮箱式防波堤典型结构型式

2）浮筒式防波堤。浮筒式防波堤，无论从材料还是消浪机理上，都类似于浮箱式防波堤，只是浮筒式防波堤吸收波能的能力略强于浮箱式防波堤，常见的结构型式多为框架结构。图 6.6 为由一块刚性连接板连接两个圆柱浮体所组成的浮筒式防波堤示意图以及由加拿大提出的 A 形构架浮堤。后者的设计原理是使浮堤具有较大的转动惯量，这种浮堤的中间为垂直挡浪板，两侧各有两个圆筒，板与圆筒通过倒置的 A 形构架相连；两侧下面的圆筒都是开孔的，开孔率为 50%。

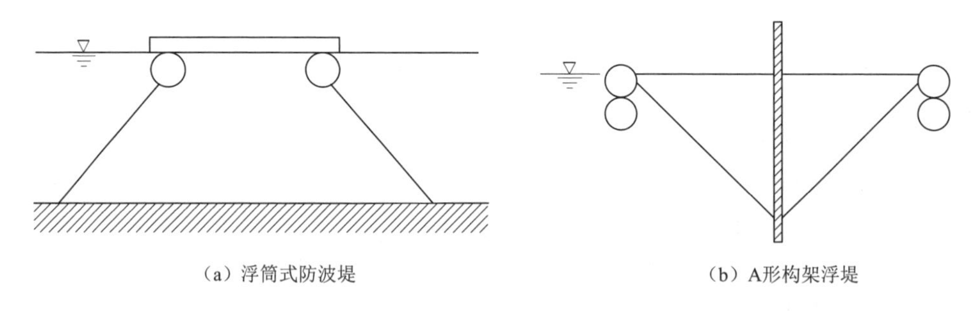

（a）浮筒式防波堤　　（b）A形构架浮堤

图 6.6　浮筒式防波堤典型结构型式

3）浮筏式防波堤。浮筏式防波堤（筏式浮堤）是利用充水尼龙袋、玻璃纤维增强材料或汽车轮胎等做成的浮筏，主要利用浮体部分和水体之间的摩擦作用，使水面附近的波浪能量散失在这些平面结构上（图 6.7）。浮筏的宽度通常要达到一倍波长左右才能有效起到消浪作用。

（2）浮式防波堤不同结构型式的比较。从衰减波浪能量的角度分析，浮箱式结构通过反射部分入射波的能量来衰减透射波。浮筒式结构除了反射波浪外，对波浪的能量还具有一定的吸收作用。浮筏式结构主要通过摩擦作用吸收并散

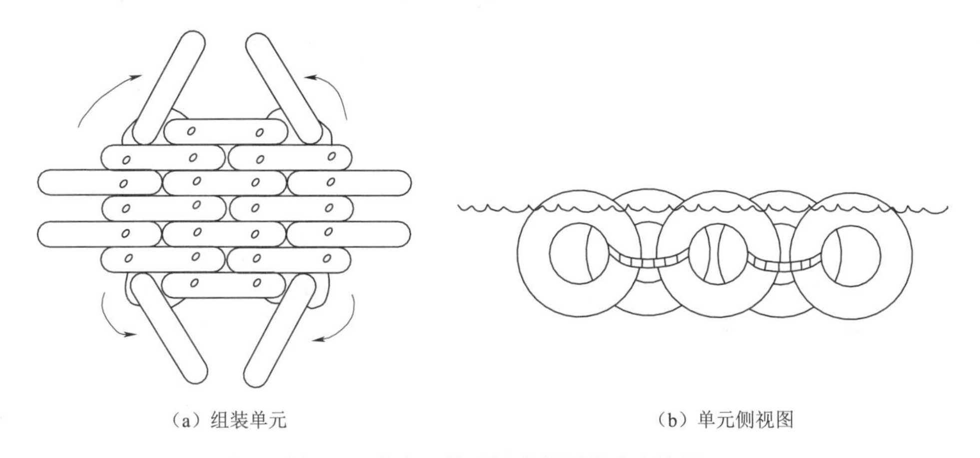

（a）组装单元　　（b）单元侧视图

图 6.7　由废旧轮胎组成的浮筏式防波堤

失表层波浪的能量。

1）箱式浮堤具有自己的特点，其优点主要为：①设计使用年限比浮筏式的使用时间长；②结构单元有多种用途，如可作为小船的临时停靠处，也允许游人步行、垂钓等；③在中等波浪条件下，已证实是有效的，使用范围比浮筏式浮堤要大得多。箱式浮堤的缺点主要为：①同浮式防波堤相比，费用较大；②如果破坏，需要拖上岸来维修有一定难度；若设计不当，结构单元之间的连接成为一个重要的问题。

2）筏式浮堤结构存在如下优点：①费用低廉，很经济；②容易移动；③易于制造与维修；④同浮箱式防波堤相比，对锚泊力要求较小。但其也有不足，主要表现为：①轮胎里的空气消失以及海水盐分的侵入，大多可能使浮堤下沉；②设计使用年限尚不确定；③只能在适度的波浪条件下有效（波高小于 1m，周期小于 3s）；④很容易产生大量的漂浮碎片，不易收集清除。

图 6.8 是在总结现有成果的基础上给出的几种不同结构型式的浮式防波堤的透射系数与相对宽度的关系曲线。可以看出，对于浮箱和浮筒式防波堤，要使透射系数小于 0.5，W/L 要大于 0.3，并且当 W/L 大于 0.5 时，透射系数也不会随着相对宽度的增加而显著降低，很难小于 0.2。而对于浮筏式浮堤来说，要降低透射系数，对相对宽度的要求很高，透射系数小于 0.5，相对宽度要大于 1。很明显，浮堤的入水深度越大，浮体对波浪的反射作用越强，透射系数越小。一般取相对深度为 0.3，最大为 0.5。

（3）针对船行波的浮式消浪结构型式研究。借鉴现有浮式防波堤结构型式，针对船行波波幅不大但周期较长的特点，综合浮箱与浮筒式防波堤的优点，提出了一种新型消浪结构，如图 6.9 所示。这种新型结构单元主要由浮筒、刚性连接板、竖帘三部分组成，其中浮筒与刚性连接板组成类似于图 6.6 的浮筒式防

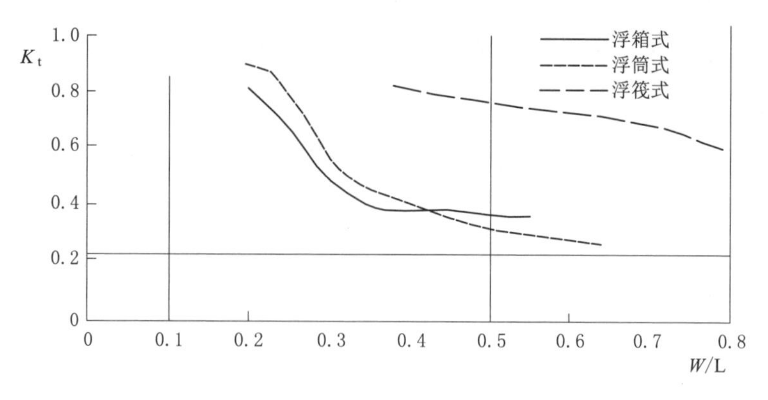

图 6.8 透射系数与相对宽度的关系曲线

波堤，再加上竖帘后，又具有浮箱的特点，能够反射一部分波浪，从而达到衰减透射波的目的。

结构的相对宽度和相对吃水深度等重要参数可通过试验率定，竖帘的数目以及是否开孔等因素也可在试验中调整，使消浪效果达到最优。

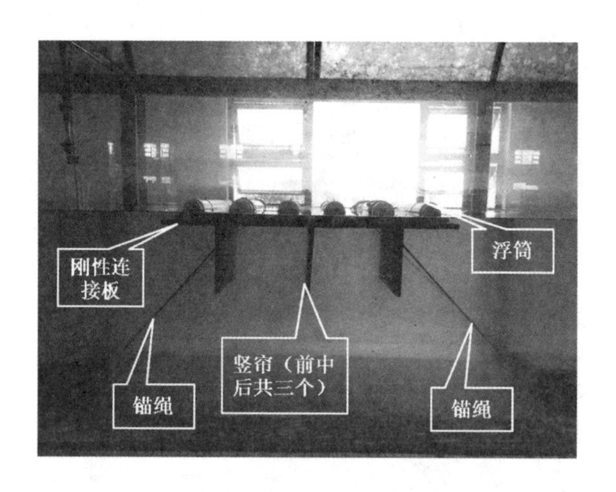

图 6.9 浮式船行波消浪设备典型设计方案

6.1.3.3 试验结果

1. 船行波的物理模拟

采用线性叠加法，将实测船行波水面波动过程转化为许多余弦波之和，并通过傅里叶变换求得各组成波的振幅谱和相位谱。图 6.10 给出了 3 号测点在 2 个不同时刻的船行波序列及其对应的振幅谱和相位谱特征。

从水面波动过程看，两次船行波水面波动幅值基本相同，最大波高均接近 0.3m，出现在第 4 个波；两者在相位上有一定的差异，后续波列并不完全

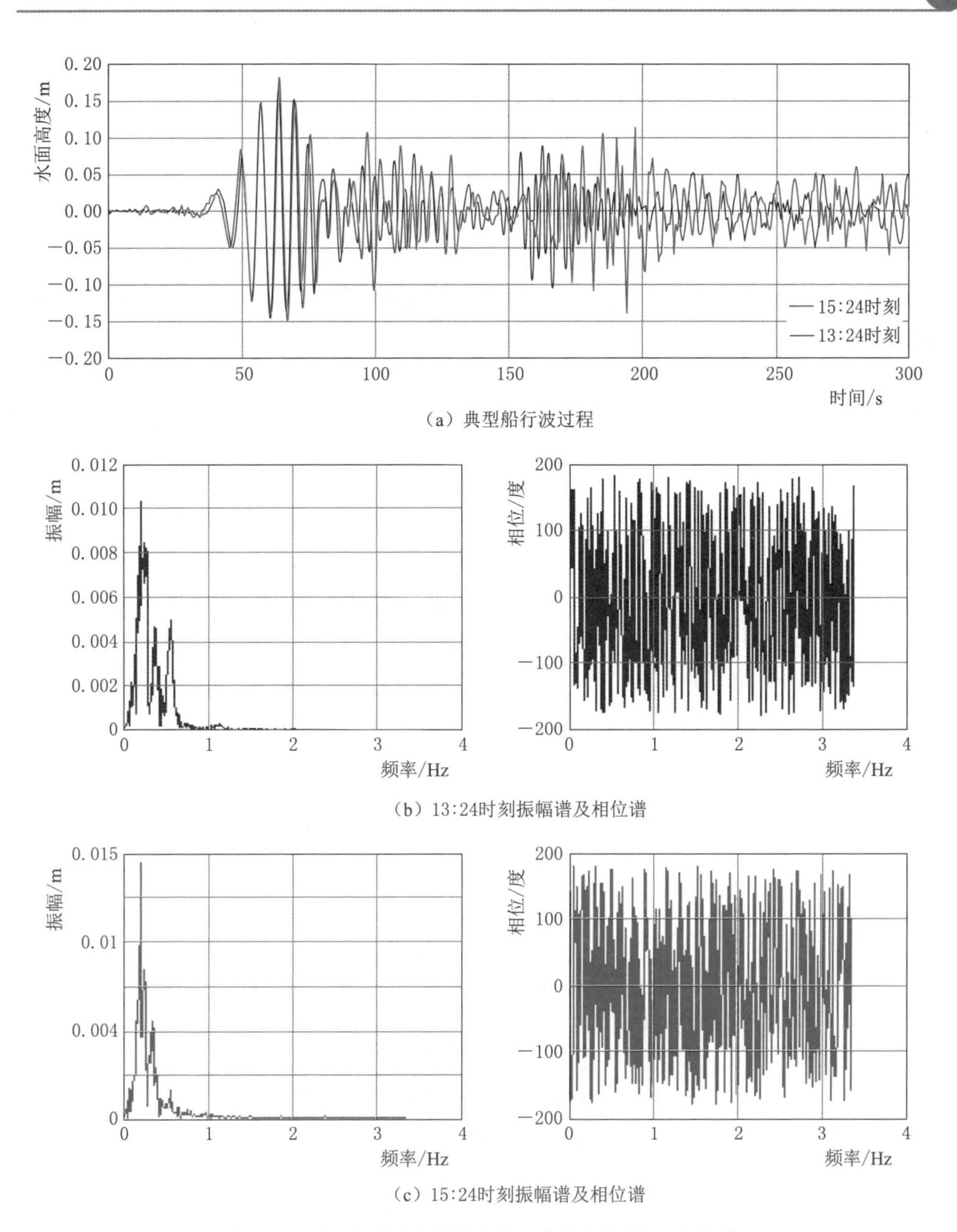

（a）典型船行波过程

（b）13:24时刻振幅谱及相位谱

（c）15:24时刻振幅谱及相位谱

图 6.10　典型船行波过程及其对应的振幅谱和相位谱

重复。

从振幅谱可知，两者谱型接近，频率大于 1.0Hz（即周期小于 1s）的组分所占比例较小，能量集中在 0.1～1.0Hz 范围内，其中对应频率 0.22Hz（周期 4.5s）与 0.34Hz（周期 2.9s）附近存在明显的峰值，这表明，各组成船行波的余弦波中，以这两个周期的组成波最强。

各组成波之间的相位差别较大，且两次实测过程有明显区别，由此可见，准确模拟相位谱对于实现船行波的物理模拟是十分重要的。

遵循前述方法在水槽中模拟船行波序列，模拟波列与原型实测波列的对比如图 6.11 所示。试验室模拟得到的波列在波动幅度、相位上与原型实测波列均十分接近，尤其是船行波的前五个特征波，模拟序列能够很好地与原型实测值相吻合。表 6.6 列举了实测序列与模拟序列特征参数的比较，模拟序列的最大波、三大波、平均波的波高、周期参数与实测序列参数偏差小于 15%，绝大多数特征参数小于偏差小于 10%，可以认为模拟序列能够较好地反映出实测船行波的过程，模拟方法具有较高的精度。

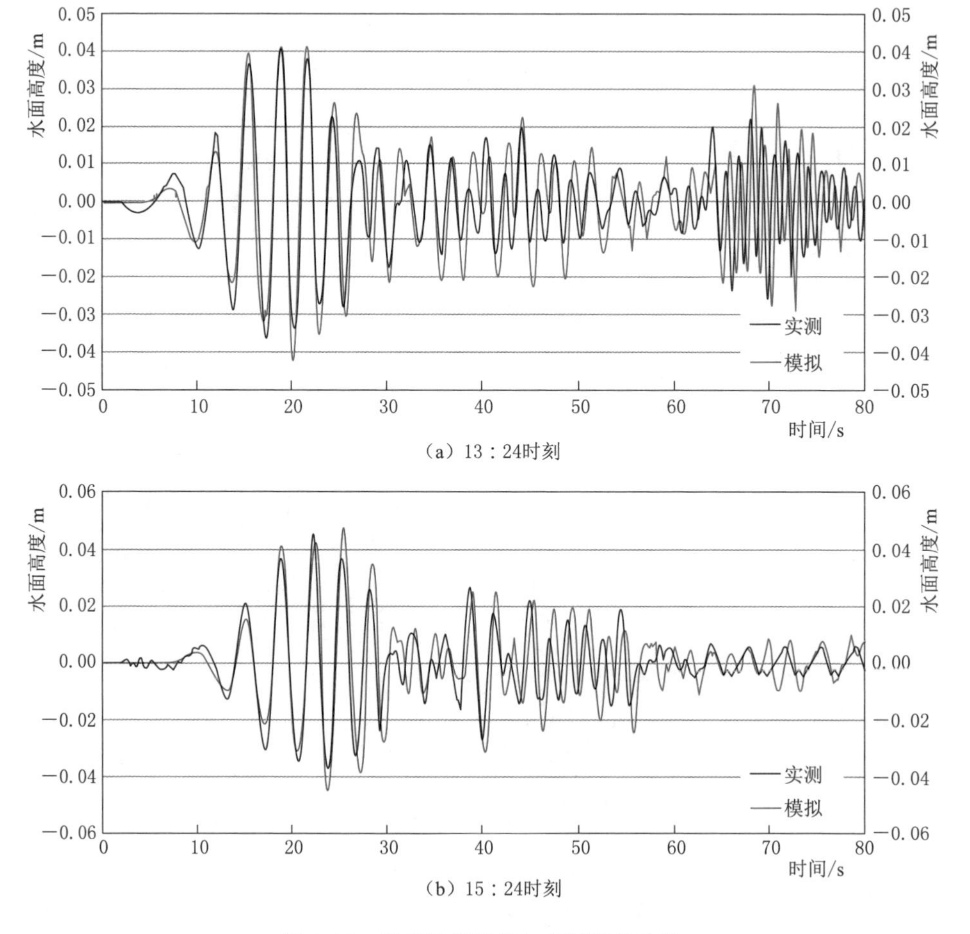

图 6.11　船行波模拟值与实测值的比较

因此，借鉴海浪的模拟方法，采用线性叠加法模拟船行波水面波动过程是可行且十分有效的。

表 6.6　　模拟船行波与实测船行波的统计特征比较

波浪特征	实测值/m		模拟值/m		相对误差	
	13：24	15：24	13：24	15：24	13：24	15：24
最大波波高	7.50	8.20	8.4	8.77	12%	7.9%
最大波对应周期	5.5	7.1	5.9	7.2	6.7%	1.4%
三个大波平均波高	7.1	7.5	7.76	8.22	14%	9.6%
三大波平均周期	3.0	3.2	3.1	3.3	3.3%	3.1%
平均波高	2.49	2.77	2.35	2.92	−5.6%	5.4%
平均周期	1.93	2.88	2.1	2.5	8.9%	13%

2. 地形对船行波的影响

（1）平底地形。图 6.12 为平底地形情况下，测量段两端的 1 号浪高仪、7 号浪高仪的波形的比较，两者距离相隔 24m。两者相位上有明显差别，但波高峰值变化较小。图 6.13（a）为两组不同的船行波经过平底地形时最大波高的演变；图 6.13（b）为 3 个最大波的平均值的变化。从图中可以看出，在水槽中模拟生成的船行波，经过平底地形时，波高总体稳定，但有小幅度的衰减，最大波波高幅值减小约 3%。

从实验室模拟的序列统计可知，最大波对应周期在 4.5s（对应原型 9s）附近波动，但沿程各段变化较大；而三个大波所对应的平均周期则相对稳定，约为 3s（对应原型 6s）。

（2）斜坡+护岸。从深水区与浅水区波形的比较可见，当水深变浅时，对于船行波过程中的大波波形出现显著变化，波峰变陡，波谷变平，与海浪“变

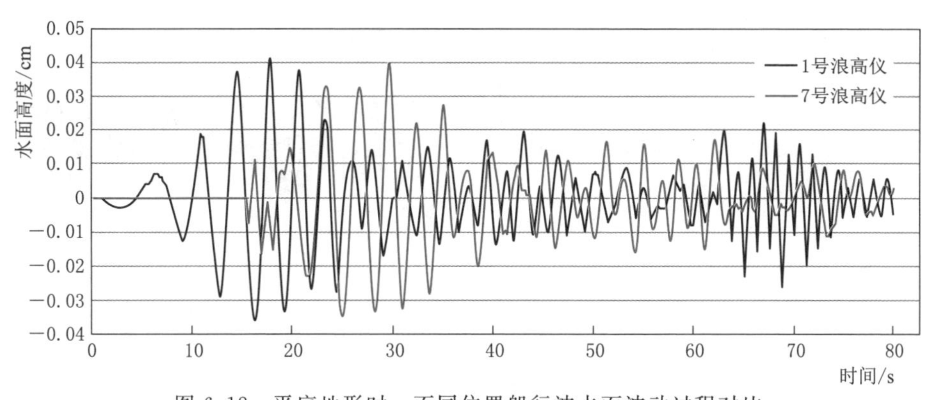

图 6.12　平底地形时，不同位置船行波水面波动过程对比

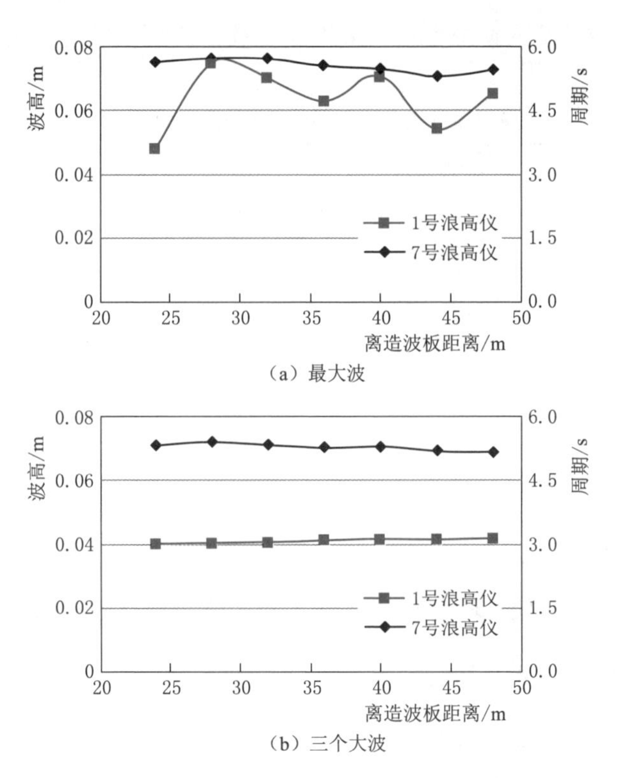

（a）最大波

（b）三个大波

图 6.13 平底地形时波动特征的沿程变化

浅”作用的特点相似。图 6.14 为两组不同的船行波传播过程中波形的演变，图 6.15 为船行波中最大波波高的变化。从图中可以看出，在浅水平台上，最大波高的极大值出现在斜坡向浅水过渡的平台附近，此时 H_{max} 值比深水增大了 30%。在水深变浅的过程中，H_{max} 逐渐增大，可见，水深变浅在一定程度上可

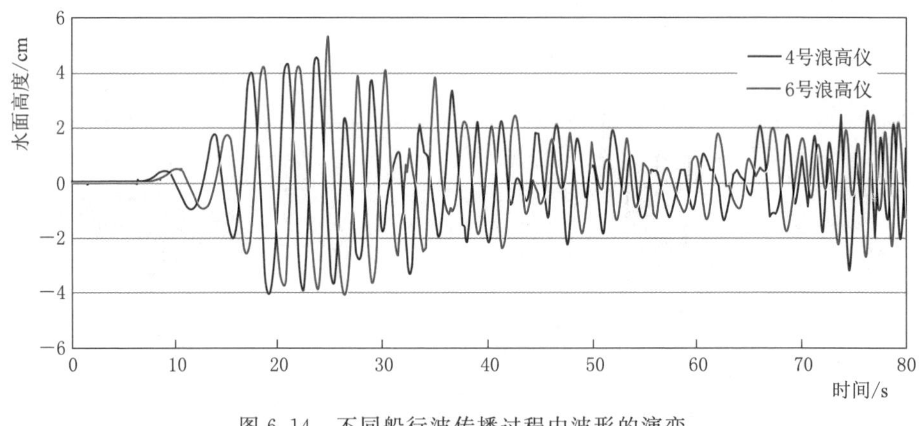

图 6.14 不同船行波传播过程中波形的演变

使得船行波波高增大。这对于近岸堤防而言，是不利的。

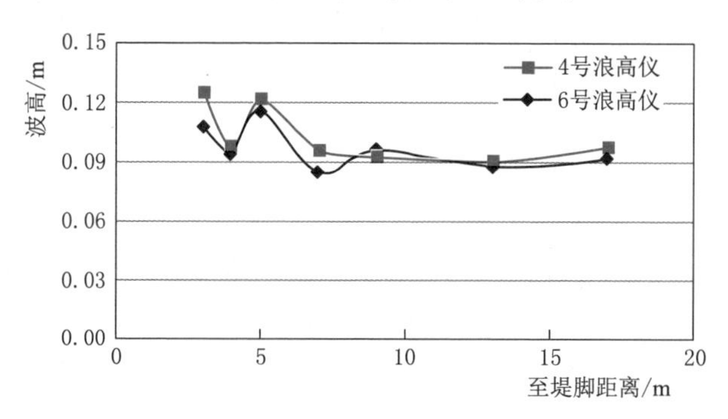

图 6.15　斜坡地形时不同船行波最大波波高沿程变化

斜坡地形对于入射波浪具有一定的反射作用，入射波与反射波相互叠加，容易形成驻波，其中驻波腹点对应两个波峰叠加的位置，水面波动幅度相对于入射波有所增大，驻波腹点对应波峰与波谷交错的位置，入、反射波波动幅度相互抵消，水面波动减小。图 6.16 为波高 H＝8cm、入射周期分别为 1.5s、2.0s、3.0s 的规则波在“护岸＋斜坡”地形上传播时波高的沿程变化特征。

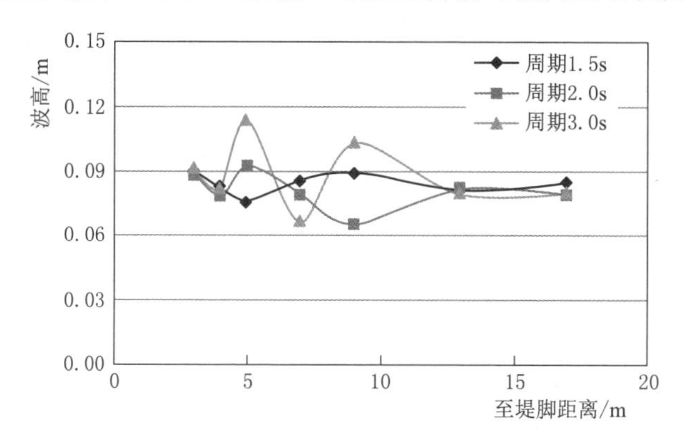

图 6.16　斜坡地形时规则波平均波高的沿程变化

从图中可以看出，规则波在斜坡地形上传播时，沿程波高呈现一定的波动，尤其是在斜坡的两端（距离堤脚 3～7.5m）差异较大。由于斜坡地形对波浪的反射作用随入射波长的增大而增强，因此，短周期波反射相对较少，斜坡沿程波高变幅不大；长周期波（如周期为 3.0s 的波）波幅变化明显。船行波前几个大波的周期较长，因此，在斜坡上的反射作用较明显，船行波达到近岸过程中，不同位置测得的波动幅度也会出现一定的差异。

事实上，斜坡地形对波浪的反射作用还受斜坡的斜率影响，一般来说，坡度越陡、斜率越大，波浪的反射作用越明显。因此，在断面地形变化较为平缓的三角洲河道，船行波的反射作用并不明显；对于上游窄深河道，船行波受到地形的反射，使船行波在入反射波出现叠加的情况下出现局部高值。该值比船行波波高均值偏大，对堤岸的破坏作用也会增强。

3. 针对船行波的浮式消浪结构体的试验研究

通过水槽模型试验研究浮式消浪结构体对船行波的掩护作用。浮式消浪结构漂浮于水面，通过水底的锚绳将其固定，从4个方向将其锚固。波浪入射方向与消浪结构体的长度方向平行，在其前后各布置2个浪高仪测量波高。

对于船型波序列中的前几个大波，平均周期3s（原型中的6s），若取$W/L=0.3$，则$W=2.5$m（相当于原型10m）。此时，消浪结构体宽度偏大，在实际应用中有困难。因此，设计的消浪结构体的宽度W取1.5m（相当于原型的6m），此时$W/L=0.18$，同时在结构体底部设置竖帘，提高消浪效果。根据刘勇等的研究成果，竖帘能够有效反射入射波，并造成入反射波的相位差，从而实现消浪的效果；同时，若对部分竖帘按一定的开孔率预留圆孔，可将水波压力转化为水流振荡，进一步降低波浪透射率。他们通过数值试验指出，当竖帘吃水深度达到0.5倍以上水深时，采用合适的透水比，可以使得波高透射率降低至0.5以下。

本书针对内河船行波的特点，为了减小消浪结构体对水流的阻挡，竖帘的宽度取浮筒宽度的2/3，在结构体两侧预留一定的空间，供水流通过与交换。

（1）结构体型式对消浪效果的影响。为了确定适于消减船行波的浮式消浪体的结构型式，选择六种结构型式组合进行试验，见表6.7及图6.17，其中（a）中未设竖帘，相当于浮筒式防波堤结构型式；（b）、（c）、（d）、（e）四种结构型式均设置竖帘（竖帘的高度取0.5倍水深），相互之间的差别主要在于竖帘的数目；（f）将竖帘底部空间封装起来，相当于浮箱式防波堤结构型式。

表6.7　　消浪体结构型式组合及船行波大波透射率

组次	消浪体结构型式特征	透射率C_T	组次	消浪体结构型式特征	透射率C_T
(a)	浮筒式	0.98	(d)	(c) +后部竖帘	0.71
(b)	(a) +中部竖帘	0.94	(e)	(d) +两侧竖帘	0.70
(c)	(b) +前部竖帘	0.83	(f)	(e) +底部封闭	0.67

消浪效果采用波浪透射率C_T表示，其值为透射波与入射船行波序列中三个大波的平均波高的比值。图6.18为不同结构型式组合对应的透射率C_T的变化，可见，在采用浮筒结构型式、不设置竖帘的情况下，透射率接近1，表明此时浮体对船行波的消减较弱。根据试验观测，船行波大波的波长远大于浮筏，水质点与浮筒之间没有明显的相对运动，波峰波谷都可以不受阻碍通过浮体。

在浮筏底部增加竖帘后，由于竖帘阻挡了部分水质点的运动，产生明显的

(a) 浮筒式　(b) 浮筒式＋中部竖帘

(c) 浮筒式＋两竖帘　(d) 浮筒式＋三竖帘

(e) 浮筒式＋五竖帘　(f) 浮箱式

图 6.17　防浪体不同结构型式组合

波浪反射，透射率随之下降。前后共 3 块竖帘时，透射率下降至 0.7 左右，此时，竖帘的作用不只是形成反射，各竖帘之间的空间也可显著抑制水质点的自由运动，提升消波效果。试验表明，进一步增加竖帘的数量，对波浪的衰减效果并不明显，故结构型式（e）与结构型式（d）对应的透射率基本相当。

将竖帘底部封闭，相当于浮箱式的结构型式，效果略优于仅用竖帘的结构

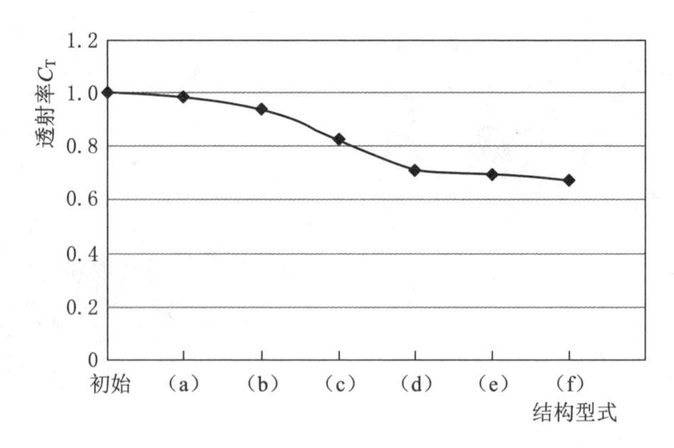

图 6.18　不同防浪体结构型式的船行波透射率

型式，船行波大波透射率降低至 0.67。

从实验成果看，采用单纯浮筒结构型式，对于周期较长的船行波消浪效果不明显；增加竖帘后，不仅可以反射部分入射波，还可通过底部空间衰减水质点波动，有效降低透射率。从结构的合理性与经济性考虑，竖帘的数量以 3 个为最优。因此，形如（d）的“浮筒式＋三竖帘”结构的消浪体，对消减船行波有较好的效果。为进一步提高消浪体的性能，在这一结构型式的基础上，从竖帘高度、竖帘开孔等多方面进行改进。

（2）竖帘吃水深度对消浪效果的影响。为研究竖帘吃水深度 d 对消浪效果的影响，可通过调整消浪体中竖帘相对吃水深度 d_r（吃水深度与水深的比值），从实验结果中分析其对透射率 C_T 的影响。船行波通过防浪体时的运动状态如图 6.19 所示。

图 6.19　船行波通过浮体结构时的运动特征（竖帘相对吃水深度为 0.3）

共对四种竖帘相对吃水深度（0.3、0.5、0.65、0.8）进行试验。图 6.20 给出了与之对应的透射率变化。可见，船行波透射率随着相对吃水深度的增大

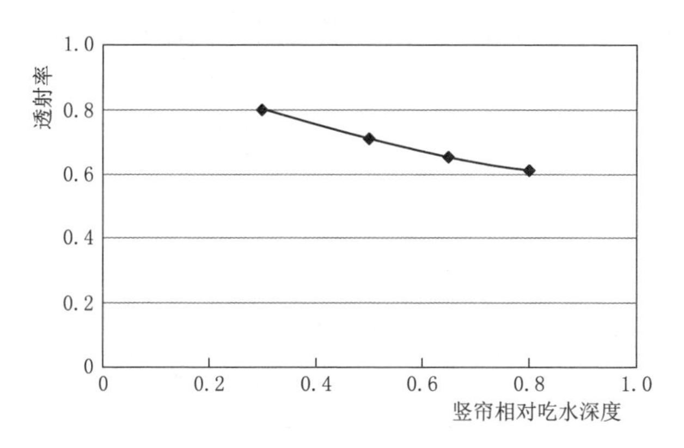

图 6.20 竖帘相对吃水深度 *draft/depth* 对船行波透射率的影响

而降低：当 d_r<0.5 时，透射率下降速度快；随着 d_r 的进一步增大，透射率下降速度有所减缓。

这一变化趋势与波浪运动的特征直接相关。众所周知，波浪传播过程中，水质点作有规律的往复运动，水质点运动幅度从表层向底层逐渐衰减，故波浪运动更易于受表层障碍物的影响，其在浮体结构上的反射作用通常大于水底结构物。因此，选择中等吃水深度的消浪体结构往往能达到较好的消浪效果。

(3) 竖帘开孔率对消浪效果的影响。近年来，在海岸工程的防波堤结构中，开孔消浪方法得到了广泛的应用。尤其是对于重力式沉箱结构，通过在沉箱岸壁上开孔，使部分波浪能量进入沉箱内部，利用沉箱空腔进行消能。同时，沉箱内的反射波与岸壁的反射波存在相位差，也可降低岸壁前反射波的波高。

本书提出的“浮筒式＋竖帘”的浮式消浪结构，其竖帘消浪的原理与直墙式防波堤有类似之处，而多个竖帘的组合所形成的空腔也有助于消浪。为此，本书在图 6.17 (d) “浮筒式＋竖帘”结构型式的基础上，研究竖帘开孔率对船行波消浪结构的影响。

图 6.21 前端竖帘开孔消浪体结构

图 6.21 为前端竖帘开孔消浪体结构，图中对应开孔率为 20%。图 6.22 为不同开孔情况下的船行波透射率。从图 6.22 中可以看出，当单独前板开孔时，透射率与开孔率的

关系呈 U 形，即存在一个最优开孔率，使得船行波的透射率最低，当开孔率大于或等于该值时，透射率反而会增大。

当前、中两竖帘同时开孔的情况下，船行波透射率反而增加。分析其原因，可能是此时空隙的存在减弱了挡板对水质点的束缚，使得波浪反而更容易透过消浪体。

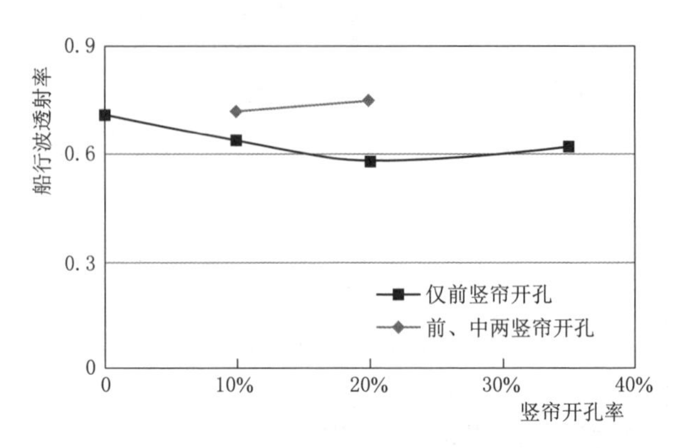

图 6.22 竖帘开孔率对船行波透射率的影响

(4) 入射波为规则波时浮式消浪结构体的消浪效果。船行波是一种具有自身鲜明特点的水波，利用水槽试验对浮式消浪结构体的性能进行研究，发现如下规律：

1) 纯浮筒结构型式，在 W/L 偏小的情况下，无法有效削减船行波的波高。

2) 在浮筒结构上增加竖帘后，通过加强对入射波的反射以及限制上部水质点运动，能够有效降低船行波波高；试验表明，均匀布置的三块竖帘结构型式简单，消浪效率最高；竖帘吃水深度为 (0.5～0.7) D (D 为水深) 时，所得的消浪效果较好。

3) 在最前端竖帘上开孔，能够在一定程度上改善消浪性能。开孔率接近 20%时，改善最明显，这与刘勇等的研究成果是接近的。

4) 本书提出的浮式消浪结构体能够对船行波有较好的消减作用，最高可以减少 40% (透射率 0.6)。

为进一步认识消浪结构体对波浪动力的响应机制，本书在船行波研究的基础上，增加规则波试验组次。通过将入射波改为规则余弦波，分析其在消浪结构体后的透射率随周期、波高等的变化特征，为船行波作用下的消浪机理提供参考依据。

本次研究共进行了 9 组规则波试验，主要包含三种周期的规则波 (1.5s、2.0s、3.0s)，每个周期又分别试验三组波高 (6.0cm、8.0cm、10.0cm)。

图 6.23 给出了规则波入射时，浮式消浪结构体后透射率随 W/L 值的变化。

对于规则波，透射率主要受 W/L 影响，入射波周期越小，波长越短，则透射率越低。当 $W/L>0.3$ 时，透射率下降至 0.5 以下。这与图 6.6 中的浮筒式防波堤对于入射波浪的响应关系是相似的。

对比船行波与规则波的特征区别可以看出，船行波难以消除与其中大波的周期偏大有直接关系。

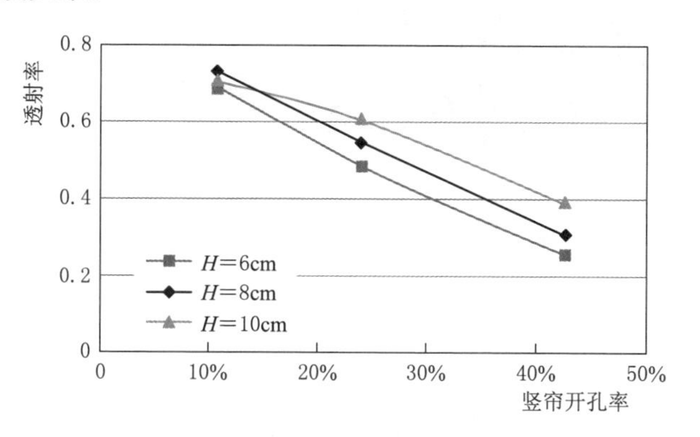

图 6.23　竖帘开孔率对船行波透射率的影响

（5）推荐结构型式。综合上述研究结果，得出推荐的船行波防护结构型式：在浮筒结构上增加竖帘后，通过加强对入射波的反射以及限制上部水质点运动，能够有效降低船行波波高；均匀布置的 3 块竖帘结构简单，消浪效率最高，且较为经济；竖帘吃水深度在（0.5～0.7）D（D 为水深）时，消浪效果较好；在最前端竖帘上开孔，能够在一定程度上改善消浪性能。

6.1.4　黄金水道建设后典型河段应对船行波防护对策

结合船行波水动力特性和船行波对险段堤岸和丁坝的损毁机理，从消除船行波和工程防护措施两个角度拟定船行波防护对策。

6.1.4.1　堤岸管袋护面防护措施

对于施工条件良好、防洪工程损毁严重的险段，建议采取堤岸管袋护面防护措施。由于船行波对堤岸的影响是使岸坡变陡、河床组成粗化、植被无法生长，堤岸管袋护面防护措施的主要防护对象是堤身全断面（图 6.24），其优点是坚固、安全，缺点是工程量大、施工期长。

6.1.4.2　丁坝管袋护面措施

对于施工条件良好，防洪工程本身损毁不严重，但防洪工程坡脚下切或者侵蚀严重的险段，或者防洪工程本身已出现损毁的丁坝，建议采用丁坝管袋护面措施。船行波对丁坝的影响特点有丁坝头部冲刷加剧、丁坝坝体失稳、丁坝根部稳定性降低、河床组成粗化等，可采用丁坝管袋护面措施对丁坝坝体结构进行有效防护（图 6.25），其优点是坚固、安全，缺点是工程量大、施工期长。

图 6.24 西江险段的船行波防护措施之一：堤岸管袋护面

图 6.25 西江险段的船行波防护措施之二：丁坝管袋护面

6.1.4.3 水生植被消浪措施

对于存在一定程度的损毁，但目前并未恶化，且水深较浅的险段；或者防洪工程有较大的受船行波损毁的风险，且工程临水侧河床下切不严重，水深不大，建议采用水生植物消浪措施。植物消浪措施的主要防护对象是防洪工程临水坡，如图 6.26 所示。

图 6.26 西江险段的船行波防护措施之三：水生植被消浪

6.1.4.4 浮式消浪整流措施

西江为珠江流域主要泄洪通道，因此防护措施需避免增加河道阻水。对于存在一定程度的损毁，但目前并未恶化，且水深较深、水生植物不易存活的险段，建议采用浮式消浪整流措施。对于存在船行波损毁风险，但是施工存在难度的险段，以及新发现的出险险段，也可以采用浮式消浪整流措施对防洪工程进行保护。浮式消浪整流措施的主要防护对象为防洪工程临水坡。

借鉴现有浮式防波堤结构型式，针对船行波波幅不大但周期较长的特点，综合浮箱与浮筒式防波堤的优点，本书提出了一种新型消浪结构，如图 6.9 所示。物理模型试验结果表明，在浮筒结构上增加竖帘后，通过加强对入射波的反射以及限制上部水质点运动，能够有效降低船行波波高；均匀布置的 3 块竖帘结构型式简单，消浪效率最高，且较为经济；竖帘吃水深度为（0.5～0.7）D（D 为水深）时，所得的消浪效果较好；在最前端竖帘上开孔，能够在一定程度上改善消浪性能。

6.2 航道整治与通航约束条件

珠江水系属于少沙河流，西江沿江堤防工程多为土质岸坡与土堤，隐患较多，随着西江主航道的扩能改造，航运等级将由 1000t 级提升至 3000t 级，未来运输船舶将向着大型化和深水化的方向发展，保护郁江中下游、浔江、西江中下游及珠江三角洲防洪安全的两侧堤岸等水利工程将受到威胁。结合航道整治对堤防安全稳定影响分析成果以及船行波对堤防安全的影响分析成果，制定相应的航道整治约束条件。

（1）航道的整治与建设，应当服从流域综合规划，符合国家规定的防洪标准和其他有关技术要求，维护堤防安全，保持河势稳定和行洪。

（2）为确保防洪工程的安全，航道治理中航槽边界要和堤岸保持一定的距离，航道方向应避免与堤岸顶冲。在确定航槽位置时，应根据岸坡不同地质条件确定距沿岸防洪工程的安全距离。

1）南宁—梧州段。根据 2004 年《珠江流域重点堤防普查报告》，该段岸坡土层结构从上到下主要为素填土层、含泥粉细砂层和砂卵砾石层。通过选取典型断面计算结果分析，该段航槽边界距离坡脚距离不宜小于 30m。

2）梧州—肇庆段。根据 2004 年《珠江流域重点堤防普查报告》，该段岸坡土层结构从上到下主要为素填土层、黏土层和粉质黏土层。通过选取典型断面计算结果分析，该段航槽边界距离坡脚距离不宜小于 40m。

3）磨刀门段。根据2004年《珠江流域重点堤防普查报告》，该段岸坡土层结构从上到下主要为素填土层、淤泥质黏土层。通过选取典型断面计算结果分析，该段航槽边界距离坡脚距离不宜小于65m。

（3）西江黄金水道工程航道整治施工时，清礁工程产生的冲击波可能会对岸坡稳定产生影响。为确保沿岸防洪工程安全，对于清礁工程，应根据不同礁石岩性和炸药量确定安全允许距离，通过控制施工方法和施工工艺来减小对岸坡稳定及周围建筑物的影响。

1）南宁—贵港段。该航段礁区覆盖层主要为卵石，表现为松散，土类级别为Ⅱ级，卵石厚度为0.10～1.80m，平均厚0.44m。礁石基本为微风化硅化岩，少量微风化粉砂岩，饱和抗压强度为18.8～103MPa，属硬质岩区。根据该段的岩石特性，礁石岩性系数K取值为100，衰减系数α取值为1.4，岸坡安全震动速度V取为3m/s。根据单段炸药量与安全距离R之间的关系，经计算，炸药量Q与安全距离的关系见表6.8。

表6.8　南宁—贵港段清礁炸药量与安全距离的关系

安全允许距离R/m	10	20	30	40	50	60	70	80	90	100
炸药量Q/kg	0.5	4.4	14.7	34.9	68.2	117.8	187.1	279.2	397.6	545.4

2）贵港—梧州段。根据地质勘查资料，本航段礁石主要为中风化粉砂岩，部分为为风化花岗岩。根据该段的岩石特性，礁石岩性系数K取值为150，衰减指数α取值为1.5，岸坡安全震动速度V取为3m/s，根据单段炸药量与安全距离R之间的关系，经计算，炸药量Q与安全距离的关系见表6.9。

表6.9　贵港—梧州段清礁炸药量与安全距离的关系

安全允许距离R/m	10	20	30	40	50	60	70	80	90	100
炸药量Q/kg	0.4	3.2	10.8	25.6	50	86.4	137.2	204.8	291.6	400

3）梧州—灯笼山段。梧州—灯笼山段礁石主要存在于界首到肇庆段。根据地质勘查资料，界滩段主要为中风化砂砾岩、强风化粉砂岩、强风化砂砾岩；三滩段主要为中风化花岗岩、微风化花岗岩、中风化砂砾岩、强风化花岗岩、强风化粉砂岩；都城—肇庆段主要为中风化砂砾岩、强风化粉砂岩。根据该段的岩石特性，岩性系数K取值为250，衰减指数α取值为1.8，岸坡安全震动速度V取为3m/s，根据单段炸药量与安全距离R之间的关系，经计算，炸药量Q与安全距离的关系见表6.10。

表 6.10　梧州—灯笼山段清礁炸药量与安全距离的关系

安全允许距离 R/m	10	20	30	40	50	60	70	80	90	100
炸药量 Q/kg	0.6	5.0	17.0	40.3	78.6	135.9	215.7	322.0	458.5	629.0

（4）船行波对堤岸有船舶与岸坡间的水体以高速向后流动对岸坡造成冲刷，船舶与岸坡间的水位陡然下降影响岸坡稳定等影响。在航道治理中，应考虑尽可能增加航槽到岸坡的距离，从而减轻船行波对两岸堤防、岸坡的掏刷、拍打等不利影响。从船行波数值模拟结果看，对于航速较低的航段，航道与堤防的距离应控制在大于 300m，对堤防的影响较小；对于航速较高的航段，航道与堤防的距离应控制在不小于 600m。

（5）航道与堤防的距离小于安全值时，应采取防护措施，保障两岸堤岸安全；当无法采取防护措施时，应当限定航速，通航的船舶不得超速行驶。

（6）航道整治进行护岸工程设计时，对于砂性土，船行波波浪水力掏刷是岸坡破坏的主要原因，岸坡防护宜以抗冲保护为主；对于黏性土岸坡，船行波波浪水力掏刷是岸坡破坏的第一主要原因，渗透破坏是第二主要原因，岸坡防护主要以抗冲和反滤保护为主。

6.3 建设管理意见与建议

6.3.1 建立水利与航运管理部门沟通协调机制

河道管理是对河道多种功能的综合管理，航道管理是为保护和发展航运而进行的专业管理，二者相辅相成，各司其职。在实际管理中，河道整治充分考虑航运发展的需求，为航道标准的进一步提高创造有利条件；航道整治要全面考虑对防洪及河势的影响，努力减轻对防洪的影响，维护河势的稳定。

为维护河流防洪安全、航道安全，建议尽快建立水利与航运管理部门沟通协调机制，集合两部门的人力、技术和资源优势，资源共享，团结协作、优势互补，以实现水利建设与航运建设的协调发展。

6.3.2 加强航道整治类项目防洪影响论证

目前，对于航道整治新建工程的防洪影响分析时，对沿岸防洪工程的影响论证相对较为薄弱，特别是有关船行波对堤岸的影响分析很少见诸报道。建议在今后航道整治类项目中加强对防洪工程的影响分析，从堤防地质条件、河势演变趋势、航道运行角度，分析航道整治对堤岸的不利影响，针对航道建设对防洪工程的不利影响提出补救措施，针对船行波对堤岸的影响，提出在敏感河段的船舶运行管控措施，从而确保防洪安全。

6.3.3 加强对险工险段或防洪基础薄弱堤段观测监测

为确保重要河段河势稳定和防洪工程安全，及时掌握西江沿岸险工险段的变化情况，及早发现或者预报潜在崩岸险情，避免出现重大的崩岸险情，建议在迎流顶冲、深泓贴岸等存在潜在安全隐患的典型河段开展堤防及护坡监测与分析，必要时可采取措施进一步加固两岸护岸或建设实施新护工程。

参 考 文 献

[1] 柴晓玲，余启辉，要威．复杂河网地区航道整治工程对防洪的影响分析 [J]．人民长江，2011，42 (10)：1-6.

[2] 常福田．航道整治 [M]．北京：人民交通出版社，1995.

[3] 陈立华．航道整治工程水土流失危害及防治措施研究 [J]．中国水利，2010，45 (10)：30-31.

[4] 陈润东，朱新永．西江防洪减灾现状与对策 [J]．人民珠江，2006，27 (5)：26-27.

[5] 陈淑榻．三峡枢纽清水下泄对港口设施的影响及对策研究 [J]．武汉交通职业学院学报，2010，12 (3)：20-21.

[6] 陈小红．珠江三角洲干流汊道泥沙分配及变化——以西、北江三角洲为例 [J]．热带地理，2000，20 (1)：22-26.

[7] 陈振春，谢凌峰，罗敬思．西江下游航道整治工程效果分析 [J]．珠江水运，2010，17 (5)：67-69.

[8] 戴仕宝，杨世伦，蔡爱民．51 年来珠江流域输沙量的变化 [J]．地理学报，2007，62 (5)：545-554.

[9] 丁晶晶，陆彦，陆永军．台阶式丁坝水动力特性及防冲效应 [J]．水利水运工程学报，2014，41 (5)：67-74.

[10] 杜嘉立，高凯，姜华，等．基于船行波安全航速的限定 [J]．大连海事大学学报，2005，31 (2)：4-6.

[11] 方红卫，何国建，郑邦民．水沙输移数学模型 [M]．北京：科学出版社，2015.

[12] 冯宏琳．西江航道尺度开发潜能研究 [D]．南京：河海大学，2006.

[13] 甘春远，石山，朱颖洁，等．水利工程建设对红水河水沙变化的影响分析 [J]．人民珠江，2018，39 (8)：5-7，12.

[14] 高德恒，赵薛强，王建成．基于 GIS 技术的西江干流（肇庆—思贤滘段）河道地形变化分析 [J]．人民珠江，2014，35 (3)：12-16.

[15] 高天池，李月莲．用二维方法模拟虚拟现实系统中的船行波 [J]．实验室研究与探索，2003，22 (5)：41-42.

[16] 广东省发展和改革委员会，交通运输厅．广东省内河航运发展规划（2010—2020 年）[R]，2010.

[17] 广东省航道勘测设计科研所．西江下游（二期工程）肇庆—虎跳门航道整治工程可行性研究报告 [R]，1995.

[18] 广东省交通运输厅．广东省航道发展规划（2017—2030 年）[R]，2017.

[19] 广东省水利水电科学研究院．西江（界首至肇庆）航道扩能升级工程防洪评价报告 [R]，2014.

[20] 广东省综合交通勘察设计院有限公司．西江航运干线南宁至贵港Ⅱ级航道工程施工图

设计报告 [R]，2011.

[21] 广东正方圆工程咨询有限公司. 磨刀门水道及出海航道整治工程项目建议书 [R]，2011.

[22] 广东正方圆工程咨询有限公司. 西江（界首至肇庆）航道扩能升级工程初步设计 [R]，2015.

[23] 广西壮族自治区交通运输厅，广西壮族自治区发展和改革委员会. 广西西江黄金水道建设规划 [R]，2010.

[24] 广西壮族自治区水利电力勘测设计研究院，中水珠江规划勘测设计有限公司. 广西西江干流治理工程可行性研究报告 [R]，2015.

[25] 广西壮族自治区梧州航道管理局. 贵港至梧州航道航标配布图 [R]，2013.

[26] 国家发展和改革委员会，交通运输部. 全国内河航道与港口布局规划 [R]，2007.

[27] 国务院. 国务院关于珠江—西江经济带发展规划的批复 [R]，2014.

[28] 韩其为，何明民. 泥沙起动规律及起动流速 [M]. 北京：科学出版社，1999.

[29] 胡嘉镗，李适宇. 珠江三角洲河网与河口区水沙年通量及其收支 [C] //中国环境科学学会2009年学术年会论文集（第一卷），2009：754-761.

[30] 黄尔，谭建，刘兴年，等. 水库下游清水冲刷实例研究 [C] //水文泥沙研究新进展——中国水力发电工程学会水文泥沙专业委员会第八届学术讨论会论文集. 2010：188-196.

[31] 黄海标，陈仲策. 高速双体船船行波对堤岸的影响及防护实践 [J]. 中国农村水利水电，2001，43（增1）：177-178.

[32] 黄海龙，陈秀瑛，陈国平，等. 珠江三角洲快速客船船行波模拟及其爬高研究 [J]. 海洋工程，2010，28（1）：58-63.

[33] 黄理军，王东辉. 龙滩水电站水流挟沙力试验研究 [C]. 湖南水电科普论坛. 2007.

[34] 黄理军，张文萍，王辉，等. 龙滩水电站推移质输沙率试验研究 [J]. 中国农村水利水电，2007，49（12）：9-12.

[35] 黄伟民. 西江马口水文站水沙演变规律分析 [J]. 水科学与工程技术，2012，19（1）：13-16.

[36] 黄晓滨，李凤珍. 浅析内河河道船行波理论与计算 [J]. 上海水务，2013，25（4）：23-25.

[37] 姜英俊，贾正国，梁革新. 抛石护岸冰上作业浅析 [J]. 科学与财富，2013，12（6）：209-209.

[38] 交通运输部. 珠江水运发展规划纲要 [R]，2017.

[39] 交通运输部办公厅，广东省人民政府办公厅，广西壮族自治区人民政府办公厅，等. 珠江水运科学发展行动计划（2016—2020年）[R]，2016.

[40] 赖天锃，张强，陈永勤，等. 1960—2010年西江流域水沙变化特征及其成因 [J]. 武汉大学学报：理学版，2015，61（3）：271-278.

[41] 李彬. 国外流域开发经验对西江黄金水道开发战略的借鉴意义 [J]. 经济研究参考，2011，20（53）：58-60.

[42] 李国志，黄良文，郭志学. 水库下游清水冲刷影响下的河道调整规律研究 [J]. 工程科学与技术，2010，42（3）：36-42.

[43] 李佳皓，拾兵. 基于船行波消减功能的内河航道生态护岸的研究进展 [J]. 中国水运：

下半月，2019，12 (3)：111-113.
[44] 李俊娜，缪吉伦，郭艳．非恒定流模型在西江航道整治中的应用［J］．水运工程，2010，29 (5)：126-131.
[45] 李俊娜．水沙数学模型在西江航道整治中的应用研究［D］．重庆：重庆交通大学，2008.
[46] 李林林，张根广，刘佳琪．河流岸坡渗流稳定性及泥沙起动流速的研究［J］．泥沙研究，2018，43 (1)：15-19.
[47] 李伟娟．郁江南宁站含沙量变化趋势分析［J］．水资源开发与管理，2016，2 (3)：72-74..
[48] 李云峰．西江航道水下炸礁降低浅点技术［J］．低碳世界，2017，7 (5)：225-227.
[49] 李贞儒，陈永宽，吕昕．浅论航道整治工程对岸边流速的影响［J］．长沙交通学院学报，1994，(2)：65-73.
[50] 李志松，吴卫，陈虹，等．内河航道中船行波在岸坡爬高的数值模拟［J］．水动力学研究与进展，2016，31 (5)：556-566.
[51] 梁宇广．西江“亿吨黄金水道”建设亟待突破四大“瓶颈”［J］．广西经济，2009，21 (12)：8-9.
[52] 林超明，李俊娜，赵学问．西江航运干线建设设计回顾［J］．珠江水运，2011，18 (8)：87-89.
[53] 林超明，赵学问，李俊娜．西江下游3000T航道整治工程设计回顾［J］．珠江水运，2011，18 (14)：81-83.
[54] 刘成，何耘，张红亚．水沙动态图法分析中国主要江河水沙变化［J］．水科学进展，2008，19 (3)：317-324.
[55] 刘氚，张可能，戴明龙，等．荆江—洞庭湖河网一二维嵌套水动力学模型研究［J］．沈阳农业大学学报，2017，33 (5)：576-583.
[56] 刘锋，田向平，韩志远，等．近四十年西江磨刀门水道河床演变分析［J］．泥沙研究，2011，23 (1)：45-50.
[57] 刘怀汉，黄召彪，高凯春．长江中游荆江河段航道整治关键技术［M］．北京：人民交通出版社，2015.
[58] 刘嵘睿．内河深水航道船行波计算简析及研究现状［J］．信息系统工程，2014，26 (4)：131-131.
[59] 刘省清．浅析河道工程中边坡问题形成原因及整治措施［J］．农业科技与信息，2017，29 (12)：119-120.
[60] 卢汉才，唐存本，王茂林．西江（广西段）航道整治几点经验［J］．水道港口，1999，12 (3)：1-11.
[61] 卢真建，刘霞，潘玉敏，等．西江干流河床演变分析研究［J］．广东水利水电，2013，25 (12)：4-8.
[62] 马兴华，周海．丁坝及淹没丁坝冲刷公式研究［J］．水运工程，2015，29 (1)：126-133.
[63] 枚龙．基于MIKE模型在内河航道整治中应用研究［D］．重庆：重庆交通大学，2014.
[64] 潘玉敏．西江干流梧州至思贤滘河段泥沙分析［J］．水利规划与设计，2007，13 (1)：

36-41.

[65] 庞雪松，杜敬民，假冬冬，等．西江长洲枢纽下游近坝段水位下降特征及调控措施[J]．水利水运工程学报，2014，28 (3)：42-48.

[66] 彭静．丁坝水流及冲刷：可视化与三维数值模拟 [M]．郑州：黄河水利出版社，2004.

[67] 彭磊．西江流域江海联运的发展现状及展望 [J]．价值工程，2011，23 (27)：288-289.

[68] 阮成堂．清水下泄条件下沙质弯曲河段滩槽演变规律分析 [J]．水道港口，2016，37 (4)：399-404.

[69] 邵学军，王兴奎．河流动力学概论 [M]．2版．北京：清华大学出版社，2013.

[70] 水利部珠江水利委员会．珠江流域防洪规划 [R]，2007.

[71] 水利部珠江水利委员会．珠江流域综合规划（2012—2030年）[R]，2012.

[72] 谭敏．航道整治与河道行洪的关系 [J]．湖南交通科技，1998，10 (3)：53-55.

[73] 唐峰，朱勇辉，姚仕明，等．长江中游盐船套至螺山河段航道整治工程对河道演变影响 [J]．水利水电快报，2017，25 (11)：42-45，55.

[74] 童朝锋，卢行长，孟艳秋．西江四滩河段近10年河床变形与成因分析 [J]．水运工程，2016，30 (2)：114-120.

[75] 童中山，丁道扬．清水下泄河床变形的模型试验及数值模拟 [J]．水利水运工程学报，1997，19 (2)：105-113.

[76] 王春宇．基于二维水动力学模型的河流水力学特征分布研究 [J]．水利技术监督，2016，24 (4)：56-58.

[77] 王刚，茜平一，邹勇．靠近堤脚采沙对堤防稳定影响分析 [J]．中国农村水利水电，2004，46 (7)：68-69.

[78] 王玲玲，刘兰玉，姚文艺，等．水流挟沙力计算公式比较分析 [J]．水资源与水工程学报，2008，19 (4)：33-35.

[79] 王伦明，程健．快速双体船船行波特性分析 [J]．水运工程，1997，11 (2)：1-6.

[80] 王伦明．双体快速船船行波对直墙堤岸的作用 [J]．水运工程，2000，14 (11)：7-9.

[81] 王世俊，易小兵，李春初．磨刀门河口水沙变化与地貌响应 [J]．海洋工程，2008，26 (3)：51-57.

[82] 王随继．西江和北江三角洲区的水沙特点及河道演变特征 [J]．沉积学报，2002，20 (3)：376-381.

[83] 王训明．人工挖沙对珠江水系水情的影响研究 [D]．南京：河海大学，2007.

[84] 王远航．西江航道扩能升级工程清礁工程设计分析 [J]．珠江水运，2016，23 (23)：77-78.

[85] 韦庆学．水下钻孔爆破技术在西江航道整治工程中的应用分析 [J]．科技信息，2009，16 (26)：312-312.

[86] 项菁，石根娣．天然航道船行波波高计算方法 [J]．河海大学学报：自然科学版，1994，6 (2)：45-50.

[87] 肖诗荣，管宏飞，明成涛．三峡水库清水下泄对宜昌段岸坡稳定性的影响 [J]．人民长江，2012，43 (增2)：87-90.

[88] 谢凌峰，程健．珠江三角洲快速客船船行波对岸坡作用观测分析 [C] //全国水动力学学术会议论文集，1996：46-51.

[89] 禤启钊. 船行波对堤坡的破坏作用浅析 [J]. 人民珠江，1993，34 (3)：39-42.
[90] 徐星璐，吴志易，张贺城，等. 内河航道船行波及其研究现状 [J]. 中国水运：下半月，2013，6 (11)：9-10.
[91] 许慧，李国斌，赵建锋. 长江下游安庆水道航道工程对长江行洪的影响 [C] //第十五届. 中国海洋 (岸) 工程学术讨论会，2011：1292-1295.
[92] 许景锋，尹开霞，易灵，等. 近60年来西江流域年输沙量变化特征分析 [J]. 人民珠江，2019，40 (2)：100-104.
[93] 杨兰，李国栋，李奇龙，等. 丁坝群附近流场及局部冲刷的三维数值模拟 [J]. 水动力学研究与进展，2016，28 (3)：372-378.
[94] 杨苗苗，陈一梅. 丁坝对整治河段生态影响及对策研究 [J]. 水道港口，2014，27 (5)：545-549.
[95] 姚章民. 珠江流域主要河流泥沙变化分析 [J]. 水文，2013，33 (4)：80-83.
[96] 余劲，姜继红，张玮，等. 西江航道服务水平分析 [J]. 水运管理，2006，28 (4)：21-23.
[97] 俞日新，廖正治. 西江干流泥沙冲淤变化分析 [J]. 人民珠江，2002，14 (3)：7-8.
[98] 袁菲，何用，吴门伍，等. 近60年来珠江三角洲河床演变分析 [J]. 泥沙研究，2018，(2)：40-46.
[99] 张璠，张绪进，尹崇清. 船行波与运河岸坡的研究综述 [J]. 中国水运：学术版，2006，6 (5)：21-22.
[100] 张立杰，朱颖洁，石山，等. 近60年西江水沙时空演变特征分析 [J]. 科技通报，2018，30 (5)：46-51.
[101] 张明，冯小香，郝品正. 多因素作用下的西江梧州河段枯水水位下落 [J]. 泥沙研究，2013，25 (5)：69-74.
[102] 张明，冯小香，彭伟，等. 西江界首至肇庆河段航道设计最低通航水位研究 [J]. 水运工程，2018，8 (4)：113-118.
[103] 张明进. 新水沙条件下荆江河段航道整治工程适应性及原则研究 [D]. 天津：天津大学，2014.
[104] 张瑞瑾. 河流泥沙动力学 [M]. 北京：中国水利水电出版社，1998.
[105] 张艳霞，高明鸣，徐刚，等. 多种护岸型式在栟茶运河治理工程中的应用 [J]. 江苏水利，2016 (7)：1-4.
[106] 赵万星，文岑，陈景秋，等. 西江航道整治工程中的数值模型研究和应用 [J]. 力学研究，2012 (1)：8-11.
[107] 赵文宾，管煜琼. 澜沧江某渡槽内船行波分布规律研究及消能设施效果研究 [J]. 珠江水运，2019，9 (7)：112-113.
[108] 钟凯文，刘旭拢，解靓，等. 基于遥感方法反演珠江三角洲西江干流悬浮泥沙分布研究 [J]. 遥感信息，2009，21 (1)：49-52.
[109] 周邦统，何贞俊，穆守胜. 西江河相关系变化之研究 [J]. 人民珠江，2013，34 (6)：10-12.
[110] 朱伟桥. 珠江航运发展研究 [D]. 武汉：武汉理工大学，2003.
[111] 朱三华，刘建业，易灵，等. 贴体正交曲线网格自动生成技术研究 [J]. 人民珠江，2005，26 (增1)：43-44.

[112] 朱震. 关于西江黄金水道现代化建设的思考 [J]. 经营管理者，2013，25 (9)：39-39.

[113] 庄水英，杜万宝，苏波，等. 珠江后航道的船行波现场观测研究 [J]. 珠江现代建设，2015，33 (5)：9-11.